Julia Severus

Jahresabschlussprüfung in Form eines Joint Audit's

GABLER EDITION WISSENSCHAFT

Julia Severus

Jahresabschlussprüfung in Form eines Joint Audit's

Eine fallstudienbasierte Wirkungsanalyse

Mit einem Geleitwort von Prof. Dr. Rudolf Steckel

Deutscher Universitäts-Verlag

Bibliografische Information Der Deutschen Nationalbibliothek
Die Deutsche Nationalbibliothek verzeichnet diese Publikation in der
Deutschen Nationalbibliografie; detaillierte bibliografische Daten sind im Internet über
<http://dnb.d-nb.de> abrufbar.

Dissertation Universität Innsbruck, 2007

1. Auflage Oktober 2007

Lektorat: Frauke Schindler / Sabine Schöller

Der Deutsche Universitäts-Verlag ist ein Unternehmen von Springer Science+Business Media.
www.duv.de

Umschlaggestaltung: Regine Zimmer, Dipl.-Designerin, Frankfurt/Main
Gedruckt auf säurefreiem und chlorfrei gebleichtem Papier
Printed in Germany

ISBN 978-3-8350-0920-2

Geleitwort

In den letzten Jahren wurde weltweit eine Vielzahl von Vorschlägen zur Qualitätssicherung bzw. Qualitätsverbesserung in der Abschlussprüfung diskutiert. Infolge der großen Bilanzskandale gab es massive Vertrauensverluste in die Abschlussprüfung. Börsenaufsichtsbehörden, Gesetzgeber und Interessensvertretungen sahen sich gezwungen Maßnahmen zur Verbesserung des Prüfungsprozesses und der Sicherung eines möglichst zutreffenden Urteils (Bestätigungsvermerks) zu setzen. Dies erfolgte unter anderem in einer Vielzahl von neuen Regelungen.

Neben diesen Regelungen wird als Qualitätssteigerungsmaßnahme auch das Instrument des Joint Audit's immer wieder angesprochen. Dabei ist festzustellen, dass dieses Instrument zwar in der Praxis diskutiert wird aber bislang wissenschaftlich kaum untersucht ist. Zudem wird ein Joint Audit in der Realität in verschiedenen Konstellationen bzw. Ausprägungen gelebt. Für diese Forschungsarbeit hat sich daher die Frage gestellt, inwieweit ein Joint Audit die Qualität der Prüfung tatsächlich beeinflusst.

Frau Dr. Severus untersucht in der vorliegenden Arbeit die Argumente, dass in einem Joint Audit die gegenseitige Überwachung im Prüfungsprozess und die intensivere Kommunikation bzw. der Austausch von Prüfungsergebnissen zu einer Qualitätssteigerung in der Abschlussprüfung führen sollen, und weiters dass insbesondere bei komplexen Prüfungsfeldern eine positive Wirkung des Joint Audit's auf die richtige Beurteilung des Prüfungsfeldes zu erwarten ist.

Die Autorin verwendet als Qualitätskriterium die Übereinstimmung im Urteil zwischen verschiedenen Prüfern bei gleichem vorgegebenem Sachverhalt. Die Arbeit ist eine fallstudienbasierte Arbeit, d. h. die Autorin überprüft die von ihr aufgestellten Hypothesen zur Wirkung des Joint Audit's anhand einer Fallstudie in einer empirischen Untersuchung mit Wirtschaftsprüfern.

Zusammenfassend möchte ich feststellen, dass Frau Dr. Severus mit ihrer detaillierten Untersuchung einen herausragenden und vor allem zukunftsweisenden Beitrag zur Forschung und Praxis im Bereich der nationalen wie internationalen Abschlussprüfung geleistet hat. Der sehr aktuelle Themenbereich der Qualitätssicherung in der Abschlussprüfung und in diesem Zusammenhang insbesondere die Frage des Joint Audit's wurde aufbauend auf einem theoretischen Rahmen empirisch untersucht und sorgfältig ausgewertet. Insgesamt hat die Arbeit sehr interessante Ergebnisse gebracht und auch erstmalig konkrete Aussagen über mögliche Wirkungen eines Joint Audit's geliefert. Die Arbeit gibt damit interessante Einblicke in eine komplexe Frage der Abschlussprüfung.

Ich wünsche der vorliegenden Arbeit daher eine weite Verbreitung und hoffe, dass Frau Dr. Severus in der Prüfungsforschung weiterhin so intensiv tätig sein wird.

Univ.-Prof. Dr. Rudolf Steckel

Vorwort

Freude lässt sich nur voll auskosten,
wenn sich ein Anderer mitfreut.
Mark Twain 1835-1910

Nach den Bilanzskandalen der jüngsten Vergangenheit ist die Stellung des Abschlussprüfers weltweit zum Thema geworden. Die Verabschiedung zahlreicher Neuregelungen und vertrauensbildender Maßnahmen zur Erhöhung der Prüfungsqualität und zur Steigerung der Zuverlässigkeit des Prüfungsurteils ist die Folge. Ein Joint Audit wird in der gegenwärtigen Qualitätsdiskussion, ua aufgrund mangelnder empirischer Ergebnisse, als Qualitätsverbesserungsmaßnahme kaum angesprochen.

Ziel meiner Arbeit war es, zu untersuchen, inwieweit eine Qualitäts- bzw. Urteilsveränderung durch ein Joint Audit herbeigeführt wird. Basierend auf einer Darstellung des Status Quo der Qualitätssicherungsmaßnahmen erfolgt eine Diskussion des Joint Audit's in diesem Zusammenhang. Da Daten über die Wirkungen von Joint Audit's nicht in der Weise vorliegen, dass mit Hilfe einer Inhaltsanalyse eine Wirkungsanalyse möglich wäre, habe ich bei der Wahl der Methode auf die Primärdatenerhebung zurückgegriffen und eine fallstudienbasierte Untersuchung durchgeführt. Als Ergebnis der empirischen Untersuchung - in welcher sich die in der Theorie dargestellten Vorteile eines Joint Audit's positiv auf das Urteil ausgewirkt haben und signifikante Ergebnisse erzielt wurden - zeige ich auf, dass ein Joint Audit eine mögliche Ergänzung zu den bereits bestehenden Qualitätssicherungsmaßnahmen unter bestimmten Voraussetzungen sein kann. Mit der Arbeit habe ich ein bislang wissenschaftlich kaum bearbeitetes Feld aus betriebswirtschaftlicher Sicht untersucht.

Die Arbeit ist während meiner Tätigkeit als wissenschaftliche Mitarbeiterin bei Herrn Prof. Dr. Rudolf Steckel am Institut für Rechnungswesen, Steuerlehre und Wirtschaftsprüfung an der Universität Innsbruck entstanden und wurde von der Fakultät für Betriebswirtschaft im Juni 2007 als Dissertation angenommen.

Ich möchte an dieser Stelle allen danken, die mich während des Entstehens dieser Arbeit unterstützt haben.

Besonderer Dank gebührt meinem akademischen Lehrer Herrn Prof. Dr. Rudolf Steckel, der diese Arbeit erst ermöglicht hat und die Entstehung stets mit großem Interesse und Engagement verfolgte und unterstützte, sowie Herrn Prof. Dr. Dipl.-Ing. Hans H. Hinterhuber für die Übernahme des Zweitgutachtens und die angenehme Zusammenarbeit. Frau Prof. Dr. Gabriele Steckel-Berger gebührt mein Dank für die zahlreichen statistischen Tipps.

Bedanken möchte ich mich auch bei all jenen Wirtschaftsprüfern, die durch ihre Teilnahme an der Untersuchung wesentlich zum guten Gelingen beigetragen haben.

Großen Anteil am Erfolg der Arbeit haben auch meine Kollegen vom Institut, die mir immer wieder Zeit für Diskussionen geschenkt haben. Ich danke Erich Pummerer, Marcel Steller und insbesondere Thomas Baldauf sowie meiner ehemaligen Kollegin Anke Müßig und meinem ehemaligen Kollegen Florian Silvestri nicht nur für die ständige Hilfsbereitschaft und die tatkräftige fachliche und menschliche Unterstützung, den guten Zuspruch und Motivation, sondern auch für die vielen schönen gemeinsamen Stunden. Es macht unendlich viel Spaß mit euch zu Arbeiten (und zu lachen). Für das sorgfältige Korrekturlesen und die Verbesserung meiner vielen Beistrichfehler sowie die perfekte Rundumbetreuung durch alle wissenschaftlichen Hochs und Tiefs gebührt mein besonderer Dank Mia Liedmayr und Irene Thaler.

Meiner Familie und meinen Freunden danke ich von Herzen, sie waren es insbesondere, die mich während meiner gesamten Ausbildung unterstützt haben und mich auch in schwierigen Zeiten ermutigt haben, das Promotionsvorhaben zu einem gelungenen Abschluss zu führen. Sie verdienen meinen besonderen Dank. Ich danke ihnen für ihre Liebe, ihre Unterstützung, für ihren ständigen Rat und Rückhalt, ihr Lachen und ihre Freundschaft. Ohne sie wäre die Arbeit wohl nicht entstanden.

Julia Severus

Inhaltsverzeichnis

Abkürzungsverzeichnis

Abb.	Abbildung
ABl.	Amtsblatt
Abs	Absatz
AICPA	American Institute of Certified Public Accountants
AktG	Aktiengesetz
ANOVA	Varianzanalyse
APAG	Abschlussprüferaufsichtsgesetz
A-QSG	Abschlussprüfungs-Qualitätssicherungsgesetz
ASB	Auditing Standards Board (des AICPA)
AuRC	Audit Regulatory Committee
BB	Der Betriebs-Berater (Zeitschrift)
BFuP	Betriebswirtschaftliche Forschung und Praxis (Zeitschrift)
BGBl.	Bundesgesetzblatt
BGH	Bundesgerichtshof
BilReG	Bilanzrechtsreformgesetz
BilKoG	Bilanzkontrollgesetz
BMJ	Bundesministerium für Justiz
BMWA	Bundesministerium für Wirtschaft und Arbeit
bspw.	beispielsweise
BWG	Bankwesengesetz
bzw.	beziehungsweise
ca.	zirka
CAP	Compliance Advisory Panel
CC	Commissaires aux Comptes
COSO	The Committee of Sponsoring Organisations of the Treadway Commission
CPA	Certified Public Accountant
d.h.	das heißt
df	degree of freedom (Freiheitsgrad)
dHGB	deutsches Handelsgesetzbuch
DM	Deutsche Mark
DSWR	Datenverarbeitung, Steuer, Wirtschaft, Recht (Zeitschrift)
ED	Exposure Draft
EG	Europäische Gemeinschaft
EGAOB	European Group of Auditors' Oversight Bodies
etc.	et cetera

EU	Europäische Union
EWG	Europäische Wirtschaftsgemeinschaft
f	folgende
FEE	Fédération des Experts Comptables Européens
ff	fortfolgende
FG	Fachgutachten
FOF	Forum of Firms
FRC	Financial Reporting Council (Großbritannien)
GenRG	Genossenschaftsrevisionsgesetz
GenRevRÄG	Genossenschaftsrevisionsrechtsänderungsgesetz
GesRÄG	Gesellschaftsrechtsänderungsgesetz
GGG	Gerichtsgebührengesetz
GmbHG	Gesetz über Gesellschaften mit beschränkter Haftung
HGB	Handelsgesetzbuch
Hrsg	Herausgeber
IAASB	International Auditing and Assurance Standards Board
IAEPS	International Assurance Engagement Practice Statement
IAESB	International Accounting Education Standards Board
IAIS	International Association of Insurance Supervisors
IAPS	International Auditing Practice Statement
IAS	International Accounting Standard
idR	in der Regel
idgF	in der geltenden Fassung
idF	in der Fassung
IDW	Institut der Wirtschaftprüfer in Deutschland e.V.
IFAC	International Federation of Accountants
IFIAR	International Forum of Independent Audit Regulators
IFRS	International Financial Reporting Standard
IKS	Internes Kontrollsystem
IOSCO	International Organization of Securities Commissions
IREPS	International Review Engagement Practice Statement
IRSPS	International Related Services Practice Statement
ISA	International Standard on Auditing
ISAE	International Standard on Assurance Engagements
iSd	im Sinne des
ISQC	International Standard on Quality Controls
ISRS	International Standard on Related Services
iSv	im Sinne von

IWP	Institut der Wirtschaftsprüfer
KFS	Kammerfachsenat der Kammer der Wirtschaftstreuhänder
KMU	kleine und mittelgroße Unternehmen
Kor	Zeitschrift für internationale und kapitalmarktorientierte Rechnungslegung
KWT	Kammer der Wirtschaftstreuhänder
MG	Monitoring Group
Mio.	Million
Mrd.	Milliarde
nF	neue Fassung
Nr	Nummer
NR	Nationalrat
ÖBA	Österreichisches Bank-Archiv (Zeitschrift)
ÖGB	Österreichischer Gewerkschaftsbund
PAIB	Professional Accountants in Business Committee
PCAOB	Public Company Accounting Oversight Board
PG	Prüfungsgrundsatz
PIOB	Public Interest Oversight Board
PKG	Pensionskassengesetz
PS	Prüfungsstandard (des IDW)
PWC	PricewaterhouseCoopers
RdW	Österreichisches Recht der Wirtschaft (Zeitschrift)
RR	Revised and Redrafted
RWZ	Österreichische Zeitschrift für Recht und Rechnungswesen
Rz	Randziffer
SE	Société Européenne
SEC	Securities and Exchange Commission
SOA	Sarbanes-Oxley Act
Sp	Spaltenzahl
SWK	Steuer- und WirtschaftsKartei (Zeitschrift)
T	Tagesfragen (Steuer- und WirtschaftsKartei)
TAC	Transnational Auditors Committee
Tz	Teilungsziffer

ua	unter anderem
UGB	Unternehmensgesetzbuch
uU	unter Umständen
US	United States
usw.	und so weiter
uvm.	und vieles mehr
VAG	Versicherungsaufsichtsgesetz
VfGH	Verfassungsgerichtshof
vgl.	vergleiche
VO	Verordnung
Vol.	Volume
vs	versus
VwGH	Verwaltungsgerichtshof
WISU	Das Wirtschaftsstudium (Zeitschrift)
WTBG	Wirtschaftstreuhandberufsgesetz
WP	Wirtschaftsprüfer
WPg	Die Wirtschaftsprüfung (Zeitschrift)
WPK	Wirtschaftsprüferkammer
WPO	Wirtschaftsprüferordnung
Z	Ziffer
z.B.	zum Beispiel
ZfB	Zeitschrift für Betriebswirtschaft
zfbf	Schmalenbachs Zeitschrift für betriebswirtschaftliche Forschung
zT	zum Teil

Abbildungsverzeichnis

Tabellenverzeichnis

1. Einleitung

Nach den Bilanzskandalen der jüngsten Vergangenheit ist die Stellung des Abschlussprüfers weltweit zum Thema geworden. Da der Abschlussprüfer neben anderen Akteuren und Regulierungsbehörden ein für das Funktionieren der Kapitalmärkte wesentliches Element ist und die Zuverlässigkeit seiner Prüfungsurteile ein entscheidendes Kriterium für das Vertrauen der Anleger in das Funktionieren des Systems ist, wird in ständiger Diskussion versucht, durch neue Methoden oder Regelwerke die Qualität der Abschlussprüfung zu verbessern und eine Steigerung der Zuverlässigkeit des Prüfungsurteils herbeizuführen.

1.1. Relevanz der Fragestellung

Neben zahlreichen neuen gesetzlichen Vorschriften gibt es auch in der Literatur eine Vielzahl von aktuellen Beiträgen.

Als oberstes Ziel der Neugestaltung zur Abschlussprüfung wird die Erhöhung der Zuverlässigkeit des Prüfungsurteils gesehen. Diese hängt wiederum wesentlich von den Faktoren Unabhängigkeit des Abschlussprüfers und dessen fachlicher Qualifikation ab. Alle aktuellen Vorschläge sowohl national als auch international zur Neuregelung der Abschlussprüfung orientieren sich neben der anfänglichen Diskussion um die Erhöhung der Haftungsgrenzen, ist doch weltweit die Bereitschaft gestiegen, den Prüfer für (vermeintliche) Fehlurteile zur Verantwortung zu ziehen, nunmehr im Wesentlichen an den Parametern Sicherung der fachlichen Eignung des Abschlussprüfers sowie der Unabhängigkeit des Abschlussprüfers zum geprüften Unternehmen.[1]

Initiativen der nationalen und internationalen Berufsvertretungen sowie die Gesetzgeber sollen die fachliche Aus- und Weiterbildung und die Unabhängigkeitsforderungen, wie sie in der novellierten achten Gesellschaftsrechtrichtlinie vom 17. Mai 2006[2] und in der Empfehlung der Kommission vom 16. Mai 2002 zur Unabhängigkeit des Abschlussprüfers in der EU[3] verankert sind, sicherstellen.

In diesem Zusammenhang können zahlreiche Qualitätssicherungsmaßnahmen sowie Formalisierungs- und Vereinheitlichungsmaßnahmen für die Prüfungsdurchführung und das Prü-

---

1 Dazu Europäische Kommission 1996; Europäische Kommission 2003.
2 Dazu Europäische Kommission 2006.
3 Dazu Europäische Kommission 2002.

fungsurteil wahrgenommen werden. Die oberste Maxime jeglicher Neuregelung der Stellung des Abschlussprüfers ist, dass sie der Erhöhung der Zuverlässigkeit des Prüfungsurteils dient.

Eine ausführliche Darstellung der jüngsten Qualitätssicherungsmaßnahmen erfolgt in Kapitel 2. Hier sollen nur zwei Beispiele genannt werden:

Die Einführung der Rotationspflicht stellt eine Methode zur möglichen Verbesserung der Qualität der Abschlussprüfung dar. Die Durchführung der internen Rotation ist im internationalen Vergleich weiter verbreitet und auch die EU Kommission sprach sich explizit gegen eine externe Rotation mit der Begründung aus, dass es keine Anhaltspunkte gäbe, dass diese die Qualität der Abschlussprüfung verbessern würde. Die Rotationspflicht kann als besondere Ausgestaltung der Unabhängigkeitsregeln gesehen werden, da ein langjähriges Prüfungsverhältnis die Gefahr einer unangemessenen Vertrautheit mit dem zu prüfenden Unternehmen birgt. Die novellierte Gesellschaftsrechtrichtlinie hält in Art. 42 fest, dass zumindest der verantwortliche Prüfungspartner nach sieben Jahren zu wechseln ist und nach erfolgter Rotation binnen zwei Jahren auch das Mandat nicht wieder übernehmen kann.[4]

Auch die Einführung einer verpflichtenden externen Qualitätsüberwachung in Form einer Einschau von Berufsangehörigen („*Peer Review*") oder durch andere Personen – wie jener einer Aufsichtsbehörde - („*Monitoring*") wird als Neuerung in den Qualitätssicherungsmaßnahmen gesehen, auch wenn mit der freiwilligen Umsetzung der EU Empfehlung aus dem Jahr 2000[5] fast überall in Europa dieser Notwendigkeit bereits Rechnung getragen wurde. Die externe Qualitätskontrolle soll eine interne Qualitätssicherung in der Prüfungsgesellschaft und eine hohe Qualität der Abschlussprüfung und des gesamten Prüfungsbetriebes gewährleisten. Ob jedoch eine externe Qualitätskontrolle ausreicht, um die notwendigen Qualitätsverbesserungen in der Abschlussprüfung durchzusetzen, ist nicht belegt.[6]

Der US-amerikanische Gesetzgeber hat mit dem Sarbanes Oxley Act (SOA) und der Einrichtung eines Public Company Accounting Oversight Board (PCAOB) als Erster eine externe Überwachung und Aufsicht der Abschlussprüfer eingeführt. Die Europäische Kommission hat die Pflicht zur öffentlichen Aufsicht in die überarbeitete Gesellschaftsrechtrichtlinie, welche

---

4 Vgl. Steckel 2004, S 91; Tiedje 2006, S 601; Zur Rotationsverpflichtung: Francis 1988; Haller 2003 oder Niehus 2003; zur Unabhängigkeit Shafer 1999 sowie DeFond 2002.

5 Dazu Europäische Kommission 2000.

6 Vgl. Schwarz 2004, S 24 sowie zur kritischen Analyse von Qualitätskontrollen Tiedje 2006, S 599.

die Abschlussprüfung schärfer regeln soll und mittlerweile vom Parlament und vom Rat im Mai 2006 verabschiedet wurde und im Juni 2006 in Kraft getreten ist, aufgenommen. Schließlich setzte sich dies auf den jeweiligen nationalen Ebenen fort.

In Deutschland wurden in diesem Zusammenhang mittlerweile das Abschlussprüferaufsichtsgesetz (APAG), das Bilanzkontrollgesetz (BilKoG) und das Bilanzrechtsreformgesetz (BilReG) in Kraft gesetzt. Auch in Österreich ist mit dem Gesellschaftsrechtsänderungsgesetz 2005 (GesRÄG 2005)[7] und dem Abschlussprüfungs-Qualitätssicherungsgesetz (A-QSG)[8] sowie Änderungen des Wirtschaftstreuhandberufsgesetzes eine entsprechende Entwicklung in die gleiche Richtung zu erkennen. Alleine diese Maßnahmen und Neuerungen zeigen, dass die Aufsicht und Überwachung des Abschlussprüfers eine bedeutende Rolle in der Diskussion der Verbesserung der Abschlussprüfung spielen. Die Untersuchung der Forschungsfrage kann in diesem Zusammenhang als relevant und informationsgewinnend gesehen werden.

In der Literatur und in der gegenwärtigen Qualitätsdiskussion wird eine Qualitätsverbesserung durch ein Joint Audit nicht angesprochen. Das Institut der Wirtschaftsprüfer weist in seiner Stellungnahme „Position zu den in der Diskussion befindlichen Vorschlägen zur Stärkung der Abschlussprüfung nach dem Enron Zusammenbruch“ darauf hin, dass eine Qualitätsverbesserung im Rahmen eines Joint Audit empirisch nicht belegt ist.[9]

Es ist aber nicht auszuschließen, dass ein Joint Audit möglicherweise wesentlich zur Steigerung der Zuverlässigkeit des Prüfungsurteils beitragen kann. In der Literatur wurde ein Joint Audit bislang nur dann als sinnvoll erachtet, wenn der Abschlussprüfer bestimmte Spezialkenntnisse in Anspruch nehmen musste. In diesem Fall werden unterschiedlich spezialisierte Abschlussprüfer für verschiedene Teilbereiche des Abschlusses tätig. Ob ein Joint Audit in der Form einer „richtigen“ Gemeinschaftsprüfung – unabhängig von den Qualifikationsanforderungen an die Abschlussprüfer werden zwei Prüfer zum gesetzlichen Abschlussprüfer bestellt - die Qualität der Abschlussprüfung erhöht, ist empirisch nicht belegt. Auch in der Theorie finden sich keine diesbezüglichen Beiträge.[10]

---

[7] Dazu BMJ 2005.
[8] Dazu BMWA 2005.
[9] Vgl. IDW 2002b, S 222.
[10] Dazu Bertl 2001, S 246f.

In der Prüfungsforschung wurden Experimente oder fallstudienbasierte Untersuchungen bislang vorwiegend dazu angestellt, spieltheoretische Modelle zu testen. Nicht im Mittelpunkt der empirischen Prüfungsforschung standen systematische Abweichungen zwischen theoretischer Prognose und empirischer Daten und die Entwicklung neuer Theorien, womit an dieser Stelle künftiger Forschungsbedarf gesehen wird.[11]

1.2. Problemstellung und Arbeitshypothesen

Die steigende Zahl von Bilanzskandalen börsennotierter Unternehmen wie Enron oder Parmalat hat nicht nur den Ruf nach schärferen Corporate Governance Standards laut werden lassen, sondern auch eine heftige Kritik am Berufsstand der Wirtschaftsprüfer ausgelöst. Die Verabschiedung zahlreicher Neuregelungen und vertrauensbildender Maßnahmen auf europäischer und nationaler Ebene zur Steigerung der Zuverlässigkeit des Prüfungsurteils und der Erhöhung der Prüfungsqualität ist die Folge.

Eine der Maßnahmen, die für diesen Zweck einen entscheidenden Beitrag leisten könnte, ist das Joint Audit. In der wissenschaftlichen Literatur wurde bislang nicht zufrieden stellend dargestellt, ob und gegebenenfalls wie ein Joint Audit (Gemeinschaftsprüfung) die Qualität des Prüfungsprozesses und das Urteil der Jahresabschlussprüfung beeinflussen, insbesondere verbessern kann.

In einem Joint Audit teilen sich zwei unterschiedliche Wirtschaftsprüfungsgesellschaften ein Mandat. Die Abschlussprüfer führen ihre Prüfung jeweils eigenverantwortlich durch, sind jedoch gemeinsam „der Abschlussprüfer“ im Sinne der gesetzlichen Vorschriften. Das Ergebnis der Jahresabschlussprüfung setzt sich aus den Prüfungsurteilen der beiden Abschlussprüfer zusammen. Ein Grundgedanke des Joint Audit's ist das Vier-Augen-Prinzip.

Bislang wird das Vier-Augen Prinzip in der Abschlussprüfung nur in Ausnahmefällen praktiziert. Die Rechnungsprüfung eines österreichischen Vereines unterliegt dem Vier-Augen-Prinzip, bei großen Unternehmen, die möglicherweise weltweit agieren, gilt dieses Prinzip in Österreich nicht. Das Vier-Augen-Prinzip soll eine gegenseitige Kontrolle gewährleisten und dadurch die Effektivität bei Problemlösungen und die Qualität der Ergebnisse steigern. In

[11] Vgl. Stefani 2003, S 269.

Frankreich beispielsweise ist die gemeinschaftliche Prüfung für börsennotierte Unternehmen seit Jahrzehnten Pflicht.

Kritiker eines Joint Audit werden festhalten, dass der Prüfbericht ohnedies vom Prüfungsleiter und Wirtschaftsprüfer (idR einer Wirtschaftsprüfungsgesellschaft) gezeichnet wird und somit das Vier-Augen-Prinzip weitgehend bereits umgesetzt ist. Der Kern eines Joint Audit liegt jedoch darin, dass sich zwei voneinander unabhängige Wirtschaftsprüfungsgesellschaften ein Mandat teilen und für das Ergebnis der Jahresabschlussprüfung gemeinsam verantwortlich sind. Die Abschlussprüfer können im Joint Audit die Prüfung zwar im Innenverhältnis aufteilen, sind aber nach außen hin für das gesamte Prüfungsergebnis verantwortlich.

Beide Abschlussprüfer haben sich ein eigenes Urteil darüber zu bilden, ob die Buchführung, der Jahresabschluss und gegebenenfalls der Lagebericht den für diese geltenden Vorschriften entsprechen. Als Prüfungsurteil wird nur ein Bestätigungsvermerk bzw. ein Vermerk über dessen Versagung erteilt, der von beiden Abschlussprüfern gemeinsam unterzeichnet wird. Die abweichende Meinung eines Abschlussprüfers in Form einer Einschränkung oder Versagung des Testats würde das Gesamturteil in jedem Fall einschränken. Auch wenn der andere Abschlussprüfer ein uneingeschränktes Urteil abgegeben hat. Es ist daher nicht zulässig, eine Aufgabenverteilung zwischen den beteiligten Abschlussprüfern in der Form festzuschreiben, dass die beteiligten Abschlussprüfer jeweils nur für Teilgebiete der Prüfung verantwortlich sind.

Es stellt sich daher folgende Forschungsfrage, die in der Arbeit untersucht werden soll:

Verändert ein Joint Audit im Vergleich
zu einer „klassischen" Jahresabschlussprüfung
die Qualität des Prüfungsprozesses und führt ein Joint Audit damit
zu einem „richtigen" Prüfungsurteil?

Nicht mit einem Joint Audit verwechselt werden darf ein „*Double Audit*". Im Falle eines „*Double Audit*" wird ein Abschluss durch zwei verschiedene Abschlussprüfer zweimal geprüft. In Europa bestehen teilweise negative Erfahrungen mit einem „*Double Audit*". So hat sich z.B. in Großbritannien der Bingham-Report nach dem Zusammenbruch von BCCI – einem „*Double Audit*" Mandat – gegen verpflichtende „*Double Audit's*" ausgesprochen. Eine qualitativ hoch stehende Abschlussprüfung, kombiniert mit entsprechenden Qualitätssicherungssystemen, macht ein „*Double Audit*“ obsolet. Bei eventuellen Qualitätsunterschieden der einzelnen Prüfer würde zudem auch ein „*Double Audit*“ nicht zur angestrebten verbesserten Prüfungsqualität führen. Weiters lässt auch der erhöhte Honorardruck keine positive Auswirkung auf die Prüfungsqualität erwarten, da bei den Unternehmen keine Bereitschaft bestehen wird, identische Leistungen zweifach zu bezahlen.[12]

Mit den folgenden Ausführungen sollen die im Kapitel 3 eingehend abgebildeten Hypothesen kurz dargestellt werden.

Arbeitshypothesen

Das Vier-Augen-Prinzip besagt, dass wichtige Entscheidungen nicht von einer einzelnen Person getroffen werden sollen bzw. dürfen. Ziel ist es, das Risiko von Fehlern und Missbrauch zu reduzieren. Das Vier-Augen-Prinzip ist oft Bestandteil betrieblicher Regelungen, etwa von Unterschriftsregelungen. Wichtige nach außen gerichtete, rechtsbedeutsame Entscheidungen müssen von zwei Personen unterschrieben werden. Es wird versucht die Aufmerksamkeit der Entscheidungsträger zu bündeln, um die Effektivität bei Problemlösungen und die Qualität der Ergebnisse zu steigern. Es darf jedoch nicht zu einer wechselseitigen Freizeichnung der Entscheidungsträger hinsichtlich der Verantwortung führen, indem sich einer auf den anderen verlässt. Der höhere Zeitbedarf für die Entscheidungsfindung und die dadurch steigenden Kosten werden im Sinne der erwarteten Qualitätssicherung und -verbesserung akzeptiert. Sofern es durch gegensätzliche Meinungen zu Patt-Situationen kommt, kann die Entscheidungsfindung unter Umständen auch blockiert werden. Eine strukturelle Gefahr liegt in der Tendenz zur Oberflächlichkeit in Details, wenn sich die Partner jeweils auf die Aufmerksamkeit des anderen verlassen. Dennoch wird dem Vier-Augen-Prinzip eine nicht zu unterschätzende präventive Wirkung zugeschrieben.

Das österreichische Recht kennt das Vier-Augen-Prinzip als „Prinzip der Unternehmensführung“ in einigen Fällen. Beispielsweise finden sich hierzu Bestimmungen im Bankwesengesetz, im Versicherungsaufsichtgesetz, im Investmentfondgesetz oder im Pensionskassengesetz. Vorstände von Kreditinstituten, Investmentfondgesellschaften, Versicherungsanstalten oder Pensionskassen haben zumindest aus zwei Vorstandsmitgliedern zu bestehen.

---

[12] Siehe auch IDW 2002b, S 222.

Das Gesellschaftsrecht kennt das Vier-Augen-Prinzip hingegen nur in wenigen Ausnahmefällen. Während sich die größte Aktiengesellschaft mit einem einzigen Vorstandsmitglied begnügen kann, bestimmt das Vereinsgesetz, dass das Leitungsorgan zumindest aus zwei natürlichen Personen zu bestehen hat und dass die Finanzgebarung von zwei Rechnungsprüfern zu prüfen ist. Das Vier-Augen-Prinzip im Vereinsgesetz ist im Vergleich zum Vier-Augen-Prinzip im Bankwesengesetz, Pensionskassengesetz oder Versicherungsaufsichtsgesetz abgeschwächt. Durch das Vier - Augen - Prinzip soll in den verschiedenen Gesetzen eine gegenseitige Kontrolle und Überwachung gewährleistet werden. Ob dieses Prinzip in Form einer Joint Audit Verpflichtung im Rahmen der Jahresabschlussprüfung Auswirkungen herbeiführt, soll die Überprüfung nachfolgender Hypothesen zeigen. Die Entwicklung der Hypothesen wird ausführlich in Kapitel 3 erläutert.

Hypothese I: *Je höher die gegenseitige Überwachung im Prüfungsprozess, desto einheitlicher das Prüfungsurteil.*

Hypothese II: *Je intensiver die Kommunikation und der Austausch von Prüfungsergebnissen, desto einheitlicher das Prüfungsurteil.*

Hypothese III: *Je komplexer ein Prüffeld, desto positiver ist die Wirkung des Joint Audit's auf das Ergebnis (die Qualität) der Beurteilung des Prüffeldes.*

Die Untersuchung der Hypothesen basiert auf verhaltenswissenschaftlichen Erkenntnissen.

Die Suche nach empirisch abgesicherten Erklärungen für das menschliche Verhalten der Abschlussprüfer, basierend auf der empirisch-kognitiven Prüfungstheorie, stellt das Rahmenwerk der Untersuchung dar.

1.3. Zielsetzung der Arbeit

Das Ziel der Arbeit ist es, zu untersuchen, inwieweit eine Qualitäts- bzw. Urteilsveränderung durch ein Joint Audit herbeigeführt werden kann.

Die Arbeit soll die jüngsten Maßnahmen zur Qualitätsverbesserung der Abschlussprüfung aufzeigen, eine Eingliederung des Joint Audit's in diese vornehmen und die Wirkung eines

Joint Audit's mit Hilfe der Methodik der fallstudienbasierten Untersuchung und des standardisierten Interviews analysieren.

Ziel ist es, das noch wissenschaftlich kaum bearbeitete Feld von Joint Audit's aus betriebswirtschaftlicher Sicht zu untersuchen. Basierend auf der einleitenden Auseinandersetzung mit den jüngsten Qualitätsverbesserungsmaßnahmen wird empirisch untersucht, ob ein Joint Audit die Qualität des Prüfungsprozesses und das Urteil der Jahresabschlussprüfung beeinflusst und als eine sinnvolle Qualitätssteigerungsmaßnahme gesehen werden kann.

Die Arbeit kann auch eine Grundlage dafür bieten, ob eine weitere gesetzliche Verankerung – hin zu einem verpflichtenden Joint Audit für zu prüfende (börsennotierte) Unternehmen, wie es sie auch in ähnlicher Form verpflichtend in Frankreich gibt – zielführend ist. In diesem Zusammenhang soll aufgezeigt werden, ob ein Joint Audit eine mögliche Ergänzung zu bereits bestehenden Qualitätssicherungsmaßnahmen sein kann und somit eine effiziente Steigerung der Zuverlässigkeit des Prüfungsurteils herbeiführen kann.

1.4. Bezugsrahmen und Vorgangsweise

Die folgenden Ausführungen sind vor allem dem Stand der empirischen Forschung im betriebswirtschaftlichen Prüfungswesen, insbesondere im Zusammenhang mit der Forschungsfrage und der methodischen Vorgehensweise gewidmet.

1.4.1. Empirische Forschung im betriebswirtschaftlichen Prüfungswesen

Die empirische Forschung im betriebswirtschaftlichen Prüfungswesen ist das zentrale Instrument der Entwicklung einer realwissenschaftlichen Prüfungstheorie. Das Ziel der empirischen Forschung ist die Erklärung des tatsächlichen Verhaltens bzw. der Prognose des Verhaltens, der am Prüfungsprozess beteiligten Personen unter Zugrundelegung der Beschreibung der realen Welt.[13]

Im deutschsprachigen Raum beschränkt sich die Entwicklung einer empirischen Prüfungstheorie eine Zeit lang auf die analytische Erörterung methodologischer Vorfragen bzw. die

13 Vgl. Haller 1992, Sp 413.

Festlegung möglicher Einflussgrößen sowie das Ableiten von Hypothesen[14]. Konkrete Datenerhebungen wurden dabei nur wenige unternommen. Anders im angloamerikanischen Raum, wo der empirischen Prüfungsforschung bereits seit Ende der 60er Jahre eine bedeutende Rolle innerhalb der Accounting Forschung beigemessen wird. Die Forschungsarbeiten beschäftigen sich primär, neben einer Vielzahl von Untersuchungen zur internen Revision, welche es auch im deutschsprachigen Raum gibt, mit der externen Jahresabschlussprüfung. Diese lassen sich sachlich in drei Gruppen von Forschungsgebieten unterteilen:

- Untersuchungen betreffend der Funktion der Prüfung und der Prüfenden im ökonomischen Umfeld,
- Untersuchungen über den Ablauf des Prüfungsprozesses und das Zustandekommen des Prüfungsergebnisses (der Urteilsbildung), sowie
- Untersuchungen zu angewandten Prüfungsverfahren und Prüfungstechniken.[15]

Versucht man die unterschiedlichen Forschungsansätze aufgrund der zugrunde liegenden wissenschaftstheoretischen Grundausrichtung zu systematisieren, kann zwischen zwei Arten unterschieden werden:

- den idealtheoretischen Konzeptionen (welche den begriffsorientierten (definitionsorientierten) Ansatz[16], den messtheoretischen Ansatz[17], den spieltheoretischen Ansatz[18], den systemtheoretischen Ansatz[19] und an produktionstheoretischen Überlegungen orientierte Ansätze[20] umfassen); sowie
- den realtheoretischen Ansätzen (welche den empirisch-kognitiven Ansatz[21] und den syllogistischen Ansatz[22] beinhalten).[23]

Die reine Theorie der konzipierten Prüfungslehre wurde wegen angeblich fehlenden bzw. unzureichenden Realitätsbezugs scharf kritisiert, weshalb die Ausformung einer empirischen-kognitiven Prüfungstheorie gefordert wurde, welche jedoch ohne die grundlegenden Analysen der beiden Fachvertreter *Loitlsberger* und *vWysocki* nicht möglich gewesen wären.[24]

---

14 Dazu Fischer-Winkelmann 1978, S 741ff.
15 Vgl. Haller 1992, Sp 413f.
16 Dazu vWysocki 1967, S 3ff; Bussmann 1960, S 15ff; Loitlsberger 1966, S 26f; Egner 1970, S 771ff.
17 Dazu vWysocki 1992, Sp 1545ff.
18 Dazu Loitlsberger 1992, Sp 1558ff.
19 Dazu Baetge 1992, Sp 2038ff.
20 Dazu Wulf 1959, S 509ff.
21 Dazu Fischer-Winkelmann 1992, Sp 1532ff.
22 Dazu Egner 1992, Sp 1566ff.
23 So auch Steckel 1994, S 12.
24 Vgl. Lechner 1981, S 47.

Die reine Theorie der Prüfung bildet nur die logischen Zusammenhänge ab, unabhängig von realen Sachverhalten, womit ihre Aussagen nur auf ihre logische Konsistenz hin analysiert und nicht empirisch geprüft werden können.[25] Das Ziel der reinen Theorie liegt in der Schaffung eines einheitlichen Begriffsystems, wobei man nicht unterstellen soll, dass die getroffenen Annahmen in der Realität nie anzutreffen seien, auch wenn im Sinne dieser Theorie nur Forschungsbereiche wissenschaftlich bearbeitet werden, die durch Induktion im umfassenden Sinne empirisch-kognitiver Theorien nicht erfassbar sind.[26]

Von Aussagen einer Realwissenschaft wird verlangt, dass sie über tatsächliche oder mögliche Eigenschaften von realen Objekten bzw. Sachverhalten informieren. Dementsprechend genügt für die Absicherung realwissenschaftlicher Aussagen bzw. Aussagensysteme nicht die Untersuchung auf logisch widerspruchsfreie Formulierung, sondern sie erfordern auch eine Überprüfung an der Realität.[27]

Realwissenschaftliche Aussagen oder Aussagensysteme müssen also dazu geeignet sein, das tatsächliche Verhalten (etwa eines Prüfers) zu erklären und es letztlich auch vorhersagen zu helfen. Ein Aussagensystem, das diese Anforderungen erfüllt, ist als empirisch-kognitive Theorie einzuordnen.[28]

Hauptkritiker der reinen Theorie der Prüfung ist *Fischer-Winkelmann*, welcher seine Kritik im Fehlen empirischer Verhaltenshypothesen in den verschiedenen prüfungstheoretischen Ansätzen begründet und somit den empirisch-kognitiven Prüfungsansatz vertritt.

Dieser empirisch-kognitive Prüfungsansatz nach *Fischer-Winkelmann* wird nachfolgend ausführlicher dargestellt.

Neben den äußeren Einflussfaktoren untersuchen aber auch zahlreiche Arbeiten die prüferindividuellen Faktoren, um zu prüfen, inwieweit z.B. die Prüfererfahrung oder die fachlichen Kenntnisse des jeweiligen Prüfers einen Einfluss auf dessen Beurteilung von prüfungsrelevanten Sachverhalten bzw. auf den Prüfungsprozess haben. Es ergaben allerdings nur vereinzelte

---

25 Vgl. Platzer 1978, S 169f.
26 Vgl. Lechner 1981, S 56ff.
27 Vgl. Platzer 1978, S 169.
28 Vgl. Platzer 1978, S 169.

Studien, dass eine längere Prüfungserfahrung oder höhere fachliche Kenntnisse sich positiv auf die Qualität des Urteils auswirken.[29]

Empirische Forschung ist nur dann sinnvoll, wenn ihre Ergebnisse verallgemeinerbar sind. Dies stellt für die Aussagefähigkeit der Ergebnisse empirischer Forschungsarbeiten im Bereich der betriebswirtschaftlichen Prüfungslehre jedoch bereits gravierende Einschränkungen aufgrund der gewählten Methodik dar. Eine weitere Problematik besteht darin, dass es in den Untersuchungen idR um individuelle Verhaltensweisen geht, die häufig keiner (streng) logischen Gesetzesmäßigkeit unterliegen, weshalb die Ergebnisse empirischer Arbeiten im betriebswirtschaftlichen Prüfungswesen oft nur Tendenzaussagen sind, die in ihrem Informationsgehalt eingeschränkt sind. Da die empirisch gewonnenen Erkenntnisse dazu beitragen sollen, die Theorieentwicklung voranzutreiben und somit die Prüfungspraxis effizienter zu gestalten, sollte im Rahmen der empirischen Forschung nicht nur das Sammeln von Daten im Vordergrund stehen, sondern auch die Ergebnisse dieser gewonnenen Daten mit deduktiv abgeleiteten Postulaten logisch verknüpft werden.[30]

Im Folgenden wird der empirisch-kognitive Ansatz näher dargestellt, da die Untersuchung der Hypothesen auf verhaltenswissenschaftlichen Erkenntnissen beruht und die Suche nach empirisch abgesicherten Erklärungen für das menschliche Verhalten der Abschlussprüfer, basierend auf der empirisch-kognitiven Prüfungstheorie, das Rahmenwerk der Untersuchung darstellt.

1.4.1.1. Empirisch-kognitiver Ansatz in der Prüfungstheorie

Die Entwicklung einer empirisch-kognitiven Prüfungstheorie basiert auf einigen charakteristisch formellen Leitideen. Im formalen Bereich überwiegt bspw. das Streben nach theoretischen Erkenntnissen des Interaktionszusammenhangs Prüfungen durch die Formulierung nomologischer Hypothesen, die strukturelle Invarianzen im Objektbereich als Determinanten des betrachteten Geschehens erfassen und diese zu erklären gestatten.[31]

„Für das Konzept einer empirisch-kognitiven Prüfungstheorie, das bisher am detailliertesten bezüglich seiner Problemlösungskapazität für die Prüfungstheorie und Prüfungspraxis disku-

---

29 Vgl. Haller 1992, Sp 418.
30 Vgl. Haller 1992, Sp 422.
31 Vgl. Fischer-Winkelmann 1992, Sp 1532.

tiert wurde, ist ein realwissenschaftliches Wissenschaftsverständnis konstitutiv, das sich an den Spielregeln der kritisch-rationalistischen (kritizistischen) Wissenschaftstheorie ausrichtet und in der Betriebswirtschaftslehre für die empirisch-theoretische Forschung als die gegenwärtig fruchtbarste Erkenntnisheuristik gilt und propagiert wird. Das kritizistische Basiskonzept einer empirisch-kognitiven Prüfungstheorie steht in natürlicher Konkurrenz zu einer hermeneutisch-normativen Wirklichkeitsinterpretation des Konstruktivismus oder des Ansatzes von *Habermas*, die für den Bereich der Prüfungslehre noch nicht diskutiert wurden, sich jedoch bereits in der Betriebswirtschaftslehre im Hinblick auf den Erkenntnisfortschritt als weniger taugliche Alternativen erweisen. Zu den wesentlichen methodologischen Grundideen einer empirisch-kognitiven prüfungstheoretischen Forschung zählen:

- der „naturwissenschaftliche" Ansatz, d.h. die Auffassung, dass jedes soziale bzw. kulturelle Phänomen und somit auch Prüfungsphänomene von Gesetzmäßigkeiten beherrscht werden, die in nomologischen Hypothesen fassbar sind;
- die Idee einer objektiven, d.h. die Annahme einer vom Bewusstsein der Prüfungstheoretiker unabhängigen, jedoch der Erkenntnis zugänglichen Prüfungsrealität;
- die Idee eines konsequenten Fallibilismus, d.h. die These von der prinzipiellen Fehlbarkeit der menschlichen Vernunft und damit auch der prinzipiellen Unabgeschlossenheit menschlicher Problemlösungen in der Forschungs- wie auch in der sonstigen Lebenspraxis."[32]

Vertreter des realtheoretischen Prüfungsansatzes sehen als materielle Konsequenz einer empirisch-kognitiven Forschungsprogrammatik neben einer verhaltenswissenschaftlichen Orientierung der Forschung vor allem die Notwendigkeit der Erweiterung bzw. Präzisierung des Erkenntnisobjekts der traditionellen Prüfungslehre.[33]

„Materielle Folgen einer empirisch-kognitiven Forschungskonzeption in der Prüfungslehre, die die formalen Grundideen ausfüllen, sind der geforderte sowie auch genommene Rekurs auf verhaltenswissenschaftliche Theorieansätze wie auch die Übernahme des Programms des methodologischen Individualismus (Reduktionismus). Der methodologische Individualismus geht davon aus, dass sämtliche soziale Phänomene (soziale Prozesse, soziale Institutionen und Organisationen, Wandel sozialer Systeme usw.) ausgehend von dem Verhalten bzw. Handeln (= zielorientiertem, vernünftigem Tun) von Individuen erklärt werden können und sollen. In

---

32 Fischer-Winkelmann 1992, Sp. 1532f.
33 Vgl. Fischer-Winkelmann 1992, Sp. 1538.

reduktionistischer Perspektive sind Prüfungen als Resultate des Verhaltens, der an bestimmten Interaktionen beteiligten und davon betroffenen Personen zu interpretieren, institutionelle Regelungen bzw. Institutionen im Bereich der Prüfungen über Handlungszusammenhänge zu konzeptualisieren und historisch zu rekonstruieren, usw.

Im Hinblick auf die Analyse der von der Prüfungstheorie bisher vernachlässigten kollektiven Urteilbildungsprozesse bei Mehrpersonenprüfungen (Teamprüfungen), hat die Forschung am tatsächlichen Verhalten der daran beteiligten Prüfer im jeweiligen situativen Kontext anzuknüpfen, um die intraindividuellen Prozesse und die interindividuellen Interaktionsprozesse im Rahmen von Teamprüfungen unter verschiedenen organisationalen Bedingungen, historischen Konstellationen usw. theoretisch in den Griff zu bekommen. Dann werden bspw. bisher nicht behandelte Fragen virulent:

- wie wirken sich strukturelle organisationale Sachverhalte in Prüfungsinstitutionen (wie etwa Art des Führungsstiles, der Gratifikationsmuster, der Regelung der Prüfungsplanung, Prüfungsdurchführung, Prüfungskontrolle, der Auswahl von Prüfungen, von Prüfern usw.),
- wie wirken sich individuell bedingte Merkmale der Interaktionsbeziehungen in Prüferteams (wie etwa vorhandene/nicht vorhandene oder echte/vorgetäuschte Kooperationsbereitschaft, Art des Konkurrenzverhaltens, vorgeschriebene/faktische Kompetenzverteilung, Qualifikationen, unterschiedliche Vertrauensbeziehungen, geforderter/praktizierter Prüfungsstil, Aufgabenidentifikation, unterschiedliche kognitive Beschränkungen der Rationalität von Prüfern, Leistungsmotivation, Risikobereitschaft, persönliche Wertvorstellungen, unterschiedliche individuelle „Urteilslogik", unterschiedliche Prüfungserfahrungen usw.,
- wie wirkt sich die Art der Beziehungen zu den Geprüften, usw.

auf den Ablauf sowie das Ergebnis des kollektiven Urteilbildungsprozesses bzw. auf die ökonomische und/oder individuelle bzw. soziale Effizienz aus?“[34]

[34] Fischer-Winkelmann 1992, Sp 1538f.

Damit von einer realwissenschaftlichen Theorie gesprochen werden kann, muss zumindest eine nomologische Hypothese vorliegen, aus der sich überprüfbare Forderungen ableiten lassen[35]. Nomologische Hypothesen kennzeichnen sich dadurch, dass sie Behauptungen über Regelmäßigkeiten von allgemeiner Gültigkeit beinhalten, die sich bereits empirisch bewährt haben.[36] Demgemäß ergeben viele Einzelaussagen, die mehr oder weniger getrennt im Raum stehen und nur auf eine begrenzte Anzahl von Tatbeständen angewandt werden können, noch keine Theorie, da für eine Theorie ein geschlossenes Aussagensystem vorliegen müsste, in welches die einzelnen Hypothesen einzuordnen sind und sie uU eine indirekte Stützung erfahren können.[37]

Die Betriebswirtschaftslehre ist von diesem Merkmal einer „reifen" Realwissenschaft zT noch etwas entfernt und es werden bisher eher so genannte empirische Hypothesen aufgestellt und geprüft, deren Anwendungsbereich sich im Wesentlichen auf jene zugrunde liegenden Daten beschränkt, für dessen Erklärung sie entworfen wurden. Es handelt sich hierbei idR um Je-Desto oder Wenn-Dann Hypothesen, welche als Ergebnis nur die Richtung der von einer Veränderung einer unabhängigen Variablen ausgelösten Wirkung angeben, nicht aber das Ausmaß selbst.[38]

Festzuhalten ist jedoch, dass durch wiederholte empirische Untersuchungen allein nur Aussagen mit beschränktem Ausmaß gewonnen werden können, wobei sich die Schwachstellen vor allem in der Allgemeingültigkeit bzw. der Begründung der Ergebnisse offenbaren. Eine weitere Konsequenz des geringen Allgemeinheitsgrads der gegenwärtig verfügbaren Ergebnisse aus der empirischen Forschung besteht darin, dass durch die enge Bindung an das zugrunde liegende Datenmaterial die Qualität der daraus abgeleiteten Aussagen unmittelbar vom Datenumfang sowie der dabei verwendeten statischen Methode bestimmt wird. Darüber hinaus kann jede spätere Ergebnisabweichung – bei Überprüfung einer gleichen Aussage – in einem anders strukturierten Datenmaterial oder der Wahl eines anderen statistischen Verfahrens für die Auswertung begründet sein.[39]

---

35 Vgl. Fischer-Winkelmann 1971, S 40.
36 Vgl. Schanz 1975, S 42ff.
37 Vgl. Platzer 1978, S 175.
38 Vgl. Platzer 1978, S 175.
39 Vgl. Platzer 1978, S 176f.

Bevor nunmehr die methodische Vorgehensweise Gegenstand der Ausführungen ist, soll die Bedeutung der gewählten Methode im betriebswirtschaftlichen Prüfungswesen und der Stand der Forschung im Zusammenhang mit der Forschungsfrage kurz dargestellt werden.

1.4.1.2. Experimente und die fallstudienbasierte Untersuchung als Forschungsmethode im betriebswirtschaftlichen Prüfungswesen

Aufgrund der Fortschritte in der Spieltheorie und der mikroökonomischen Theorie, sind wirtschaftswissenschaftliche Experimente und fallstudienbasierte Untersuchungen heute ein integraler Bestandteil der volkswirtschaftlichen und zT auch betriebswirtschaftlichen Forschung. Im Letzteren steht hierbei insbesondere seit Mitte der 90er Jahre das Financial Accounting im Vordergrund.[40]

In der betriebswirtschaftlichen Prüfungsforschung wurden Experimente und fallstudienbasierte Untersuchungen bislang hauptsächlich dann eingesetzt, wenn es spieltheoretische Modelle zu testen galt.[41]

Systematische Abweichungen zwischen theoretischen Prognosen und experimentellen oder fallstudienbasierten Daten sowie die Entwicklung neuer Theorien, die solche „Anomalien" erklären können, standen bislang nicht im Mittelpunkt der experimentellen oder fallstudienbasierten Prüfungsforschung. „An dieser Stelle wird künftiger Forschungsbedarf gesehen, wobei aus Experimenten im Bereich der Volkswirtschaftslehre und der Psychologie wertvolle Erkenntnisse gewonnen werden können."[42]

Der Vorteil dieser Methoden besteht vor allem in der Kontrolle, in der Replizierbarkeit und im frühzeitigen Erkenntnisgewinn. Generelle Theorien für einen unter Labor- oder Feldbedingungen gegebenen speziellen Anwendungsfall können sinnvoll im Rahmen von Experimenten oder fallstudienbasierten Untersuchungen getestet werden. Allerdings sind mit der Wahl dieser Untersuchungsformen auch Probleme zu berücksichtigen, wie z.B. die eingeschränkte Übertragbarkeit auf die Realität. Weiters sind die aus Experimenten oder fallstudienbasierten Untersuchungen gewonnenen Daten den empirischen Erhebungen auf Basis von reinen Felddaten unterlegen, wenn Zustände natürlich ablaufender ökonomischer Prozesse

---

40 Vgl. Stefani 2003, S 248.
41 Vgl. Stefani 2003, S 269.
42 Stefani 2003, S 269.

statistisch erhoben werden sollen oder wenn es um Messungen bestimmter Eigenschaften geht.[43] Wobei die fallstudienbasierte Untersuchung diesen Faktor zT berücksichtigen kann.

„Wirtschaftswissenschaftliche Experimente können und sollen daher kein Ersatz für Untersuchungen mit Felddaten und für Befragungen sein – ihr gezielter Einsatz würde die Prüfungsforschung jedoch wesentlich bereichern."[44]

Folgend erfolgt ein kurzer Überblick über den aktuellen Stand der Forschung im Zusammenhang mit der Forschungsfrage.

1.4.1.3. Stand der Forschung im Zusammenhang mit der Forschungsfrage

Soeben wurde ausgeführt, dass *Stefani* die mangelnde Gewinnung von empirischen Daten in ihren Ausführungen zur empirischen Prüfungsforschung hervorhebt und hier künftigen Forschungsbedarf sieht. Bereits 1993 wurde dies schon von *vWysocki* hervorgehoben, der bereits damals in der empirischen betriebswirtschaftlichen Prüfungsforschung hohes zukünftiges Potential gesehen hat.

Die Primärdatenerhebung für empirische Untersuchungen ist eher im angloamerikanischen Raum vertreten. Nichtsdestotrotz gibt es auch im kontinentaleuropäischen Raum einige Beiträge in der Literatur, wobei diese in der jüngsten Vergangenheit wiederum vorrangig dem Bereich der Accountingforschung zuzuordnen sind. Der Bereich der Qualitätssicherung wurde im kontinentaleuropäischen Raum kaum empirisch untersucht.

Damit lässt sich ua auch erklären, warum es weder theoretische noch empirische Untersuchungen im Zusammenhang mit der Wirkung von Joint Audit's gibt, obwohl in ständiger Diskussion versucht wird, eine Qualitätsverbesserung der Abschlussprüfung sowie eine Steigerung der Zuverlässigkeit des Prüfungsurteils herbeizuführen.

Wie bereits erwähnt, weist auch das Institut der Wirtschaftsprüfer in seiner Stellungnahme zur Stärkung der Abschlussprüfung auf die mangelnden Forschungsergebnisse im Bezug auf Joint Audit's hin.[45]

---

43 Vgl. Stefani 2003, S 270.
44 Stefani 2003, S 270.
45 Vgl. IDW 2002b, S 222.

Den einzigen Beitrag zur Diskussion eines Joint Audit's liefern *Francis et al*[46] mit ihrem Working Paper „*Assessing France's Joint Audit Requirement: Are Two Heads Better than One?*", welches sie am „*International Symposium on Audit Research*" in Sydney 2006 vorgestellt haben. Die Autoren untersuchten, ob eine Gemeinschaftsprüfung zu einer höheren Prüfungsqualität beiträgt und daher als Qualitätsverbesserungsmaßnahme gesehen werden kann. Als Ergebnis mussten sie dabei festhalten, dass sie zwar einige Determinanten eines Joint Audit's untersucht und 468 französische Abschlüsse, denen eine Gemeinschaftsprüfung zugrunde lag, analysiert haben, jedoch zu dem Schluss kommen mussten, dass ihre Ergebnisse keine Aussage über eine Veränderung der Qualität zulassen. Die Untersuchung basierte vorrangig auf einer Analyse der Zusammensetzung der Prüfer, der Eigentümerstruktur der geprüften Unternehmen, der Zusammenhänge der Prüfungsgesellschaft mit der Eigentümerstruktur und der Finanzierungslage.

Auf die Vielzahl der Forschungsbeiträge zur Steigerung der Zuverlässigkeit des Prüfungsurteils wird im Laufe der Arbeit immer wieder näher eingegangen bzw. darauf verwiesen, weshalb auf eine eigenständige Ausführung an dieser Stelle verzichtet werden kann.

1.4.2. Methodische Vorgehensweise

Nach einer theoretischen Auseinandersetzung mit den jüngsten Qualitätssicherungsmaßnahmen für den Berufsstand der Abschlussprüfer und einer damit eng verbundenen Diskussion der Vor- und Nachteile und erwarteten Wirkungen von Joint Audit's sowie einer Theoriebildung und Hypothesengenerierung erfolgt eine empirische Untersuchung zur Wirkung eines Joint Audit's.

Vor Beginn der empirischen Untersuchung musste jedoch zunächst geklärt werden, welches Verfahren der Datenerhebung sich für die Analyse der Wirkung von Joint Audit's und der damit verbundenen Zielsetzung der Untersuchung am Besten eignen würde.

Da Daten über die Wirkung von Joint Audit's nicht in der Weise vorliegen, dass mit Hilfe einer Inhaltsanalyse eine systematische und qualitative Beschreibung von Häufigkeiten bestimmter Elemente möglich wäre, wird auf eine Sekundärdatenanalyse verzichtet und auf die direkte Methode der Datenerhebung der Primärdatenerhebung zurückgegriffen.

---

46 Dazu Francis 2006.

Im Hinblick auf das Untersuchungsziel scheinen die mündliche Befragung (Interviews) anhand eines standardisierten Fragebogens und die Methode der fallstudienbasierten Untersuchung am Besten geeignet. Die Begründung für die Wahl der Methode sowie die operative Vorgehensweise der Untersuchung wird ausführlich im Rahmen des Kapitels 4 „Empirische Untersuchung" dargestellt. Weshalb auf detaillierte Ausführungen an dieser Stelle verzichtet werden kann.

Es soll nur darauf hingewiesen werden, dass die fallstudienbasierte Untersuchung in Form von zwei Erhebungsformen nämlich „Single" – eine Testperson hatte den in der Fallstudie dargestellten Sachverhalt alleine zu beurteilen – sowie „Joint" – zwei Testpersonen hatten nach jeweiliger persönlicher Urteilsbildung den Sachverhalt gemeinsam zu beurteilen – durchgeführt wird, damit eine Überprüfung der in Kapitel 3 aufgestellten Hypothesen auch möglich ist. Ergänzend werden mit Hilfe eines standardisierten Fragebogens die Wahrnehmungen bzw. Erfahrungen der Testpersonen mit Joint Audit's erfasst. Zusätzlich zum Interview gibt ein Erfahrungsfragebogen Aufschlüsse über die prüferindividuellen Faktoren, wie fachliche Qualifikation oder Erfahrungsstand. Diese prüferindividuellen Faktoren werden im Anschluss an die fallstudienbasierte Untersuchung erhoben. Diese zusätzlichen Informationen scheinen notwendig, um Rückschlüsse auf die Ergebnisse der fallstudienbasierten Untersuchung ziehen zu können.

Folgend wird der Aufbau der Arbeit kurz zusammengefasst und ein Überblick über die Inhalte und Schwerpunkte der einzelnen Abschnitte gewährt.

1.5. Aufbau der Arbeit

Das erste Hauptkapitel (Kapitel 2) ist den jüngsten Qualitätssicherungsmaßnahmen sowie den Formalisierungs- und Vereinheitlichungsmaßnahmen von Prüfungsprozess, Prüfungsurteil und Prüfungsqualität gewidmet. Ausführungen, welche für die Darstellung der Relevanz und Bedeutung der Forschungsfrage von wesentlicher Bedeutung sind.

Im Kapitel 3 werden zum einen der Entscheidungsfindungsprozess und zum anderen das Joint Audit dargestellt, bevor die Theoriebildung für die empirische Untersuchung erörtert wird. Basierend auf einer Darstellung des Entscheidungsverhaltens des Abschlussprüfers, erfolgt eine Vorstellung des Gruppenentscheidungsmodells, welchem im Zusammenhang mit der Durchführung eines Joint Audit's wesentliche Bedeutung zukommt. Weiter wird eine Eingliederung des Joint Audit's in das Gruppenentscheidungsmodell vorgenommen, bevor eine inhaltliche Auseinandersetzung mit den Prinzipien eines Joint Audit's erfolgt. Bevor als Abschluss dieses Kapitels der theoretische Ansatz des Joint Audit's auf die Prüfungsqualität dargestellt wird, sollen Vor- und Nachteile des Joint Audit's in der aktuellen Diskussion sowie die erwarteten Wirkungen und die Umsetzung und praktische Anwendung Gegenstand der Betrachtung sein. Abschließendes Ziel dieses Kapitels ist es, die Theoriebildung sowie Hypothesengenerierung aufzuzeigen.

Kapitel 4 umfasst vorrangig die Datenanalyse der empirischen Untersuchung. Dabei wird zwischen deskriptiver und statistischer Analyse unterschieden. Wobei im Rahmen der statistischen Analyse vor allem die Prüfung der in Kapitel 3 aufgestellten Hypothesen von besonderem Interesse ist, da diese Ergebnisse Aufschluss über die Wirkung eines Joint Audit's liefern sollen. Bevor jedoch die Datenanalyse Gegenstand der Betrachtung ist, werden die Wahl der empirischen Methode, das Design der Untersuchung und die Verfahren zur Datenanalyse vorgestellt.

Den Abschluss der Arbeit bilden im Kapitel 5 eine zusammenfassende Betrachtung der gewonnenen Erkenntnisse aus den einzelnen Kapiteln und eine Ableitung von zukünftigen Empfehlungen. Abschließend erfolgt ein Ausblick auf künftig gesehenen Forschungs- und Diskussionsbedarf.

2. Zum aktuellen Stand in der Qualitätssicherung

Dieser Abschnitt ist den jüngsten Qualitätssicherungsmaßnahmen sowie den Formalisierungs- und Vereinheitlichungsmaßnahmen von Prüfungsprozess, Prüfungsurteil und Prüfungsqualität gewidmet. Ausführungen, welche für die Relevanz der Forschungsfrage von wesentlicher Bedeutung sind, da sie zeigen werden, dass es in den letzten Jahren zu wesentlichen Veränderungen für den Berufsstand des Abschlussprüfers gekommen ist und mit neuen Regelungen und Maßnahmen versucht wird, die Abschlussprüfung zu verbessern sowie die Zuverlässigkeit des Urteils zu erhöhen. Inwieweit Joint Audit's in diesem Zusammenhang von Bedeutung sind bzw. als Qualitätssicherungsmaßnahme gesehen werden, wird am Ende dieses Abschnitts diskutiert.

2.1. Normative Aspekte der Qualitätssicherung

Bevor nunmehr diese bereits angesprochenen neuen regulativen Maßnahmen für den Berufsstand Gegenstand der Betrachtung sind, sollen die Hintergründe, welche einen Ruf nach schärferen Bestimmungen für den Berufsstand ausgelöst haben, aufgezeigt werden.

2.1.1. Ausgangspunkt des Reformprozesses

„Bilanzfälschungen hat es in der Vergangenheit gegeben und sie werden sich auch in Zukunft trotz der Einrichtung der Abschlussprüfung, die gewährleisten soll, dass bei der Erstellung der Jahresabschlüsse die dafür geltenden Regeln (Gesetz bzw. verbindliche Richtlinien) eingehalten werden, nicht vermeiden lassen.“[47]

Seit dem Konkurs des US-Unternehmens Enron im Jahr 2002 wird in den Medien des Öfteren über Bilanzskandale berichtet. Nicht nur, dass viele Bilanzmanipulationen betrügerischen Charakter haben, auch Abschlussprüfer haben zT bei der Aufdeckung der falschen Darstellungen im Jahresabschluss versagt, worin eine Flut von neuen Vorschriften von Gesetzgebern und Regulierungsbehörden für den Berufsstand begründet liegt.

Vor allem waren es doch die Fälle von Enron, WorldCom, Comroad & Co, die dafür gesorgt haben, dass das Berufsbild des Abschlussprüfers in die Öffentlichkeit geriet. Und zwar nicht in irgendeine Öffentlichkeit, sondern in eine internationale, kritische und finanziell wie poli-

---

47 Mayer 2002, S 163.

tisch sensibel reagierende Öffentlichkeit.[48] Folgend wird daher eine kurze chronologische Zusammenfassung[49] der größten Bilanzskandale der jüngsten Vergangenheit, welche ua wesentlich zu einem Ruf nach schärferen Bestimmungen für den Berufsstand des Abschlussprüfers beigetragen haben, aufgezählt.

Zum Paradebeispiel spektakulärer Bilanzskandale wurde der amerikanische Energieversorger und Energiehändler **Enron**. In diesem Zusammenhang spielten vor allem Zweckgesellschaften – sogenannte *„Special Purpose Entities"* - eine bedeutende Rolle. Diese wurden aufgrund einer Stimmrechtsverteilung eines weiteren Gesellschafters nicht im Konzernabschluss von Enron konsolidiert, obwohl sie überwiegend mit Eigenkapital von Enron ausgestattet waren. Darüber hinaus nutzte Enron diese Zweckgesellschaften regelwidrig zur Konstruktion erfolgswirksamer Innengeschäfte. So wurden Erträge, die in den Zweckgesellschaften aus der Fair-Value-Bewertung von Enron-Aktien angefallen sind, in der Konzernbilanz berücksichtigt. Mit dem Untergang von Enron geriet auch die testierende Prüfungsgesellschaft Arthur Andersen in Schwierigkeiten.[50]

Auch der Jahresabschluss des Kopiergeräteherstellers **Xerox** war fehlerhaft. Xerox wies in den Jahren 1997 bis 2001 zu hohe Erträge aus, welche aufgrund von Leasing-Einnahmen bereits vor ihrer Realisierung erfolgswirksam angesetzt wurden. Weiters hat die amerikanische Börsenaufsichtsbehörde SEC dem Unternehmen vorgeworfen, durch das Auflösen stiller Reserven Gewinneinbrüche verheimlicht zu haben. Die verantwortlichen Prüfer, die über die Abschlüsse uneingeschränkt testiert hatten, waren Partner der KPMG Wirtschaftsprüfungsgesellschaft.

Gemessen an der Bilanzsumme ist der Fall der Telekom-Gesellschaft **WorldCom** der bislang größte Finanzskandal der amerikanischen Geschichte. Die unzulässig verbuchten Gewinne beliefen sich auf ca. 9 Milliarden Dollar. Durch Ermittlungen der SEC wurde 2002 aufgedeckt, dass WorldCom Aufwendungen als Vermögensgegenstände aktiviert und unzulässigerweise Rückstellungen aufgelöst hat. Für die Prüfungsgesellschaft Arthur Andersen bedeutete dieser zweite aufsehenerregende Niedergang eines Mandats innerhalb so kurzer Zeit das endgültige Aus.

---

48 So auch Schmidt 2005a, S 203.
49 Vgl. Zimmermann 2004, S 1515ff.
50 Dazu Benston 2002, S 105ff.

Bilanzskandale gibt es nicht nur in den USA und sie traten auch schon vor dem Enron oder WorldCom Fall auf. So gilt bspw. der im Jahr 2000 aufgedeckte Wirtschaftsbetrug der Tiefbaugruppe **Flowtex** als größter Wirtschaftsbetrug der deutschen Nachkriegsgeschichte. Mit Hilfe einer Art Schneeballsystem gelang es dem Unternehmen rund 3000 fiktive Bohrsysteme an Leasingfirmen zu verkaufen, welche die Anlagen aus dem Umfeld von Flowtex verleasten. Das Geld für den Kauf der Bohrköpfe wurde zum einen Teil durch Banken refinanziert und zum anderen Teil von angeblichen Lieferantenfirmen auf Konten der Flowtex-Muttergesellschaft umgeleitet. Der Schaden betrug fast 4 Milliarden DM. KPMG hatte die Flowtex Abschlüsse uneingeschränkt testiert und geriet deshalb massiv in Kritik, weiters ist erwähnenswert, dass die KPMG in diesem Zusammenhang 100 Million DM an Schadenersatzzahlungen, welche nicht durch Versicherungen abgedeckt waren, an geschädigte Banken und Leasinggesellschaften zu zahlen hatte.

Bei der **Berliner Bankgesellschaft** handelte es sich um einen Fall fragwürdigen Ausnutzens von Beurteilungsspielräumen. Bereits Mitte der 90er Jahre kam es zu ersten Bilanzmanipulationen bei einer Tochtergesellschaft, um hohe Risiken bei Immobilienfonds zu verschleiern. Bis 1996 wurden die Abschlüsse von der BDO und danach von PWC uneingeschränkt testiert. Erst durch eine Sonderprüfung des Bundesaufsichtsamtes für das Kreditwesen in 2001 wurden die beträchtlichen Defizite öffentlich bekannt. Um die Berliner Bankengesellschaft zu retten, musste das Land Berlin schließlich zwei Milliarden DM zur Verfügung stellen.

Der einst größte Bilanzbetrug am Neuen Markt war jener des Münchner Telematik-Anbieters **Comroad**, dessen Umsätze fast ausschließlich erfunden waren. Bereits 1998 erfand Comroad zwei Drittel seiner Umsätze, im Jahr 2000 waren es bereits 97 Prozent. Diese fiktiven Umsätze beruhten auf vorgetäuschten Geschäften die über eine Scheinfirma in Hongkong abgewickelt wurden. Erneut ins schlechte Licht kam damit die Prüfungsgesellschaft KPMG, deren Prüfer die Bilanzen jahrelang ohne Einwand testiert hatten.

Anfang 2003 fiel der Marktwert des niederländischen Einzelhandelskonzerns **Royal Ahold NV** um 6 Milliarden Dollar, da in den Jahren zuvor stets zu hohe Erträge ausgewiesen wurden. Die fehlerhaften Abschlüsse der Vorjahre wurden von Deloitte & Touche uneingeschränkt testiert.

Ende 2003 wurden beim italienischen Nahrungsmittelkonzern **Parmalat** Unregelmäßigkeiten im großen Umfang aufgedeckt. Neben einer Überbewertung der Vermögenswerte und einer Unterbewertung der Schulden kam es zu Scheingeschäften mit Tochterunternehmen. Zu den Fälschungen kamen noch betrügerische Informationen hinzu, um den Aktienkurs zu beeinflussen. Nach dem Unternehmenszusammenbruch wurde festgestellt, dass nahezu keine liquidierbaren Werte vorhanden waren, um die Schulden von 14,2 Milliarden Euro (ausgewiesen nur 1,9 Mrd.) zu decken. Neben verschiedenen Banken sind auch die Prüfungsgesellschaften Deloitte & Touche wegen Pflichtverletzung sowie Grant Thornton wegen Beihilfe zum Betrug angeklagt.

Auch in Österreich sind in jüngster Vergangenheit einige diesbezügliche Probleme aufgetreten. 2005 wurde bspw. bekannt, dass in den Bilanzskandal um das US-Wertpapierhaus **Refco** auch europäische Banken ua die österreichische Gewerkschaftsbank **Bawag/PSK**, das viertgrößte Geldinstitut des Landes, in den Skandal als Hauptgläubiger und Anteilsbesitzer (34 %) involviert sind. Inzwischen hat der ÖGB alle seine Bankaktien an den US-Fonds Cerberus mit Sitz in New York verkauft, die Finanzmarktaufsicht hat sich eingeschaltet und es wurden massive Vorwürfe an der verantwortlichen Prüfungsgesellschaft, der KPMG, im Zusammenhang mit den Karibik Geschäften[51] und der Causa Refco, geäußert.

Die kärntnerische **Hypo Alpe-Adria** Bank machte in den letzten Jahren mit fragwürdigen Spekulationsverlusten auf sich aufmerksam. Zwischenzeitig wurden die Landesteile der Kärntner Hypo Alpe-Adria Bank an die Bayrische Landesbank verkauft, bezüglich der Spekulationsverluste gibt es jedoch nach wie vor sehr viel Aufklärungswürdiges, mit dem sich derzeit ua der Bankenuntersuchungsausschuss[52] beschäftigt. Testierende Prüfungsgesellschaften waren für den Abschluss 2004 neben Deloitte & Touche die Confida Klagenfurt, beide haben ihr Testat für den Abschluss 2004 zurückgezogen.[53,54]

---

51 Im März 2006 stoßen US-Ermittler laut Medienberichten in der Kriminalaffäre Refco auf Offshore-Konten einer Refco-Tochter auf den Bermudas. Eigentümer von „Phantom-Papieren" von Refco in Höhe von 525 Millionen Dollar sollen sechs auf der Karibik-Insel Anguilla ansässige Firmen sein und die Bawag soll Aktien an den karibischen Gesellschaften halten.

52 Im Mittelpunkt der Untersuchungen des Bankenuntersuchungsausschusses steht dabei die Bawag-Affäre, es geht aber auch um Spekulationsverluste der Hypo Alpe-Adria und mögliche fragwürdige Geschäfte anderer Banken. Konkret soll etwa aufgeklärt werden, warum ein kritischer Bericht der Österreichischen Nationalbank über die Bawag zu keinen Konsequenzen geführt hat und ob unrichtige Bilanzdarstellungen bei der Bawag und der Hypo Alpe-Adria von der Finanzmarktaufsicht gebilligt wurden. Auch die Entsendepraxis von Staatskommissären steht auf dem Prüfstand.

53 Dazu Gelter 2003, S 354ff.

54 Die Prüfung dieses Abschlusses wurde in Form eines Joint Audit's durchgeführt, deshalb ist es gar nicht anders möglich, als dass beide Prüfungsgesellschaften ihr Urteil zurückziehen.

Zusammenfassend kann festgehalten werden, dass die Zusammenbrüche großer Unternehmen idR auf spektakuläre Bilanzfälschungen, wie die Erfassung von Gewinnen aus Scheingeschäften, die Verlagerung von Verbindlichkeiten an nicht in die Konsolidierung einbezogene Konzernunternehmen durch Übertragung von Scheinaktiven an diese Unternehmen und die Nichteliminierung von konzerninternen Gewinnen im Konzernabschluss, die Bilanzierung von nicht existenten oder vorgezogenen Gewinnen aus tatsächlichen Geschäften, die Aktivierung von laufenden Aufwendungen als Vermögensgegenstand oder die Nichterfassung hoher Vergütungen an Führungskräfte und sonstige Mitarbeiter zurückzuführen sind.[55] In diesen Ereignissen liegt eine weltweite Qualitätsoffensive des Berufsstandes begründet, welche folgend aufgezeigt wird.

2.1.2. Aktuelle Qualitätssicherungsmaßnahmen

Nach den (ua dargestellten) diversen Bilanzskandalen der jüngsten Vergangenheit ist die Stellung des Abschlussprüfers weltweit zum Thema geworden. Dabei hat sich die Diskussion und Rechtsentwicklung anfangs vor allem mit der Frage der Haftung des Abschlussprüfers befasst, ist doch weltweit die Bereitschaft gestiegen, den Prüfer für (angeblich) verfehlte Urteile zur Verantwortung zu ziehen, diese wurde jedoch in weiterer Folge von der Frage der Steigerung der Zuverlässigkeit des Prüfungsurteils abgelöst.

Global gesehen ist die USA mit dem Sarbanes-Oxley Act Vorreiter einer stark regulativ geprägten gesetzgeberischen Aktivität geworden, in der EU ist jüngst die novellierte Gesellschaftsrechtrichtlinie in Kraft getreten und weitere legislative Maßnahmen sind national und international in Vorbereitung.[56] Ein Überblick über jüngste Reformmaßnahmen sowie eine ausführliche Darstellung der Inhalte der novellierten Gesellschaftsrechtrichtlinie und die damit zusammenhängende zunehmende Bedeutung der *International Federation of Accountants* ist Gegenstand der nachfolgenden Ausführungen.

2.1.2.1. Überblick über Reformmaßnahmen

Oberstes Ziel der Neugestaltung der Stellung des Abschlussprüfers ist die Steigerung der Zuverlässigkeit des Prüfungsurteils. Stand am Beginn der Diskussion die Forderung nach einer

---

55 So auch Mayer 2002, S 163f.

56 So auch Gröhs 2004, S 1.

Erhöhung der Haftungsgrenzen[57], hängt eine Verbesserung der Zuverlässigkeit des Prüfungsurteils in der derzeitigen Diskussion im Wesentlichen von den Faktoren fachlicher Qualität des Prüfers und der ihm zur Verfügung stehenden Informationen sowie der Unabhängigkeit des Prüfers vom geprüften Unternehmen ab. Vorschläge zur Verbesserung der Zuverlässigkeit des Prüfungsurteils sind daran zu messen, inwieweit sie zur Stärkung dieser beiden Faktoren beitragen können. Die nachfolgenden Ausführungen sind daher vorrangig den Reformmaßnahmen im Bezug auf die Sicherung der Unabhängigkeit und der fachlichen Qualität des Prüfers gewidmet, da diesen in den weiteren Ausführungen - im Bezug auf die Qualitätsveränderung durch Joint Audit's - wesentliche Bedeutung zukommen wird.[58] Weitere Reformmaßnahmen, wie sie ua auch die im nächsten Punkt dargestellte novellierte Gesellschaftsrechtrichtlinie fordert, werden nur kurz zusammengefasst dargestellt.[59] Es wird der Vollständigkeit halber auf die amerikanischen Regelungen verwiesen, doch ist eine inhaltliche Auseinandersetzung mit diesen nicht Gegenstand der Ausführungen.

2.1.2.1.1. Sicherung der Unabhängigkeit

Die amerikanische Börsenaufsichtsbehörde SEC hat im Jahr 2001 neue Bestimmungen über die Unabhängigkeit von Abschlussprüfern in dem neu gefassten § 210.2-01 des *Code of Federal Regulations* verabschiedet. Obwohl die endgültigen Bestimmungen bei weitem nicht so streng ausgefallen sind, wie die ersten Entwürfe es vermuten ließen, kam es in einigen Bereichen erstmalig doch zu erheblichen Veränderungen, insbesondere im Bereich der so genannten Nichtprüfungsleistungen (den so genannten „*non-audit-services*"). Für Europa haben diese Bestimmungen dann Bindung, wenn es um die Prüfung von Unternehmen, die unter Aufsicht der SEC stehen, sowie deren Tochterunternehmen, geht. Andererseits hat die Diskussion, welche Tätigkeiten mit der Prüfungstätigkeit vereinbar sind, auch vor Europa nicht Halt gemacht, was aus den weiteren Ausführungen ersichtlich wird.[60]

---

57 In Österreich wurde eine Erhöhung der Haftungsgrenzen für Abschlussprüfer bereits implementiert. Weiter soll auf die Haftungsproblematik nicht eingegangen werden, da diese wirtschaftlich gesehen und für den Berufsstand zwar von großer Bedeutung ist, für die weitere Arbeit jedoch als nicht direkt relevant betrachtet werden kann.

58 Zur Prüferhaftung ua: Ewert 1999; Ewert 2000; Gelter 2005; Bigus 2006; Doralt 2006; Doralt 2006a oder Karollus 2006.

59 Vgl. Gröhs 2004, S 1f.

60 Dazu Holzer 2001, S 220.

Als nächstes hat Amerika mit dem Sarbanes-Oxley Act 2002 (SOA[61]) auf die Skandale von Enron oder WorldCom reagiert, der in Titel II Regelungen zur Unabhängigkeit des Abschlussprüfers enthält. Ergänzend hat die SEC am 23. Jänner 2003 Ausführungsregelungen zur Unabhängigkeit des Abschlussprüfers erlassen.[62]

Im Mai 2002 wurde von der EU-Kommission eine Empfehlung zum Thema Unabhängigkeit vorgelegt.[63] Gegenüber dem SOA ist diese Empfehlung flexibler formuliert. Die Empfehlung sieht eher einen prinzipienbasierten Ansatz vor, wohingegen der SOA gewisse Aktivitäten und Handlungen verbietet und daher eher als „*rule-based*" Regelwerk verstanden werden kann. Das Kernprinzip (Teil I) der Empfehlung lautet, dass ein Prüfer eine Prüfung nur dann durchführen darf, wenn zwischen dem Prüfer und dem geprüften Unternehmen keine finanzielle, geschäftliche oder sonstige Beziehung (einschließlich bestimmter Nicht-Prüfungsleistungen) sowie keinesfalls ein Beschäftigungsverhältnis besteht und somit die Unabhängigkeit von einem Sachverständigen und informierten Dritten nicht in Frage gestellt werden kann. Die Empfehlung legt weiter allgemeine Faktoren (Teil II) fest, die ein Risiko für die Unabhängigkeit darstellen, wie z.B. Eigeninteresse des Prüfers oder die Überprüfung eigener Leistungen. Abschließend werden im dritten Teil der Empfehlung besondere Umstände näher beschrieben, die mit Gefahren für die Unabhängigkeit verbunden sind, wie bspw. finanzielle Beteiligung am geprüften Unternehmen. Die im Juni 2006 verabschiedete novellierte Gesellschaftsrechtrichtlinie[64] hat im Bereich der Unabhängigkeit die in der Empfehlung vorgeschlagenen Inhalte nunmehr in europäisches Recht aufgenommen.

Aufbauend auf der Unabhängigkeitsempfehlung wurde von der EU-Kommission im Mai 2003 eine Mitteilung an den Rat und das Europäische Parlament, betreffend der Stärkung der Abschlussprüfung in der EU,[65] vorgelegt.

In Österreich wurde den internationalen Entwicklungen zur Unabhängigkeit zT mit dem GesRÄG 2005 und der damit verbundenen Änderung der §§ 271 und 271a UGB, die die Aus-

---

[61] Der Sarbanes-Oxley Act of 2002 (SOA) ist ein US-Gesetz zur verbindlichen Regelung der Unternehmensberichterstattung infolge der Bilanzskandale.

[62] Auf die amerikanischen Bestimmungen wird inhaltlich nicht näher eingegangen, da sich die Inhalte überwiegend in den europäischen Regelungen wiederfinden.

[63] Dazu Europäische Kommission 2002.

[64] Dazu Europäische Kommission 2006.

[65] Dazu Europäische Kommission 2003.

schlussgründe des Abschlussprüfers normieren, sowie dem KFS/PG 1[66] unter Punkt „Berufsgrundsätze und –vorschriften" Rechnung getragen.[67]

2.1.2.1.2. Fachliche Qualität des Prüfers

Im Zuge der Steigerung der Zuverlässigkeit des Prüfungsurteils sowie der damit verbundenen Qualität der Prüfung wird neben der Unabhängigkeitsproblematik immer wieder auf die Frage der fachlichen Qualität des Prüfers verwiesen.

Initiativen der jeweiligen nationalen und internationalen Berufsvertretungen sollen die fachliche Aus- und Weiterbildung der Prüfer sicherstellen, damit gewährleistet ist, dass die theoretischen Kenntnisse und die beruflichen Fertigkeiten und Wertmaßstäbe auf einem ausreichend hohen Stand gehalten werden.

Anhand von externen Qualitätskontrollen, wie bspw. dem Peer Review oder dem Monitoring, soll die fachliche Qualität (interne Qualitätssicherung) der Prüfer gemessen werden. Auf diese Maßnahmen zur Sicherung der fachlichen Qualität des Prüfers wird später im Punkt „Qualitätssicherung und Qualitätskontrolle" genauer eingegangen.

2.1.2.1.3. Weitere regulative Initiativen

Zu den weiteren gesetzgeberischen Maßnahmen zur Erhöhung der Zuverlässigkeit des Prüfungsurteils zählen national und international:

- Eine stärkere Einbindung der Aufsichtsorgane der geprüften Unternehmen in den Prüfungsprozess. In diesem Zusammenhang wird vor allem von der Einbindung der Audit Committees (Prüfungsausschüsse) als verpflichtender Ausschuss des Aufsichtsrates gesprochen.
- Eine Rotation der bei der Abschlussprüfung verantwortlichen Personen. Im Zusammenhang mit der Rotationsverpflichtung wird immer wieder eine mehrjährige Bestelldauer von Prüfern angesprochen.

---

66 Das KFS/PG 1 „Fachgutachten über die Durchführung von Abschlussprüfungen" wurde im Jänner 2007 verabschiedet und gilt für alle gesetzlich vorgeschriebenen Prüfungen von Einzel- und Konzernabschlüssen und für freiwillige Prüfungen, die den gesetzlichen Prüfungen nach Art und Inhalt entsprechen sowie für die Prüfung von Rechnungsabschlüssen ohne Rücksicht auf Größe, Rechtsform und wirtschaftliche Zielsetzung des geprüften Rechtsträgers.

67 Doralt 2006 sieht im GesRÄG 2005 - entgegen der internationalen Tendenz zu strengeren Regeln – hinsichtlich der Unabhängigkeit nur punktuelle Verbesserungen, in den zentralen Fragen jedoch einen wesentlichen Rückschritt.

- Ein Verbot der wirtschaftlichen Beteiligung des Prüfers am geprüften Unternehmen sowie eine Vermeidung der Selbstprüfung und sonstiger Umstände, die zu einer Befangenheit des Prüfers führen können oder als solche angesehen werden können. Dieser Punkt wird vor allem im Zusammenhang mit der Gewährleistung der Unabhängigkeit betrachtet.
- Eine Vermeidung von möglichen wirtschaftlichen Drucks auf den Prüfer durch das geprüfte Unternehmen. In diesem Zusammenhang wird vor allem von Angemessenheit und Offenlegung der Prüfungshonorare gesprochen.
- Eine angemessene Entlohnung des Prüfers, um eine einwandfreie Qualität der Prüfungsarbeit zu gewährleisten.
- Eine Veröffentlichungspflicht für den Transparenzbericht von Prüfern, die Unternehmen von öffentlichem Interesse prüfen.
- Eine Einführung staatlicher Aufsichtsbehörden.
- Sowie eine Erhöhung der Haftungsgrenzen.[68]

Die meisten der eben ausgeführten Qualitätssicherungsmaßnahmen finden sich in der novellierten Gesellschaftsrechtrichtlinie, welche erstmalig massiv in den Berufsstand eingreift und folgend inhaltlich dargestellt wird, wieder.

2.1.2.2. EU: Richtlinie 2006/43/EG

Aufgrund fehlender Harmonisierung im Bereich der Abschlussprüfung, schlug die Europäische Kommission 1998 in ihrer Mitteilung „Die Abschlussprüfung in der Europäischen Union: Künftiges Vorgehen“[69] die Einsetzung eines Ausschusses für Fragen der Abschlussprüfung vor. Durch enge Zusammenarbeit mit dem Berufsstand der Abschlussprüfer und den Mitgliedstaaten sollten weitere Maßnahmen ausgearbeitet werden.

Nach der Empfehlung für „Mindestanforderungen an Qualitätssicherungssysteme für die Abschlussprüfung in der EU“[70] von 2000 und der Empfehlung zur „Unabhängigkeit des Abschlussprüfers in der EU: Grundprinzipien“[71] aus 2002 haben das Europäische Parlament und der Rat der Europäischen Union am 17. Mai 2006 die neue Richtlinie über Abschlussprüfungen von Jahresabschlüssen und konsolidierten Abschlüssen, zur Änderung der Richtlinien

---

[68] Vgl. Gröhs 2004, S 1f.
[69] Dazu Europäische Kommission 1998.
[70] Dazu Europäische Kommission 2000.
[71] Dazu Europäische Kommission 2002.

78/660/EWG und 83/349/EWG des Rates und zur Aufhebung der Richtlinie 84/253/EWG des Rates beschlossen.[72]

Bereits im März 2004 wurde der erste Vorschlag dieser überarbeiteten Gesellschaftsrechtrichtlinie, wie sie von den Kommissären genannt wird, von der Europäischen Kommission vorgelegt. Es folgte eine intensive Diskussion des Vorschlages und das Europäische Parlament votierte am 28. September 2005 mehr als 100 Änderungen nach seiner ersten Lesung. Welche alle am 11. Oktober 2005 vom zuständigen Finanzministerrat gebilligt wurden, wodurch ein Verabschieden der Richtlinie im Mai 2006 und ein damit verbundenes in Kraft treten der Richtlinie ab Juni 2006 nichts mehr im Wege stand.[73]

Die novellierte Gesellschaftsrechtrichtlinie ersetzt die bislang geltende 8. gesellschaftsrechtliche EU-Richtlinie von 1984[74]. Waren bislang ausschließlich der Zugang zum Beruf des Abschlussprüfers sowie einige wesentliche Berufsgrundsätze geregelt, weitet die novellierte Richtlinie den Anwendungsbereich erheblich aus und regelt nahezu alle wesentlichen Bereiche der gesetzlichen Abschlussprüfung. Es werden europaweit geltende Regelungen, ua zur Zulassung, Fortbildung und gegenseitigen Anerkennung sowie Registrierung, zu Berufsgrundsätzen und Unabhängigkeit von Abschlussprüfern, zu Prüfungsstandards und Bestätigungsvermerk, zu Qualitätssicherung und öffentlichen Aufsicht sowie zur Bestellung und Abberufung von Abschlussprüfern, festgelegt. Auch die für die Abschlussprüfung relevanten Corporate Governance Aspekte werden erstmals einheitlich für die Mitgliedstaaten geregelt.

Da Unternehmen von öffentlichem Interesse stärker im Blickpunkt der Öffentlichkeit stehen und wirtschaftlich von wesentlich größerer Bedeutung sind, sollen für die Abschlussprüfung ihres Jahresabschlusses oder konsolidierten Abschlusses strengere Anforderungen gelten. Die Richtlinie enthält somit neben den grundsätzlichen Anforderungen an alle gesetzlichen Abschlussprüfer auch besondere Bestimmungen für Abschlussprüfer, die Unternehmen von öffentlichem Interesse prüfen. Unternehmen des öffentlichen Interesses sind in Artikel 2 Abs 13 der Richtlinie definiert, demnach sind hier vor allem börsennotierte Unternehmen, Banken und Versicherungsunternehmen und soweit ein Mitgliedsstaat dies bedarf, auch andere Unternehmen, zum Beispiel aufgrund deren Größe und/oder Bedeutung, zu verstehen.

---

[72] Dazu Europäische Kommission 2006.
[73] Vgl. Tiedje 2006, S 593.
[74] Dazu Europäische Kommission 1984.

Die Richtlinie ermöglicht den Mitgliedstaaten in Artikel 39, solche Unternehmen des öffentlichen Interesses und deren Abschlussprüfer bzw. Prüfungsgesellschaft von einer oder mehreren Anforderungen des Kapitel X der Richtlinie auszunehmen, die keine Aktien ausgegeben haben.

Als besondere Bestimmung für die Prüfer von Unternehmen des öffentlichen Interesses gilt die in Artikel 40 geforderte Veröffentlichung eines jährlichen Transparenzberichtes für Abschlussprüfer oder Prüfungsgesellschaften, die eine oder mehrere Abschlussprüfungen bei Unternehmen von öffentlichem Interesse durchführen. Ziel ist es, einen Einblick in die Verhältnisse – vor allem in die Führungsstruktur, das interne Qualitätssicherungssystem, die externe Qualitätskontrolle, die Unabhängigkeitserklärungen und die Zusammensetzung der Honorare - der Prüfungsgesellschaft zu ermöglichen.

Weiter sieht Artikel 41 als besondere Anforderung für Unternehmen des öffentlichen Interesses vor, verpflichtend einen Prüfungsausschuss („*audit committee*") einzurichten. Es ist den Mitgliedstaaten freigestellt, ob Prüfungsausschüsse sich aus nicht an der Geschäftsführung beteiligten unabhängigen Mitgliedern des Verwaltungsorgans und / oder des Aufsichtsorgans des geprüften Unternehmens und / oder Mitgliedern zusammensetzen sollen, die durch Mehrheitsentscheidung von der Gesellschafterversammlung des geprüften Unternehmens bestellt werden. Jedenfalls hat zumindest ein Mitglied des Prüfungsausschusses aber unabhängig zu sein und über Kenntnisse in der Rechnungslegung und / oder Abschlussprüfung zu verfügen. Die Aufgabe des Prüfungsausschusses besteht ua in der Überwachung

- des Rechnungslegungsprozesses,
- der Wirksamkeit des internen Kontrollsystems,
- der Abschlussprüfung des Jahresabschlusses und des konsolidierten Abschlusses, sowie
- der Unabhängigkeit des Abschlussprüfers oder der Prüfungsgesellschaft.

Mit der gesetzlichen Verankerung von Prüfungsausschüssen sind auch Änderungen der Vierten[75] und Siebten[76] Richtlinien verbunden. Dies betrifft zum einen die Rolle der Gesellschaftsorgane und zum anderen die Offenlegung der wesentlichen Bestandteile von internen Kontrollen börsennotierter Unternehmen im Hinblick auf die Finanzberichterstattung.[77]

---

75 Dazu Europäische Kommission 1978.
76 Dazu Europäische Kommission 1983.
77 So auch Tiedje 2006, S 602.

Zusätzlich zu den Unabhängigkeitsanforderungen sieht Artikel 42 der Richtlinie besondere Unabhängigkeitsregelungen für die Prüfer von Unternehmen des öffentlichen Interesses vor. Der Abschlussprüfer oder die Prüfungsgesellschaft haben jährlich schriftlich ihre Unabhängigkeit (inklusive der dokumentierten Schutzmaßnahmen) gegenüber dem Prüfungsausschuss des geprüften Unternehmens zu erklären sowie diesen über die von ihnen gegenüber dem geprüften Unternehmen erbrachten zusätzlichen Leistungen zu informieren. Weiters muss sich der verantwortliche Prüfungspartner spätestens nach sieben Jahren nach der Bestellung von einem Prüfungsmandat zurückziehen und darf frühestens nach Ablauf von zwei Jahren wieder an der Prüfung mitwirken. Auch für einen Wechsel des hauptverantwortlichen Prüfungspartners in eine wichtige Führungsposition des geprüften Unternehmens wird in Artikel 42 Rechnung getragen, ein diesbezüglicher Wechsel darf nicht in den auf die Abschlussprüfung folgenden zwei Jahren erfolgen.

Hinsichtlich der Qualitätssicherung bei Abschlussprüfern oder Prüfungsgesellschaften, die Abschlussprüfungen bei Unternehmen von öffentlichem Interesse durchführen, sieht Artikel 43 vor, dass der Qualitätskontrollzyklus auf drei Jahre verkürzt wird.

Erstmalig wird mit der Richtlinie in Artikel 45 auch eine Grundlage für die Zusammenarbeit von Berufsaufsichten der Mitgliedstaaten sowie deren Kooperation mit Berufsaufsichten in Drittstaaten geschaffen. In diesem Zusammenhang ist vor allem die Zusammenarbeit mit dem US-amerikanischen PCAOB von besonderer Bedeutung, da große europäische Prüfungsgesellschaften aufgrund des Sarbanes-Oxley Acts dessen Aufsicht unterliegen, sofern diese Prüfungsleistungen für den US-Kapitalmarkt erbringen. Hierbei ist jedoch anzuführen, dass keine unmittelbare Vereinheitlichung der Aufsichtsstrukturen angestrebt wird, sondern gemeinsame funktionale Kriterien festgelegt werden, die in die nationalen Aufsichtssysteme integriert werden sollen. Artikel 32 enthält die Grundprinzipien, die die gemeinsamen Eckpunkte für wirksame Berufsaufsicht auf Gemeinschaftsebene sind, es bleibt jedem Mitgliedstaat freigestellt, wie die Implementierung der funktionalen Vorgaben genau erfolgen soll.

Die Richtlinie fördert erstmals auf gesetzlicher Grundlage die grenzüberschreitende Kooperation von Berufsaufsichten in der EU. Die Ausgestaltung einer Koordinierungseinrichtung auf europäischer Ebene wird in Zukunft wesentlich von Bedeutung sein. Für diesen Zweck hat die Europäische Kommission die „Europäische Gruppe aus Vertretern der Aufsichtsgremien für Abschlussprüfer" („*European Group of Auditors' Oversight Bodies*" – EGAOB) eingesetzt, welche eine wirksame Koordination der neuen öffentlichen Aufsichtssysteme für Abschlussprüfer und Prüfungsgesellschaften in der EU gewährleisten soll. Weiters soll sie fachlich zur Vorbereitung etwaiger Maßnahmen der Kommission zur Umsetzung dieser Richtlinie beitragen, etwa bei der Übernahme der internationalen Prüfungsstandards oder der Bewertung der Aufsichtssysteme von Drittländern.[78]

Im Hinblick auf die Behandlung von Prüfern aus Drittstaaten wird in Artikel 44 festgelegt, dass auf Grundlage der Gegenseitigkeit die zuständigen Stellen eines Mitgliedstaates Prüfer aus Drittländern als Abschlussprüfer zulassen können, sofern sie nachweisen, dass sie die Voraussetzungen erfüllen, die denjenigen der Artikel 4 und 6 bis 13 gleichwertig sind. Artikel 45 sieht vor, dass zuständige Stellen der Mitgliedstaaten Abschlussprüfer und Prüfungsgesellschaften aus Drittländern registrieren können. Die Mitgliedstaaten haben dann jedoch die registrierten Abschlussprüfer und Prüfungsgesellschaften aus Drittländern ihrem Aufsichtssystem, ihrem Qualitätssicherungssystem sowie ihren Untersuchungen und Sanktionen zu unterwerfen. Es sei denn, der Abschlussprüfer oder die Prüfungsgesellschaft hat sich einem Qualitätssicherungssystem eines anderen Mitgliedstaates oder eines Drittlandes, das als gleichwertig angesehen wird, unterworfen und in weiterer Folge in den vorangegangenen drei Jahren einer Qualitätsprüfung unterzogen.

Ziel der Richtlinie ist eine Harmonisierung der Anforderungen an die Abschlussprüfung auf hohem Niveau. Eine vollständige Harmonisierung wird jedoch nicht angestrebt. Sofern in dieser Richtlinie nichts anderes vorgesehen ist, können Mitgliedstaaten, welche gesetzliche Abschlussprüfungen vorschreiben, nach Artikel 52 strengere Anforderungen aufstellen.

Die Mitgliedstaaten haben die Richtlinie (mit Ausnahme des Artikels 26) bis zum 29. Juni 2008 in nationales Gesetz umzusetzen und die Kommission unverzüglich über die Umsetzung der Rechtsvorschriften in Kenntnis zu setzen (Artikel 53). Weiters eröffnet die Richtlinie auch die Möglichkeit für die EU-Kommission, zukünftig weitergehende Durchführungsmaßnahmen zu ergreifen.

Neben der Umsetzung der Richtlinie in nationales Recht wird insbesondere das Komitologieverfahren der Europäischen Kommission in Zukunft eine zentrale Rolle im Hinblick auf die Weiterentwicklung von europäischen Harmonisierungsmaßnahmen spielen. Betroffen vom

---

[78] Dazu Europäische Kommission 2007.

Komitologieverfahren sind insbesondere die Regelungen zur / sowie Anforderungen an die Unabhängigkeit, die Annahme der internationalen Prüfungsstandards sowie die Anerkennung der öffentlichen Aufsichten aus Drittländern in der EU.[79]

Artikel 48 räumt der Europäischen Kommission zwar die Möglichkeit von Durchführungsbestimmungen im Zusammenhang mit der Umsetzung dieser Richtlinie ein, doch sind diese bis zum 1. April 2008 befristet. Eine Befristung, die nur im Wege einer Entscheidung des Europäischen Parlaments und des Rats im Mitentscheidungsverfahren verlängert oder aufgehoben werden kann.[80]

Im Folgenden werden die im engeren Zusammenhang mit der Arbeit stehenden Punkte: kontinuierliche Fortbildung, Berufsgrundsätze und Unabhängigkeit, Prüfungsstandards und Bestätigungsvermerk, Qualitätssicherung und öffentliche Aufsicht als wesentliche Neuordnungen der novellierten Richtlinie näher aufgezeigt.

2.1.2.2.1. Kontinuierliche Fortbildung

Nach Artikel 13 sind die Mitgliedstaaten dazu verpflichtet, sicherzustellen, dass sich Abschlussprüfer im Rahmen angemessener Programme kontinuierlich fortbilden müssen, um ihre theoretischen Kenntnisse und ihre beruflichen Fähigkeiten auf einem ausreichend hohen Stand zu halten und dass ein Missachten dieser Anforderungen angemessen sanktioniert wird.

Artikel 30 sieht vor, dass Maßnahmen und Sanktionen gegen Abschlussprüfer und Prüfungsgesellschaften bei Nichtbeachtung der Weiterbildungsverpflichtung in angemessener Weise öffentlich bekannt gemacht werden müssen.

Zu den möglichen Sanktionen sollte ua auch der Entzug der Zulassung zählen.

---

79 Vgl. Lanfermann 2006a, S 2650; so auch Tiedje 2006, S 594.
80 So auch Tiedje 2006, S 603.

2.1.2.2.2. Berufsgrundsätze und Unabhängigkeit

2.1.2.2.2.1. Berufsgrundsätze

Entsprechend den Gründen für diese Richtlinie sollen Abschlussprüfer Höchsten ethischen Normen verpflichtet sein und Berufsgrundsätzen unterliegen, die sich zumindest für die Position der Abschlussprüfer für das öffentliche Interesse, ihre Integrität und Neutralität sowie ihrer fachlichen Eignung und der Sorgfaltspflicht beziehen sollten. Die Position des Abschlussprüfers für das öffentliche Interesse erwächst aus der Tatsache, dass sich ein breiter Adressatenkreis auf die Qualität der durchgeführten Abschlussprüfung verlässt. Eine gute Prüfungsqualität trägt somit wesentlich zum Funktionieren der Märkte bei. Entsprechend der Richtlinie kann die Kommission Durchführungsmaßnahmen zu Berufsgrundsätzen als Mindeststandards beschließen. Dabei könnten beispielsweise die Grundsätze des „*Code of Ethics*" der IFAC berücksichtigt werden.

Gemäß Artikel 21 haben die Mitgliedstaaten sicherzustellen, dass alle Abschlussprüfer und Prüfungsgesellschaften an die Einhaltung von Berufsgrundsätzen gebunden sind. Diese Berufsgrundsätze haben zumindest ihre Aufgabe für das öffentliche Interesse, ihre Unparteilichkeit und Integrität sowie ihre Sorgfaltspflicht und Fachkompetenz zum Gegenstand. Um das Vertrauen in Abschlussprüfungen und die einheitliche Anwendung von Berufsgrundsätzen zu gewährleisten, kann die Kommission nach dem in Artikel 48 Abs 2 genannten Verfahren grundsatzorientierte Durchführungsmaßnahmen zu Berufsgrundsätzen erlassen.

2.1.2.2.2.2. Unabhängigkeit

Artikel 22 verpflichtet die Mitgliedstaaten sicherzustellen, dass Abschlussprüfer und Prüfungsgesellschaften bei der Durchführung von Abschlussprüfungen von dem geprüften Unternehmen unabhängig und keinesfalls in wesentlichen Entscheidungsprozessen eingebunden sind. Die Mitgliedstaaten haben weiter sicherzustellen, dass Abschlussprüfer oder Prüfungsgesellschaften eine Abschlussprüfung nicht durchführen, wenn zwischen ihnen oder ihrem Netzwerk und dem geprüften Unternehmen unmittelbar oder mittelbar eine finanzielle oder geschäftliche Beziehung, ein Beschäftigungsverhältnis oder eine sonstige Verbindung - wozu auch die Erbringung von Nicht-Prüfungsleistungen zählen - besteht, aus der ein Dritter die Unabhängigkeit in Frage stellen könnte, oder diese gar als gefährdet erachten könnte.

Selbstprüfung, Eigeninteresse, Interessenvertretung, Vertrautheit oder Vertrauensbeziehung sowie Einschüchterung bergen ein Risiko für die Einhaltung der Unabhängigkeitserfordernisse von Abschlussprüfern, diesen Gefahren muss gemäß Artikel 22 Abs 2 mit entsprechenden Schutzmaßnahmen entgegengewirkt werden. Sind diese Risiken im Vergleich zu den ergriffenen Schutzmaßnahmen so wesentlich, dass die Unabhängigkeit gefährdet wird, darf bei Selbstprüfung oder Eigeninteresse keine Abschlussprüfung durchgeführt werden.

Artikel 22 Abs 3 fordert, dass Abschlussprüfer oder Prüfungsgesellschaften sowohl alle bedeutsamen Risiken für die Gefährdung der Unabhängigkeit als auch die Schutzmaßnahmen, die zur Minderung dieser Risiken ergriffen wurden, in den Arbeitspapieren zu dokumentieren haben.

Die Anforderungen der Richtlinie an die Berufsgrundsätze und Unabhängigkeit des Abschlussprüfers orientieren sich somit im Wesentlichen an den bereits 2002 in der EU-Empfehlung festgelegten Grundsätzen zur Unabhängigkeit.[81]

Um das Vertrauen in Abschlussprüfungen und die einheitliche Anwendung von Unabhängigkeits- und Unparteilichkeitsanforderungen weiter zu fördern, kann die Europäische Kommission im Rahmen des Komitologieverfahrens diesbezügliche grundsatzorientierte Durchführungsmaßnahmen – für bspw. Risiken oder Schutzmaßnahmen sowie Situationen, in denen die Unabhängigkeit gefährdet ist - annehmen (Artikel 22 Abs 4).

2.1.2.2.3. Prüfungsstandards und Bestätigungsvermerk

2.1.2.2.3.1. Prüfungsstandards

Eine wesentliche Auswirkung auf die Durchführung einer Abschlussprüfung ist durch die verbindliche Anwendung der internationalen Prüfungsstandards *(„International Standards on Auditing“)* zu erwarten.

Für alle vorgeschriebenen Abschlussprüfungen in den Mitgliedstaaten soll eine gleich bleibend hohe Qualität gewährleistet werden, weshalb alle Abschlussprüfungen künftig nach internationalen Prüfungsstandards durchgeführt werden sollen.

---

[81] Dazu Europäische Kommission 2002.

Die Mitgliedstaaten haben gemäß Artikel 26 dafür Sorge zu tragen, dass Abschlussprüfer und Prüfungsgesellschaften, Abschlussprüfungen unter Beachtung der von der Kommission nach dem in Artikel 48 Abs 2 genannten Verfahren angenommenen internationalen Prüfungsstandards durchführen. Nationale Prüfungsstandards dürfen nur so lange beibehalten werden, so lange es keinen entsprechenden – von der Europäischen Union angenommenen - internationalen Prüfungsstandard für den betroffenen Bereich gibt.

Internationale Prüfungsstandards werden entsprechend der Richtlinie nur angenommen, wenn sie in einem einwandfreien Verfahren mit angemessener öffentlicher Aufsicht und Transparenz erstellt wurden und international allgemein anerkannt sind sowie zu einem hohen Maß an Glaubwürdigkeit und Qualität beitragen und dem europäischen Gemeinwohl dienen.

Ähnlich wie bei der IAS Verordnung und der damit verbundenen Annahme der IAS/IFRS Rechnungslegungsstandards sieht die neue Richtlinie einen Anerkennungsmechanismus für die Übernahme der internationalen Prüfungsstandards vor. Die Übernahme der einzelnen Prüfungsstandards ins Gemeinschaftsrecht soll gemäß dem Beschluss 1999/468/EG des Rates vom 28. Juni 1999 zur Festlegung der Modalitäten für die Ausübung der der Kommission übertragenen Durchführungsbefugnisse erfolgen. Für die Bewertung der fachlichen Fundierung der internationalen Prüfungsstandards durch die Kommission, ist ein Fachausschuss oder eine technische Fachgruppe für Abschlussprüfungen einzusetzen und die Systeme der öffentlichen Aufsichtsgremien der Mitgliedstaaten sind mit einzubinden.

Alle angenommenen internationalen Prüfungsstandards werden vollständig in jeder der Amtssprachen der Gemeinschaft im Amtsblatt der Europäischen Union veröffentlicht.

Um ein Höchstmaß an Harmonisierung in der Durchführung von Abschlussprüfungen zu verwirklichen, sollten Mitgliedstaaten zusätzliche nationale Standards und Anforderungen nur aufstellen dürfen, wenn diese sich aus speziellen nationalen rechtlichen Anforderungen an die Abschlussprüfung ergeben, d.h. wenn diese Anforderungen nicht durch bereits angenommene internationale Standards abgedeckt werden. Weiter dürfen Mitgliedstaaten auch die Nichtanwendung von Teilen von internationalen Prüfungsstandards nur dann ermöglichen, wenn sich dies aufgrund der Besonderheiten des nationalen Rechts ergibt.

Sind Teile eines internationalen Prüfungsstandards in einzelnen Mitgliedstaaten aufgrund besonderer nationaler gesetzlicher Regelungen nicht anwendbar, sind diese Gründe und die dementsprechenden nationalen Bestimmungen der Kommission und den anderen Mitgliedstaaten mitzuteilen. Weiters können Mitgliedstaaten zusätzliche Anforderungen für Abschlussprüfungen bis zum 29. Juni 2010 vorschreiben.

Ergänzende von den Mitgliedstaaten vorgeschriebene Standards und Anforderungen dürfen nur erlassen werden, wenn sie dem Gemeinwohl dienen und zu einem hohen Maß an Glaubwürdigkeit und Qualität der Abschlussprüfung beitragen.

Mit einer raschen Übernahme der internationalen Prüfungsstandards ins Gemeinschaftsrecht ist jedoch nicht zu rechnen, da das „*International Auditing and Assurance Standards Board*" (IAASB) der „*International Federation of Accountants*" (IFAC) als Herausgeber der ISA, diese erst einer grundsätzlichen Überarbeitung unterzieht. Im Rahmen dieses sogenannten „*Clarity Projects*", welches später genauer erläutert wird, geht es vor allem um die Vorgabe einer klaren Struktur für die ISA, wozu auch die Angabe des Ziels, welches mit dem jeweiligen Standard verfolgt wird, sowie eine klare Unterscheidung zwischen verpflichtenden Regelungen und Anwendungshinweisen zählt.[82] Mit dem Abschluss des Clarity Projekts ist jedoch nicht vor dem Jahr 2009 zu rechnen.[83]

2.1.2.2.3.2. Bestätigungsvermerk

Wird eine Abschlussprüfung durchgeführt, wird der Bestätigungsvermerk idR von dem oder den Abschlussprüfern, welche die Abschlussprüfung durchgeführt haben, unterzeichnet. Die Richtlinie legt in Artikel 28 fest, dass unter besonderen Umständen die Mitgliedstaaten vorsehen können, dass diese Unterschrift nicht öffentlich bekannt gemacht werden muss, weil eine Offenlegung zu einer möglichen beträchtlichen Gefahr für die persönliche Sicherheit einer Person führen könnte. In jedem Fall müssen jedoch die jeweiligen zuständigen Stellen die Namen der beteiligten Personen kennen.

Unbeschadet des Artikels 51a Abs 1 der Richtlinie 78/660/EWG und falls die Kommission keinen einheitlichen internationalen Prüfungsstandard für Bestätigungsvermerke festgelegt hat, kann nach dem in Artikel 48 Abs 2 der Richtlinie genannten Verfahren einen einheitli-

82 Vgl. Steckel 2006, S 2.
83 Dazu IFAC 2007a.

chen internationalen Standard für Bestätigungsvermerke für Jahres- oder konsolidierte Abschlüsse, die nach anerkannten internationalen Rechnungslegungsstandards erstellt wurden, festlegen, um das Vertrauen der Öffentlichkeit in Abschlussprüfungen zu stärken.

Diesen Anforderungen der Richtlinie wirkt das IAASB mit der Überarbeitung des „*Auditor's Report*" (ISA 700) als Ergebnis einer nach internationalen Prüfungsstandards durchgeführten Abschlussprüfung entgegen. Das IAASB hat in den letzten zwei Jahren den Auditor's Report ausführlich novelliert, um das Urteil und die Urteilsmitteilung des Abschlussprüfers international deutlicher zu vereinheitlichen und die Normen übersichtlicher zu gestalten.[84] Diese Entwicklung wird im Bereich der Formalisierungs- und Vereinheitlichungsmaßnahmen dieser Arbeit genauer betrachtet.

2.1.2.2.4. Qualitätssicherung

Ein gutes Mittel zur Erreichung einer gleich bleibend hohen Prüfungsqualität sind regelmäßige Kontrollen, erörtert die Richtlinie in ihrer Einleitung. Demnach sollen Abschlussprüfer und Prüfungsgesellschaften einem von den überprüften Abschlussprüfern und Prüfungsgesellschaften unabhängigen Qualitätssicherungssystem unterliegen.

Bereits im Jahr 2000 hat die Europäische Kommission eine Empfehlung zu Mindestanforderungen an Qualitätssicherungssysteme für die Abschlussprüfung in der EU herausgegeben, welche in vielen Mitgliedsstaaten bereits Auslöser zur Einführung einer externen Qualitätskontrolle war.[85]

Entsprechend Artikel 29 hat jeder Mitgliedstaat nunmehr jedenfalls sicherzustellen, dass alle Abschlussprüfer und Prüfungsgesellschaften einem Qualitätssicherungssystem unterliegen, das jedenfalls die nachfolgenden Kriterien zu erfüllen hat:

a) das Qualitätssicherungssystem muss so organisiert sein, dass es von den überprüften Abschlussprüfern und Prüfungsgesellschaften unabhängig ist und der öffentlichen Aufsicht entsprechend Artikel 32 dieser Richtlinie unterliegt,
b) die Finanzierung des Qualitätssicherungssystems muss gesichert sein und darf Abschlussprüfern oder Prüfungsgesellschaften keine Möglichkeit zur ungebührlichen Einflussnahme geben,

---

[84] Dazu Severus 2007, S. 51.
[85] Dazu Europäische Kommission 2000.

c) das Qualitätssicherungssystem muss über angemessene Ressourcen verfügen,

d) die Personen, die die Qualitätssicherungsprüfungen durchführen, müssen über eine angemessene fachliche Ausbildung und einschlägige Erfahrungen auf den Gebieten der Rechnungslegung und Abschlussprüfung verfügen und darüber hinaus eine spezielle Ausbildung zum Qualitätssicherungsprüfer absolviert haben,

e) die Personen, die mit Qualitätssicherungsprüfungen betraut werden, sind nach einem objektiven Verfahren auszuwählen, das darauf ausgelegt ist, Interessenskonflikte zwischen den Qualitätssicherungsprüfern und dem überprüften Abschlussprüfer oder der überprüften Prüfungsgesellschaft auszuschließen,

f) die Qualitätssicherungsprüfung muss auf der Grundlage angemessener Überprüfungen von ausgewählten Prüfungsunterlagen eine Beurteilung der Einhaltung einschlägiger Prüfungsstandards und Unabhängigkeitsanforderungen, der Quantität und der Qualität von eingesetzten Ressourcen sowie der berechneten Prüfungshonorare und des internen Qualitätssicherungssystems der Prüfungsgesellschaft umfassen,

g) über die Qualitätssicherungsprüfung ist ein Bericht zu erstellen, der die wichtigsten Schlussfolgerungen dieser Prüfung wiedergibt,

h) Qualitätssicherungsprüfungen müssen mindestens alle sechs Jahre stattfinden,

i) die Gesamtergebnisse des Qualitätssicherungssystems sind jährlich zu veröffentlichen, und

j) die im Rahmen von Qualitätsprüfungen ausgesprochenen Empfehlungen müssen von dem Abschlussprüfer oder der Prüfungsgesellschaft innerhalb einer angemessenen Frist umgesetzt werden.

Für die Anwendung des Artikels 29 über die Qualitätssicherungssysteme können die Mitgliedstaaten fordern, dass lediglich die Anforderungen an Prüfungsgesellschaften berücksichtigt werden müssen, wenn einzelnen Prüfer eine gemeinsame Qualitätssicherungsmethode verfolgen. Die Mitgliedstaaten können das Qualitätssicherungssystem so gestalten, dass jeder einzelne Prüfer alle sechs Jahre einer Qualitätssicherungskontrolle unterzogen wird.

Werden die Gesamtergebnisse des Qualitätssicherungssystems nicht jährlich veröffentlicht, so können gegebenenfalls gegen den Abschlussprüfer oder die Prüfungsgesellschaft die in Artikel 30 der Richtlinie genannten Disziplinarmaßnahmen oder Sanktionen verhängt werden. Auch sollte gemäß der Richtlinie die Kommission ermächtigt werden, in Fällen, in denen das Vertrauen der Öffentlichkeit in das Qualitätssicherungssystem schwer erschüttert ist, Durchführungsmaßnahmen in Bereichen, die für die Organisation von Qualitätssicherungssystemen und hinsichtlich ihrer Finanzierung bedeutsam sind, zu erlassen. Weiters sollten öffentliche Aufsichtssysteme der Mitgliedstaaten einen koordinierten Ansatz für die Überprüfung von Qualitätssicherungssystemen finden, um unnötige Belastungen in diesem Zusammenhang zu ersparen.

2.1.2.2.5. Öffentliche Aufsicht

Die Richtlinie legt in Artikel 32 fest, dass alle Abschlussprüfer und Prüfungsgesellschaften einer öffentlichen Aufsicht unterliegen müssen, um ein wirksames öffentliches Aufsichtssystem für Abschlussprüfer und Prüfungsgesellschaften zu schaffen, dessen Aufsicht dem jeweiligen Mitgliedstaat übertragen wird.

In einem unabhängigen und transparenten Verfahren sind alle Personen auszuwählen, die dem öffentlichen Aufsichtssystem angehören sollen. Die bestellten Personen dürfen nicht Berufsausübende sein und haben über entsprechende Kenntnisse in den relevanten Bereichen zu verfügen. Die Mitgliedstaaten können gestatten, dass eine Minderheit praktizierender Abschlussprüfer führende Positionen im öffentlichen Aufsichtssystem haben.

Gemäß Artikel 32 Abs 4 muss die öffentliche Aufsicht jedenfalls nachfolgende Bereiche überwachen

a) die Zulassung und Registrierung von Abschlussprüfern und Prüfungsgesellschaften,
b) die Annahme von Berufsgrundsätzen, von Standards für die interne Qualitätskontrolle von Prüfungsgesellschaften sowie von Prüfungsstandards, und
c) die kontinuierliche Fortbildung, die Qualitätssicherungs- sowie die Untersuchungs- und Disziplinarsysteme.

Weiters muss die öffentliche Aufsicht das Recht haben, Untersuchungen zu Abschlussprüfern und Prüfungsgesellschaften durchzuführen und geeignete Maßnahmen einzuleiten.

Die Finanzierung der öffentlichen Aufsicht muss ausreichend gewährleistet und frei von ungebührlicher Einflussnahme durch den Abschlussprüfer oder Prüfungsgesellschaften sein. Zur Transparenz der öffentlichen Aufsicht sollen die jährliche Veröffentlichung von Arbeitsprogrammen und Tätigkeitsberichten beitragen.

Nach Artikel 33 haben die Mitgliedstaaten sicherzustellen, dass die Regelungen für öffentliche Aufsichtssysteme auf Gemeinschaftsebene eine wirksame Zusammenarbeit bei den Aufsichtstätigkeiten der Mitgliedstaaten ermöglichen. Jeder Mitgliedstaat wird hierfür seiner jeweiligen Einrichtung die Verantwortung für diese Zusammenarbeit übertragen. Eine solche Zusammenarbeit soll wesentlich dazu beitragen, eine gleich bleibend hohe Qualität der Abschlussprüfung in der Gemeinschaft zu gewährleisten.

Alles in allem wird diese Richtlinie wesentlich dazu beitragen, dass der Berufsstand der Abschlussprüfer in Zukunft die internationalen und europäischen Initiativen und Aktivitäten zur gesetzlichen Abschlussprüfung noch stärker verfolgen werden muss und es ist zu hoffen, dass durch die Umsetzung der Richtlinie in die nationalen Gesetze der Mitgliedstaaten das Vertrauen in die gesetzliche Abschlussprüfung europaweit zurück gewonnen und gestärkt wird und damit auch das gesetzliche Rahmenwerk gestärkt wird[86], um potentiellen Finanzskandalen entgegen zu treten.[87] Endgültig ist die Richtlinie spätestens innerhalb von zwei Jahren in nationales Recht umzusetzen, sofern Regelungen dieser Richtlinie nicht bereits in nationale Gesetze transformiert wurden.

Sind auch in Österreich einige Anforderungen bereits in nationale Gesetze, wie z.B. im Rahmen des A-QSG, umgesetzt, so werden sich für den Berufsstand doch einige Änderungen, bspw. durch die direkte Anwendung der internationalen Prüfungsstandards oder die Ausweitung der Unabhängigkeitsanforderungen, ergeben.

Die Reformen im Berufsstand der Abschlussprüfer, welcher bislang überwiegend von nationalen Regelungen bestimmt wurde, steht, wie bereits ausgeführt, zunehmend im internationalen Kontext. Dabei sind vor allem die Aktivitäten der *International Federation of Accountants* (IFAC) und dessen Fachunterausschusses des *International Auditing and Assurance Standards Board* (IAASB) von Bedeutung, da die unmittelbare Verpflichtung zur Anwendung der vom IAASB herausgegebenen ISA durch ein den IAS/IFRS vergleichbares EU-Endorsement durch die novellierte 8. EU-Richtlinie bevor steht.

---

86 Eine Frage, die den Berufstand massiv betrifft, hat die neue Richtlinie jedoch nicht geklärt, die Haftungsbestimmungen des Abschlussprüfers.

87 So auch Lanfermann 2006a, S 2650.

2.1.2.3. Aufgaben, Bedeutung und Ziele der IFAC in diesem Zusammenhang

Nachfolgend soll neben der Struktur die Bedeutung der Organisation der IFAC insbesondere des IAASB als unabhängiger Fachunterausschuss der IFAC dargestellt werden. Dabei wird auf die aktuelle und künftige Bedeutung der ISA sowie deren Überarbeitung im Rahmen des „*Clarity-Projects*“ sowie die ISA-Adoption durch die EU-Kommission in europäisches Recht eingegangen.

2.1.2.3.1. Struktur und Aufgaben der IFAC

Die IFAC ist eine weltweite Vereinigung von Organisationen aus dem Gebiet des Rechnungswesens und der Prüfung mit Sitz in New York. Sie umfasst derzeit 155 Mitglieder aus 118 Ländern. Mitglieder aus Österreich sind die Kammer der Wirtschaftstreuhänder und das IWP. Um ihre Interessen durchzusetzen, arbeitet die IFAC mit wichtigen nationalen und internationalen Organisationen zusammen, hierzu zählen ua die Internationale Vereinigung der Versicherungsaufsichtsorganisationen, das Basel Komitee der Bankenaufsichtsorganisationen, die Weltbank oder das Finanz-Stabilitätsforum. Besonders von Bedeutung ist die Zusammenarbeit mit der „*International Organization of Securities Commissions*“ (IOSCO), die den nationalen Börsenaufsichtsbehörden die IFAC-Standards als anerkannte Prüfungsstandards für börsennotierte Unternehmen, empfehlen kann.[88]

Die IFAC hat es sich zum Ziel gesetzt, den Berufsstand der Accountants zu verbessern, um qualitativ hochwertige Dienstleistungen im öffentlichen Interesse anzubieten, dabei geht es vorrangig um die Herausgabe qualitativ hochwertiger berufsständischer Standards und Stellungnahmen. In Europa wird von der „*Fédération des Experts Comptables Européens*“ (FEE) die Normensetzungskompetenz der IFAC ausdrücklich anerkannt. Seit Jahren vertritt die FEE den Standpunkt, dass eine Prüfung von Konzernabschlüssen börsennotierter EU-Unternehmen den internationalen Prüfungsstandards der IFAC genügen soll[89].

Ziele, Aufbau und Führungsstruktur sowie die Aufgabenverteilung der IFAC sind in der „*Constitution*“ (Verfassung) festgelegt, in welcher sich auch Regelungen zur Verantwortung der „*Board's*“ und der „*Council's*“ sowie zur Wahl der Board- und Ausschussmitglieder finden.[90]

---

88 Dazu IFAC 2007; so auch Steckel 2006, S 3.
89 Vgl. FEE 2001, Tz 1.1 u 2.5.
90 Vgl. Steckel 2006, S 5.

Bereits im November 2003 wurde die Struktur der IFAC, mit dem Ziel der Erhöhung des Vertrauens in die Arbeit der IFAC, insbesondere der Arbeit des *„International Auditing and Assurance Standards Board"*, des *„International Ethics Standards Board for Accountants"* und des *„International Accounting Education Standards Board"*, beschlossen. Die Arbeit der IFAC wird in den verschiedenen *Board's & Committees* vollzogen. Im Folgenden werden die Struktur der IFAC und die Aufgaben der jeweiligen Ausschüsse kurz zusammengefasst dargestellt:[91]

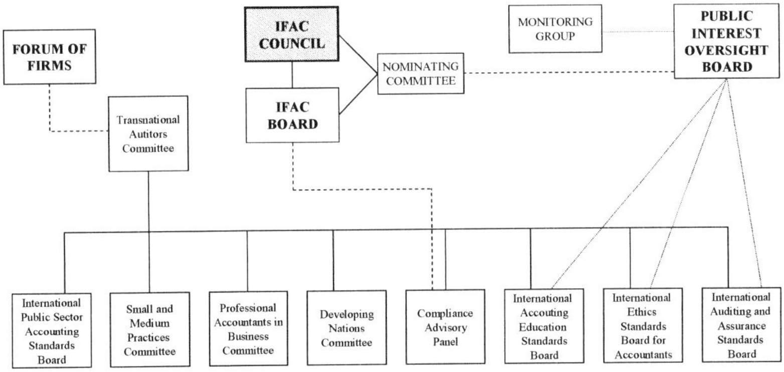

Abbildung 1: Struktur der IFAC

IFAC Council

Das *„Council"* (der Rat) setzt sich aus den Repräsentanten der Mitgliedsorganisationen der IFAC zusammen. Jede Mitgliedsorganisation entsendet eine stimmberechtigte Person. Der Rat wählt die Mitglieder des *Board's* und bestellt ua das *„Nominating Committee"*. Weiters ist der Rat das oberste Überwachungsorgan der IFAC. Vor allem Fragen, die die Verfassung betreffen, werden bei den zumindest einmal jährlichen Tagungen des Rates besprochen.[92]

IFAC Board

Das *„Board"* besteht aus weltweiten Vertretern der Accounting Profession. Die Mitglieder haben sich verpflichtet, im Sinne des Gemeinwohls sowie integer zu handeln. Das Board setzt sich aus dem Präsidenten, dem Vizepräsidenten und maximal 20 weiteren Personen aus 18 Ländern zusammen. Die für eine dreijährige Funktionsperiode gewählten Mitglieder sind für die Gestaltung der Geschäftspolitik, die Überwachung der Aktivitäten, die Durchführung von

91 Vgl. Steckel 2006, S 5.
92 Vgl. IFAC 2007a; Steckel 2006 S 5.

Programmen und die Arbeit der Ausschüsse verantwortlich. Zumindest viermal jährlich trifft das Board zusammen.[93]

IFAC Sekretariat

Die operative Leitung und Verwaltung wird von dem in New York angesiedelten Sekretariat durchgeführt, welche Accounting Professionals aus der ganzen Welt beschäftigt.[94]

Public Interest Oversight Board (PIOB)

Seit Februar 2005 überwacht das „*Public Interest Oversight Board*" die Standardsetzungsaktivitäten der IFAC. Die Hauptaufgaben des PIOB liegen in der Aufsicht über den „*Due Process*"[95] und der Kontrolle der Aktivitäten des „*International Accounting Education Standards Board*", des „*International Auditing and Assurance Standards Board*", und des „*International Ethics Standards Board for Accountants*". Das PIOB setzt sich aus berufsstandsunabhängigen Personen zusammen und umfasst ua Vertreter der „*International Organization of Securities Commissions*", des „*Basel Committee on Banking Supervision*", der Europäischen Kommission, der „*International Association of Insurance Supervisors*" und der Weltbank, die den Schutz der Öffentlichkeit als gemeinsames Ziel haben.[96]

Monitoring Group (MG)

Die „*Monitoring Group*" umfasst Vertreter internationaler Normensetter und nahe stehender Organisationen, welche sich den Schutz der Öffentlichkeit sowie die Förderung des Berufsstands der Wirtschaftsprüfer und der ISA und ISAE als Ziel gesetzt haben.[97]

Compliance Advisory Panel

Die Hauptaufgabe des „*Compliance Advisory Panel*" ist die Förderung einer verstärkten Einhaltung der Mitgliedschaftspflichten durch die Mitgliedsorganisationen. Die Überwachung der Implementierung und Durchführung des „*Member Body Compliance Programs*" stellt dabei das vorrangige Ziel dar. Dieses Programm zielt vor allem darauf ab, festzustellen, ob und inwieweit die Mitgliedsorganisationen ihren Rechten und Verpflichtungen nachgekom-

---

93 Vgl. IFAC 2007a; Steckel 2006 S 5.
94 Vgl. IFAC 2007a; Steckel 2006 S 5.
95 Im Rahmen des „*Due Process*" sollen Mitgliedsorganisationen, andere Organisationen und die interessierte Öffentlichkeit angemessen in die Normengestaltung miteingebunden werden, um die geforderte weltweite Akzeptanz der Normen zu erreichen. Hierfür ist die Herausgabe eines Entwurfs, als öffentlich zugängliches Dokument zur Kommentierung, zwingend erforderlich.
96 Vgl. IFAC 2007a; Steckel 2006 S 6.
97 Vgl. IFAC 2007a; Steckel 2006 S 6.

men sind. Auch die Neuaufnahme von Mitgliedern wird vom *Compliance* Ausschuss empfohlen.[98]

Developing Nations Committee

Die Entwicklung des Berufsstandes wird vom „*Developing Nations Committee*" gefördert. Dies beinhaltet insbesondere auch die Unterstützung und Hilfe von Entwicklungsländern durch Mitgliedsorganisationen und andere Organisationen.[99]

International Accounting Education Standards Board

Das „*International Accounting Education Standards Board*" entwickelt Normen zur Ausbildung von Accountants, führt diesbezügliche Forschungsaktivitäten durch und fördert den Informationsaustausch zwischen den beteiligten Personen und Gruppen. Damit soll sichergestellt werden, dass Accountants so ausgebildet werden, dass sie ihrer Verantwortung angemessen nachkommen können. Weiters will das IAESB damit zur weltweiten Harmonisierung der Ausbildung beitragen. Ein wichtiges Ziel dieses Ausschusses ist aber auch die Unterstützung von Entwicklungsländern bei der Verbesserung ihrer Accounting Ausbildung.[100]

International Auditing and Assurance Standards Board

Das „*International Auditing and Assurance Standards Board*" arbeitet an der weltweiten Vereinheitlichung der Vorgangsweisen bei Abschlussprüfungen und verwandten Dienstleistungen durch die Herausgabe von Standards und Stellungnahmen zu diversen Prüfungs- und Assurance-Aufgaben. Das wichtigste Ziel dieses Ausschusses ist die Förderung der weltweiten Akzeptanz dieser einheitlichen Vorgangsweisen.[101]

International Ethics Standards Board for Accountants

Das „*International Ethics Standards Board for Accountants*" entwickelt Richtlinien zu Berufsgrundsätzen und versucht deren Verständnis und Akzeptanz durch die Mitgliedsorganisationen zu fördern. Insbesondere überwacht und verstärkt der Ausschuss die Diskussion über zahlreiche ethische Fragen.[102]

---

98 Vgl. IFAC 2007a; Steckel 2006 S 6.
99 Vgl. IFAC 2007a; Steckel 2006 S 6.
100 Vgl. IFAC 2007a; Steckel 2006 S 6.
101 Vgl. IFAC 2007a; Steckel 2006 S 6.
102 Vgl. IFAC 2007a; Steckel 2006 S 6.

International Public Sector Accounting Standards Board

Das „*International Public Sector Accounting Standards Board*" konzentriert sich auf den Rechnungswesen-, Prüfungs- und Finanzberichtserstattungsbedarf von nationalen und regionalen Behörden sowie von Gemeindeverwaltungen und verwandten, öffentlichen Institutionen. Es gibt diverse Benchmark-Richtlinien heraus, führt Bildungs- und Forschungsprogramme durch und fördert den Informationsaustausch unter den Accountants und den im öffentlichen Sektor Tätigen oder Jenen, die sich auf deren Arbeit verlassen.[103]

Nominating Committee

Das „*Nominating Committee*" macht Empfehlungen für die Zusammensetzung der Ausschüsse und Gruppen für spezielle Aufgaben. Vorrangiges Ziel ist, dass Kandidaten mit der besten Qualifikation den Vorzug erhalten.[104]

Professional Accountants in Business Committee

Das „*Professional Accountants in Business Committee*" gibt Richtlinien heraus, fördert Forschungsprogramme und unterstützt den internationalen Ideenaustausch im Bereich des Accounting. Ein Ziel ist auch die Förderung der weltweiten öffentlichen Wahrnehmung, dem Verständnis und der Nachfrage nach den Dienstleistungen dieser Berufsgruppen.[105]

Small and Medium Practices Committee

Das „*Small and Medium Practices Committee*" vertritt und fördert die Interessen von kleinen und mittelgroßen Prüfungsgesellschaften, von anderen Unternehmen, die Dienstleistungen für kleine und mittelgroße Unternehmen anbieten, für Standardsetter, die Ausschüsse der IFAC sowie andere internationale Organisationen.[106]

Forum of Firms & Transnational Auditors Committee

Das „*Transnational Auditors Committee*" ist der operative Ausschuss des „*Forum of Firms*". Mitglieder im „*Forum of Firms*" können alle Prüfungsgesellschaften sein, die transnationale Abschlussprüfungen durchführen oder vorhaben, diese durchzuführen und bestimmte Eignungskriterium erfüllen. Von Mitgliedsunternehmen wird ua erwartet, dass sie die eigenen

---

[103] Vgl. IFAC 2007a; Steckel 2006 S 6.
[104] Vgl. IFAC 2007a; Steckel 2006 S 7.
[105] Vgl. IFAC 2007a; Steckel 2006 S 7.
[106] Vgl. IFAC 2007a; Steckel 2006 S 7.

Qualitätsstandards einhalten. Das FoF sieht sich als Arbeits- und Interessensgemeinschaft weltweit agierender Wirtschafsprüfungsgesellschaften unter dem Protektorat der IFAC.[107]

2.1.2.3.2. Bedeutung und Ziele der IFAC

Angesichts der anstehenden Verpflichtung zur unmittelbaren Anwendung der internationalen Prüfungsstandards kommt der IFAC im Zusammenhang mit aktuellen Qualitätssicherungsmaßnahmen im Besonderen der novellierten Gesellschaftsrechtrichtlinie massive Bedeutung zu.

Ziel der IFAC ist die Schaffung eines Berufsstandes mit möglichst einheitlichen Standards für den fachlichen und berufsethischen Bereich sowie dem Ausbildungsbereich. Als Herausgeber der internationalen Prüfungsstandards und Stellungnahmen ist die IFAC insbesondere das IAASB indirekt wesentlich in die Umsetzung der Richtlinie miteingebunden. Bevor die internationalen Prüfungsstandards von der EU-Kommission jedoch in europäisches Recht übernommen werden, werden sie vom IAASB dem sogenannten *„Clarity-Project“* unterzogen, auf welches folgend näher eingegangen wird. In den weiteren Ausführungen wird auch die aktuelle und künftige Bindungswirkung von internationalen Prüfungsstandards dargestellt.

2.1.2.3.2.1. Bindungswirkung von ISA

Bis zur Veröffentlichung der novellierten achten Gesellschaftsrechtrichtlinie[108] gab es keine Verpflichtung zur Anwendung der internationalen Prüfungsstandards. Eine gewissenhafte Berufsausübung verpflichtete jedoch alle maßgeblichen fachlichen Regelungen zur Berufsausübung anzuwenden, wodurch neben den nationalen Normen zT auch die internationalen Standards als uU bindend anzusehen sind. Geht bislang eine internationale Regelung über den Anwendungsbereich einer nationalen hinaus oder wurde eine internationale Regelung nicht oder uU nicht sachgerecht in nationales Recht transformiert, so hat ein gewissenhafter Prüfer sein Augenmerk direkt auf die internationale Norm zu legen, um festzustellen, ob das praktizierte Vorgehen auch den internationalen Erfordernissen entspricht. Es ist somit durchaus möglich, dass ein Prüfer einen internationalen Standard anwendet und / oder von einem nationalen Prüfungsstandard abweicht.[109]

---

[107] Vgl. IFAC 2007a; Steckel 2006 S 7.
[108] Dazu Europäische Kommission 2006.
[109] So auch Ruhnke 2006, S 1170.

Wie bereits ausgeführt, sieht die novellierte 8. Gesellschaftsrechtrichtlinie künftig eine verpflichtende Anwendung internationaler Prüfungsstandards, nach Übernahme der Standards durch die EU-Kommission, bei der Durchführung gesetzlicher Pflichtprüfungen vor.[110] Als „internationale Prüfungsstandards" versteht die Richtlinie die vom IAASB veröffentlichten ISA und damit zusammenhängenden Standards und Stellungnahmen, soweit sie für die Prüfung relevant sind.[111] Wodurch der EU-Kommission die Möglichkeit eingeräumt wird, neben den ISA auch andere Verlautbarungen des IAASB in europäisches Recht zu übernehmen. Welche dies sein könnten, ist noch nicht geklärt, aufgrund der engen Verknüpfung mit den ISA kommt jedoch dem Qualitätssicherungsstandard 1 (ISQC 1) in diesem Zusammenhang erhebliche Bedeutung zu.

Solange die EU-Kommission noch keine ISA angenommen hat, der einen gewissen Regelungsbereich betrifft, können die Mitgliedstaaten entsprechende nationale Prüfungsstandards anwenden. Dies betrifft vor allem den Fall, dass die EU-Kommission einen bestehenden ISA aus bestimmten, z.B. inhaltlichen Gründen (noch) nicht in europäisches Recht übernehmen will. Wird ein entsprechender ISA jedoch später angenommen, entfällt die Notwendigkeit und Möglichkeit der Beibehaltung des nationalen Standards. Die novellierte Richtlinie beinhaltet auch einen Hinweis, dass nationale Standards beibehalten werden können, wenn kein geltender ISA für einen bestimmten Regelungsfall vorhanden ist und somit auch nicht von der EU-Kommission im Wege der ISA-Adoption übernommen werden kann.[112]

Grundsätzlich sollten die Mitgliedstaaten jedoch keine neuen oder über die ISA hinausgehenden Prüfungsstandards einführen, es sei denn, die zusätzlichen Prüfungsverfahren sind aufgrund spezieller, durch den Umfang der gesetzlichen Abschlussprüfung bedingter, Anforderungen notwendig.[113]

---

110 Dazu Europäische Kommission 2006, Artikel 26, 48 und 53.
111 So Europäische Kommission 2006, Artikel 2.
112 So auch Brinkmann 2006, S 405.
113 Dazu Europäische Kommission 2006, Artikel 26.

2.1.2.3.2.2. *Clarity-Project des IAASB*

Bereits 2005 wurde das Projekt des IAASB zur Überarbeitung der ISA mit dem Ziel, Struktur und Klarheit der Standards zu verbessern und Redundanzen zu eliminieren, begonnen.[114] Das Clarity-Project soll eine bessere Struktur und deutlichere Terminologie der Standards, insbesondere eine klare Unterscheidbarkeit von zwingenden Anforderungen und reinen Erläuterungen, sicherstellen.[115]

Das Ergebnis der Restrukturierung der IAASB Standards und Statements wird wesentlich davon abhängen, ob sich der europäische bevorzugte prinzipienbasierte („*principle-based-approach*“) Ansatz oder aber der angloamerikanische regelnbasierte („*rule-based-approach*“) durchsetzt. Die Entwicklungen deuten jedoch darauf hin, dass die internationalen Prüfungsstandards als grundsatzorientierte Standards gelten und sich nicht am Einzelfall (in Form von „*rules-based*“ Standards) orientieren sollen, da letzteres nicht zur Erhöhung der Prüfungsqualität beitragen würde. Alle neuen und überarbeiteten ISA soll eine schlankere und verständlichere Struktur zugrunde liegen. Diesbezüglich wurde im Juni 2005 ein Vorschlag zur Verbesserung der Klarheit der IAASB-Regelungen vorgestellt, der auf eine, soweit möglich, ausgewogene Berücksichtigung der eingegangenen Kommentare sowie auf eine erleichterte Adoption der ISA als Prüfungsstandards abzielt, um die internationale Konvergenz der Standards zu erleichtern. Dieser im Wesentlichen zugestimmte Vorschlag umfasste vor allem

- die Ausrichtung der Standards auf die Prüfungsziele anstatt primär auf das prüferische Vorgehen,
- eine Klarstellung der Verpflichtung des Prüfers durch die Formulierung von klaren Anforderungen („*requirements*“) unter Verwendung einer klaren Sprachregelung,
- eine Eliminierung von Mehrdeutigkeiten und Zweifeln im Hinblick auf den Verpflichtungsgrad von ISA-Regelungen, die in den aktuellen Standards aus der Verwendung der Präsens-Form resultieren, sowie
- eine Verbesserung der Lesbarkeit und Verständlichkeit der ISA insgesamt durch verbesserte Struktur und verbesserte Entwürfe.[116,117]

---

114 Dazu IFAC 2005.

115 Um das Ziel der Klarheit zu erreichen, sind nach Brinkmann neben weiteren Aspekten die in den ISA verwendete Ausdrucksweise zur Beschreibung der Verantwortlichkeiten des Prüfers, der Verpflichtungsgrad fettgedruckter versus nicht fettgedruckter Passagen und die Verwendung des Präsens zu überdenken.

116 Die Entwürfe begleitet nunmehr ein Erläuterungs-Memorandum mit Hintergründen und Erklärungen, um die weitreichenden Änderungen der Standards zu begründen. Weiters erleichtert nunmehr ein Fragebogen die Kommentierung der Entwürfe.

117 Vgl. Brinkmann 2006b, S 670f.

Der strukturellen Verbesserung der ISA soll künftig die Gliederung in nachfolgende vier Hauptpunkte dienen:

- „*Introduction*" – dem Einführungsparagraph, welcher der Darstellung des Anwendungsbereiches und des Datums des IN-Kraft-Tretens des Standards beinhaltet,
- „*Overall Objective of the Independent Auditor*" – dem Prüfungsziel, welches die Formulierung des Prüfungsziels, das der Prüfer durch die Anwendung des ISA erreichen muss, um hinreichende Prüfungssicherheit zu erreichen, zum Inhalt hat,
- „*Requirements*" – den grundsätzlich verpflichteten Anforderungen, welche die Darstellung der Prüfungshandlungen und sonstigen Verpflichtungen des Prüfers, die grundsätzlich einzuhalten sind, beinhaltet (einschließlich ergänzender Erläuterungen soweit diese zum besseren Verständnis förderlich sind), und dem
- „*Application and Other Explanatory Material*" – den Anwendungsleitlinien, welche dazu dienen, durch Erläuterungen und Beispiele die korrekte Anwendung der Standards zu fördern.[118]

Darüber hinaus sollen die Klarheit von „*Exposure Drafts*" mit dem Ziel der verbesserten Lesbarkeit und Verständlichkeit, bspw. durch die Verwendung kürzerer Sätze, die Reduzierung bzw. Eliminierung von Mehrfachnennungen innerhalb einzelner Standards oder die Hervorhebung von wesentlichen Aspekten, verbessert werden.[119]

Ursprünglich war geplant, dass keine inhaltlichen Änderungen in den ISA vorgenommen werden sollen, dies konnte vom IAASB bisher jedoch nicht vollständig eingehalten werden, da einige Standards auch inhaltlich anzupassen waren/sind, um Inkonsistenzen in den Prüfungsstandards zu beseitigen. Weiters waren konkrete Vorstellungen der EU-Kommission[120] und anderer Stakeholder Anlass für inhaltliche Änderungen, wobei die Einbindung dieser vom IAASB in Grenzen gehalten wird.[121]

Mit dem Clarity-Project sollen die Voraussetzungen geschaffen werden, dass die EU die Standards in europäisches Recht übernehmen kann.

Ohne auf weitere Details des Clarity-Projects und die damit verbundene Neugestaltung der ISA einzugehen, ist festzuhalten, dass durch die Änderungen der ISA im Zuge des Clarity-

118 Vgl. Brinkmann 2006a, S 672.
119 Vgl. Brinkmann 2006a, S 672.
120 Dazu auch im Folgenden „Übernahme der ISA".
121 So auch Ferlings 2007a, S 145.

Projects von 2005 bis heute und die Vielzahl der eingegangenen Vorschläge zu wesentlichen Abweichungen der ISA von den US-amerikanischen Prüfungsstandards den US-GAAS führen dürfte. Ist dies am ersten Blick für eine weltweite Harmonisierung der Prüfungsstandards nicht unbedingt förderlich, so kann die gestärkte Position des kontinentaleuropäischen „Lagers" jedoch zu einer positiven Entwicklung beitragen, indem zu einem verstärkt prinzipienbasierten Prüfungsansatz zurückgekehrt wird und eine Abwendung vom „Checklisten-Ansatz", wie er in den USA verwendet wird, erkennbar ist.[122]

Zum Zeitplan der Umsetzung des Clarity-Project soll noch abschließend festgehalten werden, dass das IAASB beabsichtigt, die Entwürfe von besonders bedeutenden ISA ehest möglich herauszugeben. Ein vollständiger Abschluss des Clarity-Project ist mit 2008 geplant.[123] Sollte dies gelingen, wäre dies im Hinblick auf die ISA-Adpotion in der EU zu begrüßen.

2.1.2.3.2.3. Übernahme der ISA

Die novellierte Richtlinie legt bestimmte Voraussetzungen für eine Übernahme der vom IAASB verlautbarten ISA in europäisches Recht fest.[124] Als Grundlage für eine Übernahme muss der Standard-Setting-Prozess der ISA das Element der öffentlichen Aufsicht in angemessenem Umfang gewährleisten.[125] Es soll damit sichergestellt werden, dass die ISA in einem einwandfreien Verfahren unter angemessener öffentlicher Aufsicht und Transparenz erstellt werden.

Von der Erfüllung dieser Voraussetzung kann derzeit zwar ausgegangen werden, jedoch könnten diese Generalklauseln je nach Interessenslage im Einzelfall beim ISA-Adoptionsverfahren durchaus dazu herangezogen werden, die Übernahme einzelner ISA zu verhindern. Die konkrete Umsetzung dieser Voraussetzungen bleibt abzuwarten.[126]

Bei der ISA Übernahme in europäisches Recht wird die EU-Kommission von einem speziellen Regelungsausschuss, dem „*Audit Regulatory Committee*" (AuRC) unterstützt. Das AuRC

---

122 So auch Brinkmann 2006a, S 673.

123 Dazu IFAC 2005, IFAC 2007c.

124 Dazu Europäische Kommission 2006, Artikel 26.

125 Diesbezüglich wurden Zweifel geäußert, ob IFAC und IAASB diesen Anforderungen entsprechen. Da entsprechende Reformen jedoch bereits im Vorfeld geplant waren, konnte diesem Zweifel schnell entgegengetreten werden. Dies erfolgte beispielsweise mit der Gründung des PIOB. Die Diskussion um die Angemessenheit des Standard-Setting-Prozesses beim IAASB ist laut Brinkmann jedoch noch nicht abgeschlossen, was durchaus zu einer Verzögerung des ISA-Adoptionsverfahrens führen kann.

126 So auch Brinkmann 2006, S 406.

setzt sich aus Vertretern der Mitgliedstaaten zusammen. Weiter wird die Kommission auch vom *„European Group of Auditors Oversight Bodies"* (EGAOB) bei der Durchführung von Aufgaben im Rahmen der novellierten 8. RL, wie der Koordinierung der europäischen öffentlichen Aufsichtssysteme, der Bewertung der Aufsichtssysteme von Drittländern und der Annahme internationaler Prüfungsstandards beraten. Mitglieder der EGAOB sind die Vertreter der europäischen Aufsichtsgremien für Abschlussprüfer. Da diesen jedoch keine Vertreter des Berufsstandes angehören dürfen, wird die erforderliche fachliche Unterstützung durch eine ISA-Subgroup, der Vertreter des Berufsstandes angehören, gewährleistet. Die ISA-Subgroup hatte bislang die Hauptaufgabe, das Clarity-Project des IAASB zu begleiten und Stellungnahmen zu den Exposure Drafts des IAASB zu erarbeiten. [127]

Seit 2006 nimmt die EU-Kommission selbst an den Sitzungen des IAASB als sogenannter *„observer with speaking rights"* teil. Dies ermöglicht es der EU-Kommission, bereits während der Entwicklung eines ISA ihre Vorstellungen unmittelbar in die Diskussion einzubringen und so Einfluss auf die Ausgestaltung der internationalen Prüfungsstandards zu nehmen. Die EU-Kommission hat bereits von dieser Möglichkeit Gebrauch gemacht und ua vorgeschlagen, sich im Rahmen des Clarity-Project auch mit wesentlichen Grundlagen der Abschlussprüfung, wie z.B. das Konzept der hinreichenden Sicherheit, die Grenzen der aus einer Abschlussprüfung zu ziehenden Erkenntnismöglichkeiten sowie den Umfang und die Grenzen des pflichtgemäßen Ermessens des Abschlussprüfers neu auseinanderzusetzen und deren Bedeutung für die Adressaten des Bestätigungsvermerks klarer zu fassen. Wodurch die Vermutung nahe gelegt wird, dass mit dem Clarity-Project des IAASB auch die Zielvorstellung verbunden wird, vorhandene Ermessensspielräume des Prüfers in den ISA durch eindeutige und unmissverständliche Handlungsanweisungen zu verringern.[128]

Abschließend kann zusammengefasst werden, dass die weltweite Harmonisierung der Prüfungsstandards als komplexe Aufgabe gesehen werden kann. Die EU-Kommission steht dabei vor der Herausforderung, die Verlautbarungen eines privaten Standard-Setters, nämlich dem IAASB, in europäisches Recht zu übernehmen. Das ISA-Adopotionsverfahren stellt durch die Voraussetzungen, dass es nicht durch Einflussnahme bestimmter Interessengruppen zur Etablierung von „European ISA" oder „ISA Light" konterkariert wird, ein geeignetes Verfahren

---

[127] So auch Ferlings 2007, S 102.
[128] Dazu Ferlings 2007, S 102f.

dar, die ISA rechtlich abgesichert in der EU einzuführen und darüber hinaus die Machtstellung der EU im internationalen Standard-Setting-Prozess zu verbessern.[129]

2.2. Formalisierung und Vereinheitlichung von Prüfungsprozess, Prüfungsurteil und Prüfungsqualität

Um das Vertrauen in die Kapitalmärkte wieder herzustellen, wurden, wie bereits ausgeführt, zahlreiche neue Maßnahmen zur Qualitätssicherung in der Abschlussprüfung eingeführt. Doch es ist in den letzten Jahren nicht nur eine enorme übergreifende Qualitätsoffensive zu verzeichnen, sondern es sind auch direkte Auswirkungen auf die praktische Tätigkeit des Prüfers – insbesondere in Form von Formalisierungs- und Vereinheitlichungsmaßnahmen des Prüfungsprozesses und als Auswirkung für das prüferische Vorgehen - wahrzunehmen. So folgte z.B.:

- eine Ausweitung des Prüfungsgegenstandes für SEC gelistete Unternehmen,
- eine stärkere Ausrichtung im Rahmen der Prüfung auf betrügerische Handlungen (fraud), sowie
- eine stärkere Formalisierung und Vereinheitlichung des Prüfungsprozesses, oder
- eine erhebliche Erhöhung der Dokumentationserfordernisse.[130]

Diese Auswirkungen auf die praktische Tätigkeit sowie die gegenwärtigen Formalisierungs- und Vereinheitlichungsmaßnahmen sollen Gegenstand der folgenden Ausführungen sein.

2.2.1. Prüfungsprozess

Der Prüfungsansatz baut auf einem umfassenden Verständnis über das Umfeld und die Geschäftstätigkeit, Strategien, Risiken und Prozesse des geprüften Unternehmens sowie auf einer Prüfung des abschlussrelevanten internen Kontrollsystems auf. Dieser Prüfungsansatz hat sich auch durch die vielen gesetzlichen Novellierungen nicht verändert, er wurde jedoch umfassender konkretisiert und insgesamt deutlich stärker formalisiert, um eine einheitliche stringente und risikoorientierte Durchführung der Prüfung unter Einhaltung von Prüfungsstandards zu gewährleisten.[131] Durch die Formalisierung und Vereinheitlichung des Prüfungsprozesses soll auch die Qualität der Prüfung messbarer gemacht werden. Im Folgenden soll diese Formalisierung und Vereinheitlichung anhand von einigen Beispielen sowie die Entwicklungstenden-

[129] So auch Brinkmann 2006, S 409.
[130] So auch Justenhofen 2006, S 62.
[131] So auch Justenhofen 2006, S 69.

zen in Richtung einer nach internationalen Prüfungsstandards durchgeführten Prüfung veranschaulicht werden.[132]

2.2.1.1. Auswirkung auf die vier Prüfungsphasen

2.2.1.1.1. Auftragsannahme

Vor der Annahme eines Auftrages zur Durchführung einer Abschlussprüfung ist (und war auch in der Vergangenheit) zu beurteilen, ob die Unabhängigkeit gewahrt und der Auftraggeber als geprüftes Unternehmen und die damit verbundenen Risiken akzeptiert werden können. Neu ist nunmehr, dass die Unabhängigkeit durch verschiedene nationale und internationale Vorschriften stärker konkretisiert wurde und auch die Anforderungen an die Dokumentation der Auftragsannahme entsprechend erhöht wurden. Vor Auftragsannahme bzw. Fortführung (Folgeprüfung) einer Auftragsbeziehung ist ein Unabhängigkeits-Check durchzuführen, welcher ausführlich zu dokumentieren ist. Nach Klärung der Unabhängigkeitsfrage ist eine erste Risikobeurteilung des geprüften Unternehmens durchzuführen. Die hierfür durchgeführten Verfahren wurden in den letzten Jahren streng vereinheitlicht und erweitert. Ergebnis dieser Beurteilung ist eine erste vorläufige Einschätzung von wesentlichen Risikobereichen. Die Reaktionen des Managements und das geplante Prüfungsvorgehen im Bezug auf diese Risikobereiche sind zu dokumentieren.[133]

2.2.1.1.2. Prüfungsplanung

Auch im Bereich der Prüfungsplanung können Tendenzen der Formalisierung und Vereinheitlichung wahrgenommen werden. Neu ist z.B., dass erste Gespräche mit den verantwortlichen Mitarbeitern des geprüften Unternehmens – insbesondere auch außerhalb des Finanz- und Rechnungswesens – zur Beschaffung konkreter Informationen zu den Unternehmenszielen, den Geschäftsrisiken und den internen Steuerungs- und Überwachungsinstrumenten zu nutzen und in die Prüfungsplanung einzubauen sind. Aufgrund konkreter Gesprächsleitfäden und Fragenkataloge erfolgen diese Gespräche nunmehr strukturierter. Weiter wurden die Aufnahme und Dokumentation der Kenntnisse über die Geschäftstätigkeit und das Umfeld des geprüften Unternehmens formalisiert, wodurch die Sammlung der Informationen über die we-

---

[132] Es werden lediglich Beispiele hierfür aufgezeigt, es erfolgt keine allumfassende Abhandlung aller Neuerungen im Prüfungsprozess.

[133] So auch Justenhoven 2006, S 71.

sentlichen Unternehmensbereiche und das Umfeld wesentlich zielgerichteter verläuft und die Dokumentation der Ergebnisse einheitlicher und strukturierter ist.[134]

2.2.1.1.3. Prüfungsdurchführung

Eine wesentliche Auswirkung im Rahmen der Formalisierung der Prüfungsdurchführung ist die Beurteilung des abschlussrelevanten Internen Kontrollsystems, welche zunehmend an Bedeutung gewinnt. Der Prüfer hat zum einen die Einschätzung des IKS durch das Management und zum anderen die Wirksamkeit des IKS zu überprüfen und über das Ergebnis der Prüfung zu berichten. Dies bedeutet eine erhebliche inhaltliche Ausweitung des Prüfungsgegenstandes bei einer Abschlussprüfung, verbunden mit einem signifikanten Mehraufwand.

Auch ein stärkerer Focus ist in Zusammenhang mit Fraud erkennbar. Die Abschlussprüfung ist nach wie vor weder eine Unterschlagungs- noch eine Geschäftsführungsprüfung, sie ist auch nicht auf eine gezielte und umfassende Frauduntersuchungen ausgerichtet. Jedoch hat sich der Prüfer vermehrter mit dem Thema auseinanderzusetzen und verstärkter auf Fraudfälle zu achten. Das Prüfervorgehen wurde diesbezüglich stark konkretisiert, auch ist ein erhöhtes Dokumentationserfordernis im Zusammenhang mit dem Aspekt Fraud zu vernehmen.

Abschließend darf der Hinweis auf eine verstärkte Risikobeurteilung im Rahmen der Vereinheitlichung der Prüfungsdurchführung nicht fehlen. Es ist eine verbesserte Verknüpfung der Risikobeurteilungen des Abschlussprüfers mit den aussagebezogenen Prüfungshandlungen wahrzunehmen.

2.2.1.1.4. Berichterstattung und Dokumentation

Die Formalisierung und Vereinheitlichung der Berichterstattung wird etwas später in einem eigenen Punkt „Prüfungsurteil" selbstständig und ausführlich gewürdigt, womit auf eine separate Ausführung hier verzichtet werden kann. Es soll lediglich darauf hingewiesen werden, dass der Forderung der EU-Kommission nach international einheitlicher Berichterstattung bereits teilweise Rechnung getragen wurde. Mit der Anpassung des österreichischen Bestätigungsvermerks bspw., welcher als Ergebnis einer nach nationalen Prüfungsgrundsätzen durchgeführten Abschlussprüfung erteilt wird, an die internationalen Erfordernisse[135], wurde

---

134 Vgl. Justenhoven 2006, S 72.
135 Weg von einem formelhaften Bestätigungsvermerk, hin zu einen frei zu formulierenden Bestätigungsvermerk.

wesentlich zur Erhöhung der Glaubwürdigkeit sowie Vergleichbarkeit der Prüfungsurteile und zur Förderung des Verständnisses der Adressaten und der damit verbundenen Verringerung der Erwartungslücke[136] beigetragen.

Mit der erfolgten Ausweitung der Qualitätssicherungs- und Überwachungsmaßnahmen für Abschlussprüfer ging eine deutliche Zunahme der internen Dokumentationsverpflichtungen einher. Das Prüfungsvorgehen muss zu jederzeit rekonstruierbar sein, womit eine ausführliche Prüfungsdokumentation unabdingbar ist.

Die Einhaltung der Dokumentationspflichten soll in der Praxis durch folgende Maßnahmen sichergestellt werden:

- Vorgabe verpflichtend abzuarbeitender Prüfungsschritte in Prüfungshandbüchern,
- zwingend durchzuführende Dokumentation der kritischen Sachverhalte durch das Prüfungsteam und Klärung sowie elektronische Freigabe durch den Teamleiter und den verantwortlichen Prüfer,
- Konkretisierung des Review-Prozesses: auch in der Vergangenheit wurden die Arbeitspapiere von den verantwortlichen Prüfern durchgesehen bzw. ein „Review by Interview" durchgeführt. Nunmehr ist für die einzelnen Prüfungsschritte vorgegeben, wer den Review in Form einer Durchsicht und Abzeichnung der Dokumentation im Prüfungsakt der jeweiligen Prüfung durchzuführen hat, was die zwingende Involvierung des verantwortlichen Prüfers in alle Prozessstufen sicherstellen und nachprüfbar machen soll.[137]

---

136 Als Erwartungslücke wird die Diskrepanz zwischen den Erwartungen der Jahresabschlussadressaten (Öffentlichkeit) und dem tatsächlichen gesetzlichen Auftrag und den Inhalten der Jahresabschlussprüfung verstanden.

137 Vgl. Justenhoven 2006, S 75.

2.2.1.2. Entwicklungstendenzen

Der Prüfungsansatz hat sich durch die vielen Bilanzskandale nicht wesentlich verändert, doch wurde er in den letzten Jahren sowohl national als auch international durch neue Standards und Normen umfassend konkretisiert und formalisiert.

Durch diese Formalisierungen wird der Prüfungsansatz nunmehr viel starrer und einheitlicher umgesetzt. Dennoch sollte die Ambition des Prüfers auch künftig darin liegen, nicht formalistisch, sondern risikoorientiert zu prüfen.[138] Folglich wird daher auf die zunehmende Bedeutung des risikoorientierten Prüfungsansatzes sowie dessen mögliche Ausgestaltung eingegangen und auf die zunehmende Bedeutung der internationalen Prüfungsstandards in diesem Zusammenhang verwiesen.

2.2.1.2.1. Risikoorientierter Prüfungsansatz

2.2.1.2.1.1. Ausgestaltung des risikoorientierten Prüfungsansatzes

Beim risikoorientierten Prüfungsansatz geht es vor allem darum, dass anhand der Geschäftsrisiken und den hiermit in einem engen Zusammenhang stehenden Geschäftsprozessen im Rahmen der Prüfung jene Bereiche identifiziert werden, die im Hinblick auf die Existenz von wesentlichen falschen Darstellungen im Jahresabschluss besonders risikoträchtig erscheinen. Kernidee einer **geschäftsrisikoorientierten** (auch geschäftsprozessorientierten oder tätigkeitskreisbezogene) Prüfung ist, dass die Perspektive, durch die der Prüfer das Geschäft und die Branche des zu prüfenden Unternehmens betrachtet, das prüferische Vorgehen in einem hohen Maß beeinflusst. Um ein hinreichendes Verständnis der Geschäfte des zu prüfenden Unternehmens zu erlangen, muss sich der Prüfer verdeutlichen, dass das zu prüfende Unternehmen in ein komplexes Netz von Beziehungen eingebunden ist, welches wiederum in ein weiter gefasstes ökonomisches Bindungsnetz integriert ist. Es gilt für den Prüfer, diese Beziehungen in den Netzen zu erkennen und zu beurteilen.[139]

Es bietet sich somit an, bei der Umsetzung des risikoorientierten Prüfungsansatzes von den Unternehmensprozessen bzw. –funktionen auszugehen, bei dem die Prüffelder prozessorientiert festgelegt werden. Im Mittelpunkt der Betrachtung stehen somit Prozesse, die sich auf unterschiedliche betriebliche Funktionen auswirken, wie bspw. der Produktionsprozess, ein

[138] So auch Justenhoven 2006, S 76.
[139] Ausführlich zum risikoorientierten Prüfungsansatz: Marten 2007, S 334ff.

finanzwirtschaftlicher- oder personalwirtschaftlicher Prozess. Der geschäftsrisikoorientierte Prüfungsansatz nähert sich in einem Art Top-Down-Verfahren den rechnungslegungsrelevanten Prozessen und Posten sowie den darin enthaltenen internen Kontrollen. Der Prüfer untersucht die jeweiligen Kontrollen zunächst im Hinblick auf ihre ursprüngliche Aufgabe, die Sicherstellung der Unternehmensziele. Da jede Abschlussprüfung jedoch darauf ausgerichtet ist, die Ordnungsmäßigkeit der Rechnungslegung zu prüfen, müssen die Kontrollrisiken folglich auf der Ebene der Rechnungslegungsaussagen beurteilt werden.[140]

Neben der Prozessorientierung ist es aber auch möglich, die risikoorientierte Prüfung an der Systematik der Rechnungslegung anzusetzen. Bei dieser Form der Ausgestaltung des risikoorientierten Vorgehens werden die Prüffelder in Anlehnung an die Posten (**abschlussposten-orientiert**) und Angaben der Rechnungslegung und deren Zusammenhänge untereinander bestimmt. Die abschlusspostenorientierte Prüfung setzt daher definitionsgemäß an den zu prüfenden Abschlussposten an, indem der Prüfer idR retrograd vorgeht und an den Verarbeitungsergebnissen ansetzt, die sich im Jahresabschluss niedergeschlagen haben.

Maßgeblich für die Entscheidung über die Ausgestaltung des risikoorientierten Vorgehens ist die Aufbau- und Ablauforganisation des zu prüfenden Unternehmens. In kleinen Unternehmen, bei denen Geschäftsprozesse eher weniger komplex sind und Teilsysteme des internen Kontrollsystems nicht oder nicht vollständig umgesetzt sind, wird eher ein an der Systematik der Rechnungslegung orientiertes Prüfungsvorgehen sinnvoll sein. Dies darf selbstverständlich aber nicht dazu führen, dass ein rein aussagebezogenes Vorgehen gewählt wird, bei dem auf eine Beurteilung der internen Kontrollen zugunsten umfangreicher aussagebezogener Prüfungshandlungen verzichtet wird, da auch ein weniger ausgeprägtes internes Kontrollsystem des zu prüfenden Unternehmens nichts an der Notwendigkeit des risikoorientierten Prüfungsvorgehens ändert.[141]

Die Abschlussaussagen besitzen ihre grundsätzliche Gültigkeit unabhängig davon, welches prüferische Vorgehen für die Ausgestaltung einer risikoorientierten Abschlussprüfung gewählt wurde. Als Ansatzpunkte für die Ausgestaltung kommen, wie bereits ausgeführt, vor allem die Geschäftsrisiken und die hiermit in einem engen Zusammenhang stehenden Geschäftsprozesse (geschäftsrisikoorientierte Prüfung), die betrieblichen Funktionsbereiche des Mandanten (Tätigkeitsbereiche) sowie die Systematik der Rechnungslegung (abschlusspos-

[140] Vgl. Ferlings 2007, S 106.
[141] Vgl. Ferlings 2007, S 106.

tenorientierte Prüfung) in Betracht. Dabei schließen sich die genannten Ansatzpunkte nicht gegenseitig aus. Da auch bei einem geschäftsrisikoorientiertem Prüfungsvorgehen in bestimmten Bereichen abschlusspostenorientiert vorgegangen werden muss, gehen abschlusspostenorientiertes und geschäftsrisikoorientiertes Vorgehen teilweise ineinander über.

Das IAASB hat zentrale Elemente des geschäftsrisikoorientierten Prüfungsvorgehens in den internationalen Prüfungsstandards, nämlich in den ISA 315[142] und 330[143], verankert. Es wurde damit auch eine Neubetrachtung des Konzepts der Prüfungsaussagen des ISA 500 R[144] vollzogen, welches darauf abzielt, die festgestellten Risiken und die einzusetzenden Prüfungshandlungen in stärkerem Maße zu verbinden. Nachfolgend wird dieses Konzept kurz dargestellt.

2.2.1.2.1.2. *Neues Aussagenkonzept der IFAC*

Das Konzept der Abschlussaussagen basierte bislang auf einer Prüfung der Nachweise, der Bewertung und des Ausweises von im Abschluss getätigten Aussagen, wobei die Abschlussaussagen bisher folgendermaßen kategorisiert wurden:

- Vorhandensein,
- Zuordnung,
- Eintritt,
- Vollständigkeit,
- Bewertung,
- Erfassung und Abgrenzung, sowie
- Darstellung und Berichterstattung.

Das IAASB der IFAC hat im Zuge einer verstärkten Ausrichtung der Prüfungsnormen in Richtung einer geschäftsrisikoorientierten Abschlussprüfung eine Neuorientierung vorgenommen und verfolgt nun ein Konzept der Prüfungsaussagen, welches die Bezeichnung „Aussagenkonzept“ („*concept of assertions*“) trägt. Das Aussagenkonzept soll den Prüfer dabei behilflich sein, die festgestellten Risiken besser mit den einzusetzenden Prüfungshandlungen zu verbinden, was eine stärkere Konzentration der prüferischen Tätigkeit auf jene Bereiche, bei denen das Risiko einer wesentlichen falschen Darstellung hoch ist, ermöglicht. Auch

142 Dazu IFAC 2007e: ISA 315 „Understanding the Entity and Its Environment and Assessing the Risks of Material Misstatement“.
143 Dazu IFAC 2007e: ISA 330: „The Auditor's Procedures in Response to Assessed Risks“.
144 Dazu IFAC 2007e: ISA 500 R „Audit Evidence“.

die damit verbundene explizit geforderte Beschäftigung mit den Geschäftsrisiken[145] soll einer verstärkten Aufdeckung wesentlicher falscher Darstellungen dienlich sein.[146]

ISA 500 R[147] systematisiert die Aussagen nunmehr in folgende drei Kategorien:

- Aussagen über Arten von Geschäftsvorfällen und Ereignissen des Geschäftsjahres:
  - Vorkommen,
  - Vollständigkeit,
  - Genauigkeit,
  - Periodenabgrenzung, sowie
  - Kontenzuordnung;
- Aussagen über Kontensalden am Geschäftsjahresende:
  - Vorhandensein,
  - Rechte und Verpflichtungen,
  - Vollständigkeit, sowie
  - Bewertung und Zuordnung;
- Aussagen über Ausweis und Angaben:
  - Vorkommen,
  - Vollständigkeit,
  - Kontenzuordnung und Verständlichkeit, sowie
  - Genauigkeit und Bewertung.[148]

Vergleicht man nunmehr das bisherige Konzept mit dem neuen Aussagenkonzept ergeben sich drei Änderungen:

- Als erste Änderung wurde eine Bildung von Kategorien, welche als Bezugspunkte für die Aussagen fungieren sollen, vorgenommen. Die Aussagen werden in die drei Kategorien „Aussagen über Arten von Geschäftsvorfällen und Ereignissen des Geschäftsjahres“, „Aussagen über Kontensalden am Geschäftsjahresende“ sowie „Aussagen über Ausweis und Angaben“ systematisiert.
- Als zweite Änderung wurde die Abschlussaussage „Erfassung und Abgrenzung“, welche es bislang im Bereich den Kategorien „Arten von Geschäftsvorfällen und Ereig-

145 Mit dem Geschäftsrisiko ist das Geschäftsrisiko des geprüften Unternehmens gemeint. Dieses Risiko ist die Gefahr, dass das geprüfte Unternehmen seine Ziele nicht erreicht. Da das Scheitern der für die Zielerreichung gewählten Strategie sowohl interne als auch externe Ursachen haben kann, zählen zu den Geschäftsrisiken sämtliche Risiken der externen (z.B. Konjunktur) und internen (z.B. Umsatzeinbußen) Umwelt.

146 Vgl. Ruhnke 2006a, S 366.

147 Dazu IFAC 2007e: ISA 500 R „Audit Evidence“.

148 Vgl. Ruhnke 2006a, S 368.

nissen“ sowie „Kontensalden“ gab, abgeschafft. Die Kategorie „Arten von Geschäftsvorfällen und Ereignissen“ enthält stattdessen die Aussage „Periodenabgrenzung“ und „Genauigkeit“. Zusätzlich wurde die Aussage „Kontenzuordnung“ aufgenommen. Damit wurde eine Teilung in die Bereiche Ansatz (Periodenabgrenzung) und Bewertung (Genauigkeit) vorgenommen sowie zusätzlich eine Aussage zum Ausweis (Kontenzuordnung) geschaffen. In der Kategorie „Kontensalden“ wurde auf die Abschaffung der Abschlussaussage „Erfassung und Abgrenzung“ mit der Umbenennung der Aussage „Bewertung“ in „Bewertung und Zuordnung“ reagiert.

- Die dritte Änderung betrifft eine differenzierte Betrachtung der Abschlussaussage „Darstellung und Berichterstattung“ in mehrere Aussagen. Bezog sich bislang lediglich die Abschlussaussage „Vollständigkeit“ auch auf die Kategorie „Ausweis und Angaben“, so werden nun in dieser Kategorie zusätzlich die Aussagen „Vorkommen“ sowie „Rechte und Verpflichtungen“, „Kontenzuordnung und Verständlichkeit“ und „Genauigkeit und Bewertung“ unterschieden.[149]

[149] Vgl. Ruhnke 2006a, S 368f.

Die nachfolgende Zusammenfassung zeigt die Verbindung zu den Bereichen Ansatz, Bewertung und Ausweis und verdeutlicht den nachgeordneten Status der Aussagen „Periodenabgrenzung“ sowie „Rechte und Verpflichtungen“:

Bereiche	**Neues Aussagenkonzept**[150]		
	Arten von Geschäftsvorfällen und Ereignissen	**Kontensalden**	**Ausweis und Angaben**
Ansatz	o Vorkommen	o Vorhandensein o Rechte und Verpflichtungen	o Vorkommen sowie Rechte und Verpflichtungen
	o Vollständigkeit	o Vollständigkeit	o Vollständigkeit
	o Periodenabgrenzung		
Bewertung	o Genauigkeit	o Bewertung und Zuordnung	o Genauigkeit und Bewertung
Ausweis	o Kontenzuordnung		o Kontenzuordnung und Verständlichkeit

Tabelle 1: Neues Aussagenkonzept

Abschließend kann zusammengefasst werden, dass das eben dargestellte neue Aussagenkonzept der IFAC[151] eine verstärkte Ausrichtung des risikoorientierten Prüfungsansatzes in Richtung einer geschäftsrisikoorientierten Prüfung vorsieht und damit schon eine Vielzahl von Veränderungen in den internationalen Prüfungsstandards verbunden sind. Im Vergleich zum bisherigen Konzept der Abschlussaussagen gilt es nunmehr für den Prüfer weit differenzierter vorzugehen, womit die festgestellten Risiken und die einzusetzenden Prüfungshandlungen in einem stärkerem Maße verbunden werden.[152]

2.2.1.2.2. Internationale Prüfungsstandards

Die künftige Anwendung internationaler Prüfungsstandards zur Harmonisierung der Durchführung von Abschlussprüfungen wurde bereits in den vorangegangenen Punkten ausführlich

150 Vgl. Ruhnke 2006a, S 370.
151 Das neue Aussagenkonzept wurde in Zusammenarbeit mit dem US-amerikanischen ASB entwickelt.
152 So auch Ruhnke 2006a, S 375.

dargestellt, womit eine weitere Auseinandersetzung nicht mehr erforderlich scheint. Nichtsdestotrotz darf im Bereich der Entwicklungstendenzen der Formalisierung des Prüfungsprozesses nicht auf den Hinweis der künftigen verpflichtenden Anwendung einheitlicher internationaler Prüfungsnormen verzichtet werden.

2.2.2. Prüfungsurteil

Das Europäische Parlament und der Rat haben 2003 in ihrer Richtlinie 2003/51/EG erstmalig die Form und den Inhalt des Bestätigungsvermerks, als Ergebnis einer Abschlussprüfung, einheitlich geregelt und darauf hingewiesen, dass Unterschiede in der Formulierung und im Aufbau die internationale Vergleichbarkeit vermindern. Die Richtlinie enthält ebenso den Hinweis, dass künftig diesbezüglich mehr Übereinstimmung erreicht werden muss und die nationalen Gesetzgebungen an die internationalen Gegebenheiten anzupassen sind.

Der österreichische Gesetzgeber hat dieser Entwicklung im Bereich des Bestätigungsvermerks mit dem ReLÄG 2004 Rechnung getragen, mit welchem der bis dato „formelhafte" Bestätigungsvermerk zu einem frei zu formulierenden Bestätigungsvermerk gewandelt wurde, der entsprechend ergänzt werden kann.

Wesentlich zur Formalisierung und Vereinheitlichung des Prüfungsurteils hat in den letzten Jahren die IFAC beigetragen, diese hat den „*Auditor's Report*" (Bestätigungsbericht) als Ergebnis einer nach internationalen Prüfungsstandards durchgeführten Abschlussprüfung in den letzten zwei Jahren ausführlich novelliert, um das Urteil und die Urteilsmitteilung des Prüfers international zu vereinheitlichen und die Normen übersichtlicher zu gestalten. Gerade im Bezug auf die künftige Übernahme der internationalen Prüfungsstandards durch die EU-Kommission in europäisches Recht kommt dieser Verbesserung der internationalen Normengebung im Bereich der Berichterstattung sowie Vereinheitlichung dieser große Bedeutung zu.

Die bedeutendsten Änderungen bestehen in der Ausgliederung einzelner Themenbereiche in eigene Prüfungsstandards sowie der Überarbeitung und Neunummerierung bestehender Regelungen. Die nachfolgenden Ausführungen stellen den Vorgang der Normenentwicklung und die jüngsten Änderungen der internationalen Normen im Bereich der Berichterstattung dar.[153]

---

[153] Vgl. Severus 2007, S 51.

Ausgangspunkt des Reformprozesses war der bis 2006 gültige ISA 700 *„The Auditors Report on Financial Statements"*[154], welcher die Form und den Inhalt des Bestätigungsberichts, der als Ergebnis einer bei einem Unternehmen durchgeführten Abschlussprüfung entsprechend den ISA vom Prüfer erteilt wird, zum Gegenstand hatte. Der Prüfer musste nach 700.2 die Schlussfolgerung, auf die sein Prüfungsurteil gestützt ist und anhand derer Prüfungsnachweise abgeleitet wurden, überprüfen und beurteilen. Diese Überprüfung und Beurteilung schließt die Frage ein, ob der Abschluss in Übereinstimmung mit einem anerkannten Rechnungslegungskonzept aufgestellt wurde (700.3). Der Bestätigungsbericht hatte eine klare Gesamtaussage zum geprüften Abschluss im Rahmen eines Prüfungsurteils zu enthalten (700.4). Dieses Prüfungsurteil konnte nach ISA 700 uneingeschränkt, uneingeschränkt aber ergänzt, eingeschränkt oder versagt sein. Weiter war eine Nichterteilung des Prüfungsurteils nach ISA 700 möglich. Ein großer Teil der Regelungen des ISA 700 konnte auch auf Bestätigungsberichte zu anderen Finanzinformationen, die keinen Abschluss darstellen, angewandt werden. Die Überlegungen des IAASB gingen dahin, dass es künftig einen eigenen Standard für einen uneingeschränkten Bestätigungsbericht geben sollte. Die Berichterstattung über die Prüfung von Finanzinformationen, die keinen Abschluss darstellen, sowie der nicht uneingeschränkte Bestätigungsbericht jedoch künftig in anderen Standards geregelt werden sollten. Der Reformprozess lässt sich somit in folgende zwei Bereiche unterteilen:

- die Separation des uneingeschränkten Bestätigungsberichts und die Trennung der modifizierten und ergänzten Bestätigungsberichte sowie
- die Ausgliederung der Berichterstattung über andere Prüfungsleistungen.[155]

---

[154] Dazu IFAC 2006a: ISA 700 „The Auditors Report on Financial Statements". Dieser Standard ist seit 1. Jänner 2007 nicht mehr gültig und wurde zurückgezogen.

[155] Vgl. Severus 2007, S 51f.

Graphisch kann dies folgendermaßen veranschaulicht werden:

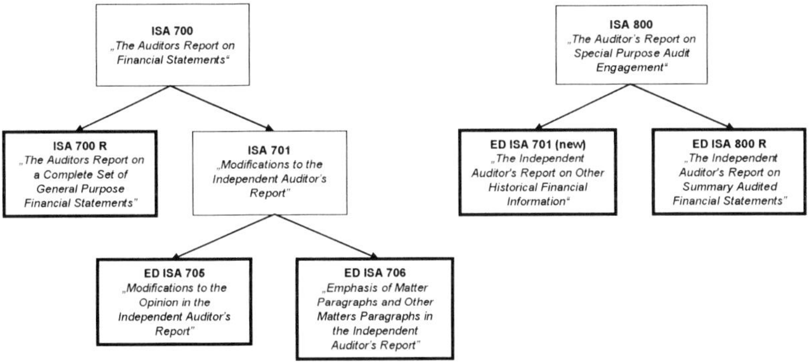

Abbildung 2: Reformprozess des ISA 700

Im Dezember 2003 wurde der ED für den ISA 700 R, welcher sich nur mehr auf den Bestätigungsbericht beschränken soll, wenn der Prüfer in der Lage ist, ein uneingeschränktes Prüfungsurteil abzugeben und keine Modifikation des Bestätigungsberichts erforderlich ist, veröffentlicht. Die Modifikation von Bestätigungsberichten sowie eine Ergänzung des Prüfungsurteils soll ausgegliedert werden (zu diesem Zeitpunkt geplant in ISA 701, mittlerweile in ED ISA 705 und 706). ISA 700 R soll sich weiters nur noch auf die Berichterstattung von Jahresabschlüssen beziehen, Berichte, denen Sonderprüfungen zugrunde liegen, oder jene die sich auf andere Finanzinformationen beziehen, werden künftig in einem anderen Standard geregelt. ISA 700 R *„The Auditors Report on a Complete Set of General Purpose Financial Statements"*[156] wurde im Dezember 2005 vom IAASB als Standard veröffentlicht und gilt für uneingeschränkte Bestätigungsberichte von Abschlussprüfungen, welche seit dem 31. Dezember 2006 datiert werden. Mit dem neuen Standard wird das Ziel verfolgt, die Transparenz und die Vergleichbarkeit des uneingeschränkten Bestätigungsberichts des Prüfers über internationale Grenzen hinweg zu erhöhen.[157]

Als der ursprüngliche ISA 700 *„The Auditor's Report on Financial Statements"* novelliert wurde, wurden die nicht uneingeschränkten Bestätigungsberichte in ED ISA 701 *„Modifications to the Independent Auditor's Report"* ausgegliedert. ISA 701 wurde gleichzeitig mit ISA 700 R veröffentlicht und gilt wie ISA 700 R für Bestätigungsberichte, die ab dem 31. Dezem-

156 Dazu IFAC 2007e: ISA 700 R „The Auditors Report on a Complete Set of General Purpose Financial Statements".
157 Vgl. Severus 2007, S 52.

ber 2006 erteilt werden. Der gegenwärtige ISA 701 *„Modifications to the Independent Auditor's Report"*[158] beinhaltet sowohl modifizierte als auch ergänzte Bestätigungsberichte. Ein modifiziertes Urteil bedeutet entsprechend den ISA ein eingeschränktes oder ein versagtes Urteil als auch die Nichterteilung eines Urteils.[159] Eine Ergänzung des Bestätigungsberichts bedeutet indessen, dass dieser durch einen Zusatz erweitert wird, ohne dass jedoch das Prüfungsurteil berührt wird.[160]

Nach Ansicht der IFAC hat sich gezeigt, dass die Verwendung des Ausdrucks „modifiziert" im gegenwärtigen ISA 701 nicht klar zum Ausdruck kommt.[161] Die Unterschiede und Bedeutung zwischen modifizierten und ergänzten Bestätigungsberichten sollten eindeutiger erkennbar werden, dies war Ziel der nächsten Änderung im März 2005.[162] Die ursprüngliche Ausgliederung modifizierter und ergänzter Bestätigungsberichte aus ISA 700 in ISA 701 wurden voneinander getrennt und in zwei neuen EDs veröffentlicht:

- ED 705 *„Modifications to the Opinion in the Independent Auditor's Report"* und
- ED 706 *„Emphasis of Matter Paragraphs and Other Matters Paragraphs in the Independent Auditor's Report"*[163, 164]

Dies war besonders für nationale Institutionen von Bedeutung, da vor allem die Übersetzung der Standards Verwirrung verursacht hat. Denn es brachte erhebliche Schwierigkeiten mit sich, den Unterschied zwischen einer eingeschränkten Prüfermeinung *„qualified opinion"* und einem modifizierten Bestätigungsbericht *„modified autitor's report"* zu erklären. Auch wenn ISA 701 noch für Bestätigungsberichte, die seit dem 31. Dezember 2006 datiert werden gültig ist, verliert dieser Standard nach Herausgabe der künftigen ISA 705 und 706[165] und einer entsprechenden Übergangsfrist seine Legitimität.[166]

---

158 Dazu IFAC 2007e: ISA 701 *„Modifications to the Independent Auditor's Report"*.

159 Das UGB hingegen sieht eine Nichterteilung des Urteils *„Disclaimer of Opinion"* nicht vor. Ist der Abschlussprüfer nach Ausschöpfung aller angemessenen Möglichkeiten zur Klärung des Sachverhalts nicht in der Lage, ein Prüfungsurteil abzugeben, so hat dieser entsprechend § 274 Abs 3 und 4 UGB trotzdem ein Urteil zu erteilen, dieses jedoch einzuschränken oder zu versagen. Ein eingeschränkter Bestätigungsvermerk darf jedoch nur dann erteilt werden, wenn der geprüfte Abschluss unter Beachtung der vom Abschlussprüfer vorgenommenen, in ihrer Tragweite erkennbaren Einschränkung, ein im Wesentlichen getreues Bild der Vermögens-, Finanz- und Ertragslage vermittelt.

160 Vgl. Severus 2007, S 52.

161 So auch Ferlings 2007a, S 150.

162 So auch IDW 2005, S 930ff.

163 Dazu IFAC 2007f: ED 705 „Modifications to the Opinion in the Independent Auditor's Report" und ED 706 „Emphasis of Matter Paragraphs and Other Matters Paragraphs in the Independent Auditor's Report".

164 Vgl. Severus 2007, S 52.

165 Die *„Comment Period"* der EDs endete mit dem 31. Juli 2005, für 2007 ist die Herausgabe der *„Re-Drafts"* zur neuerlichen Stellungnahme geplant.

166 Vgl. Severus 2007, S 53.

Im Zuge der Neuerung des ISA 700 wurden nicht nur die unterschiedlichen Bestätigungsberichte in eigene Standards ausgegliedert, sondern das IAASB hat in der Ausarbeitung der neuen Standards auch zwischen der Berichterstattung unterschiedlicher der Prüfung zugrunde liegender Rechnungslegungssysteme und verschiedener Arten von Prüfungsleistungen unterschieden. So wird künftig zwischen Bestätigungsberichten für Abschlussprüfungen von Rechnungslegungssystemen, die ein angemessenes Bild der Vermögens-, Finanz- und Ertragslage *„true an fair view"* als Ziel haben, und Berichten über die Prüfung anderer Rechnungslegungssystemen sowie Berichten für Prüfungsleistungen *„assurance services"*, die keiner Jahresabschlussprüfung entsprechen, unterschieden. Bezieht sich die Berichterstattung auf die Prüfung weiterer vergangenheitsbezogener Informationen, die bisher zT Gegenstand von ISA 800 *„The Auditor's Report on Special Purpose Audit Engagement"*[167] (Bericht des Prüfers über Sonderprüfungen) waren, werden künftig andere Standards von Bedeutung sein, welche als Entwürfe im Juni 2005 vorgelegt wurden:

- ED ISA 701 (new) *„The Independent Auditor's Report on Other Historical Financial Information"* und
- ED ISA 800 R *„The Independent Auditor's Report on Summary Audited Financial Statements"*.[168]

Ursprünglich war vorgesehen, dass ISA 701 zum gleichen Zeitpunkt wie ISA 700 R wirksam wird, nicht jedoch vor den Änderungen der ISA 200 und 210. Inzwischen wurde das IAASB auf Inkonsistenzen zwischen bestimmten Regelungen, vor allem in den ISA 200 und 210 sowie dem ED ISA 701, aufmerksam, wodurch sich das in Kraft treten wieder verzögert.[169]

Zusammenfassend kann festgehalten werden, dass das Europäische Parlament und der Rat bereits im Juni 2003 mit der Richtlinie 2003/51/EG *„Modernisierungsrichtlinie"*[170] eine neue Regelung über den Bestätigungsvermerk in die Richtlinie 78/660/EWG eingefügt haben und damit erstmalig Vereinheitlichung der Prüfungsurteile gefordert haben. Die eben dargestellten Maßnahmen der IFAC tragen nunmehr wesentlich zu einer besseren internationalen Vergleichbarkeit der Urteile und damit zur Erhöhung der Glaubwürdigkeit dieser bei.

---

167 Dazu IFAC 2007e: ISA 800 *„The Auditor's Report on Special Purpose Audit Engagement"*.

168 Dazu IFAC 2007f: ED ISA 701 (new) „The Independent Auditor's Report on Other Historical Financial Information" und ED ISA 800 R „The Independent Auditor's Report on Summary Audited Financial Statements".

169 Vgl. Severus 2007, S 53.

170 Dazu Europäische Kommission 2003b.

2.2.3. Prüfungsqualität

Die bislang dargestellten jüngsten Entwicklungen und Normen sollen zu einer Steigerung der Zuverlässigkeit des Prüfungsurteils und der damit verbundenen Sicherung der Prüfungsqualität führen.

Bevor nunmehr detailliert die Entwicklungen der Vereinheitlichung im Hinblick auf die Prüfungsqualität Gegenstand der Ausführungen sind, wird zunächst erläutert, was unter Qualität der Prüfung verstanden wird, da diese Ausführungen gerade im Zusammenhang mit der empirischen Untersuchung der Arbeit von wesentlicher Bedeutung sind.

2.2.3.1. Qualitätsdefinition

2.2.3.1.1. Traditionelle Sichtweise

Angesichts der nur wenig fundierten Definition des Begriffs „Qualität" in der deutschen Literatur zur Wirtschaftsprüfung erscheint es sinnvoll, einen Blick in den angelsächsischen Raum zu werfen. Die dort am Häufigsten zitierte traditionelle Definition der Prüfungsqualität ist jene von *DeAngelo*: Demnach ist unter Prüfungsqualität die vom Markt bewertete Wahrscheinlichkeit zu verstehen, dass ein Fehler oder Verstoß in der Rechnungslegung des geprüften Unternehmens durch den Abschlussprüfer entdeckt wird und der Prüfer auch darüber berichtet.[171] Dabei wird zum einen auf die Kompetenzen und Fähigkeiten des Prüfers und zum anderen auf die Unabhängigkeit des Prüfers abgestellt.

Für eine Verwendung dieser Definition in der empirischen Prüfungsforschung ist es aber entsprechend *Marten* notwendig zu wissen, welche Anspruchsgruppen nach Ansicht von *DeAngelo* unter dem Begriff „Markt" subsumiert werden.[172] Als bewertete Einheit im Sinne der DIN EN ISO 8402 betrachtet *DeAngelo* den Prüfer selbst, allerdings beschränkt auf wenige ausgewählte Merkmale, nämlich auf das Verhältnis der Anzahl der entdeckten Fehler und Verstöße in der Rechnungslegung des geprüften Unternehmen, über die der Prüfer berichtet, zur Gesamtzahl der Fehler und Verstöße in der Rechnungslegung des geprüften Unternehmens. Eine Einschätzung der Prüfungsqualität eines Prüfers durch den „Markt" wäre nach *DeAngelo* nur möglich, wenn die Anspruchsgruppen des Marktes in der Lage wären, das Merkmal Verhältnis der entdeckten Fehler und Verstöße in der Rechnungslegung tatsächlich

171 Vgl. DeAngelo 1981, S 186.
172 Vgl. Marten 1999, S 185.

zu messen. Dies ist jedoch nur denkbar, wenn unabhängige Prüfer mehrere Berichte des gleichen Abschlussprüfers überprüfen und die Ergebnisse darüber veröffentlicht würden. Diese in Anlehnung an ein Peer Review Verfahren formulierte Voraussetzung impliziert eine vollständige Entdeckung der Fehler und Verstöße in der Rechnungslegung des geprüften Unternehmens durch die unabhängigen Prüfer.[173]

Als nicht operationalisierbar wird diese Definition von *Copley/Doucet* gehalten, da diese die Beobachtung der Wahrscheinlichkeit als äußert schwierig sehen. Woraufhin sie eine eigene Idee entwickelt haben. Demnach ist die Prüfungsqualität als der Grad der Einhaltung von Prüfungsnormen durch den Prüfer zu verstehen. Wiederum erfolgt eine Beschränkung der Qualität auf ein einziges Merkmal, nämlich die Einhaltung der Normen, um die Beschaffenheit einer Einheit, nämlich die Tätigkeit des Prüfers, zu beschreiben. Die Definition lässt wiederum nicht erkennen, wann eine hinreichende Prüfungsqualität tatsächlich gegeben ist.[174]

Auch im deutschsprachigen Raum wird diese Definition der Qualität oftmals verwendet. *Niehus* bspw. definiert Qualität als die Beachtung aller gesetzlichen und beruflich relevanten Verlautbarungen bei der Durchführung einer Abschlussprüfung.[175] Eine Erfüllung der Normen als Qualitätskriterium steht abermals im Vordergrund.

Sämtlichen Definitionen ist gemeinsam, dass eine Beschreibung des Begriffs Qualität auf das Ergebnis der Prüfungsleistung abzielt. Ist es bei *DeAngelo* noch die Berichterstattung des Abschlussprüfers, ist es bei *Niehus* und *Copley/Doucet* die Einhaltung der Normen, die die Qualität der Prüfung beschreibt. Betrachtet man die Prüfungsqualität im Zusammenhang mit Dienstleistungsqualität[176], erkennt man, dass das Potential des Prüfers und die Prozesse einer Prüfung in den Definitionen unberücksichtigt bleiben, wonach alle bisher dargestellten Versuche der Beschreibung des Begriffs Qualität unvollständig sind.[177]

Einen ersten Schritt in Richtung einer erweiterten Qualitätsbetrachtung machte *Leffson*, indem er die Qualität als Vertrauenswürdigkeit des Urteils, zu der als eine wesentliche Komponente die Fehlerfreiheit gehört, definiert.[178] *Leffson* unterstellte damit wohl, dass die Vertrauens-

173 Vgl. Marten 1999, S 185f.
174 Vgl. Copley 1993, S 89f, Marten 1999, S 186.
175 Vgl. Niehus 1994, S 126.
176 Dazu Bruhns 2000.
177 Vgl. Marten 1999, S 187.
178 Vgl. Leffson 1980, S 8.

würdigkeit von Urteilen nur durch die Nachfrager der Prüfungsleistung beurteilt werden kann. Die Erfüllung der Erwartungen des geprüften Unternehmens und der Abschlussadressaten spielen aber auch in der Definition der Prüfungsqualität von *Leffson* keine bedeutende Rolle.[179]

Ergänzt man nunmehr die bisherige Qualitätsbetrachtung um eine nachfrageorientierte Sichtweise der Qualität, so besteht die Möglichkeit, Erkenntnisse über die Erwartungen und die Wahrnehmung der Prüfungsqualität durch die Nachfrage zu erzielen, was jedoch eine zusätzliche Ausrichtung der Messverfahren an den geprüften Unternehmen erfordert.[180]

2.2.3.1.2. Erweitertes Verständnis

In den letzten Jahren wurde das Thema Prüfungsqualität sowohl von berufsständischer als auch von wissenschaftlicher Seite intensiv diskutiert. In der einschlägigen deutschen Literatur zur Wirtschaftsprüfung ist Qualität in diesem Zusammenhang allerdings nur außerordentlich generalisierend definiert worden. Es erweckt den Anschein, als würde der Begriff Qualität im Berufsstand der Wirtschaftsprüfer als gemeinhin bekannt vorausgesetzt.[181]

Für den Berufsstand im deutschsprachigen Raum spielt vor allem der Begriff Qualitätssicherung eine zentrale Rolle. Unter interner Qualitätssicherung werden sämtliche Maßnahmen verstanden, die eine Wirtschaftsprüferpraxis zu ergreifen hat, um die Einhaltung ihrer beruflichen Pflichten sowie die damit verbundene abschließende Urteilsbildung sicherzustellen.[182] Dieser Definition von „Qualitätssicherung" kann entnommen werden, dass Prüfungsqualität als der Grad der Einhaltung von Prüfungsnormen durch den Prüfer verstanden werden kann. Genauso wie Prüfungsqualität von *Copley/Doucet* definiert wurde. Somit ist wiederum nicht erkennbar, wann eine hinreichende Prüfungsqualität gegeben ist.[183]

---

[179] Vgl. Marten 1999, S 190, dazu Leffson 1980.

[180] Vgl. Marten 1999, S 190.

[181] Vgl. Köhler 2004, S 13, auch im IDW Praxishandbuch zur Qualitätssicherung findet sich keine Definition für den Begriff Prüfungsqualität. Auch in der novellierten Gesellschaftsrechtrichtlinie wird von hoher Prüfungsqualität gesprochen, wobei sich hierfür keine Definition findet. So trägt eine gute Prüfungsqualität zum ordnungsgemäßen Funktionieren der Märkte bei, indem die Integrität und Effizienz der Abschlüsse erhöht wird. Ein gutes Mittel zur Erreichung einer gleich bleibend hohen Prüfungsqualität sind regelmäßige Kontrollen. Abschlussprüfer und Prüfungsgesellschaften sollten deshalb einem von den überprüften Abschlussprüfern und Prüfungsgesellschaften unabhängigem Qualitätssicherungssystem unterliegen.

[182] Dazu IDW 2006.

[183] Vgl. Köhler 2004, S 14.

Doch gibt es für die prüfungsgesellschaftsinterne Messung der Qualität der Wirtschaftsprüferleistungen einige Normen, die hierfür herangezogen werden können. So regelt der ISQC 1 „*Qualtiy Control for Firms that Perform Audits and Reviews of Historical Financial Information, and Other Assurance and Related Services Engagements*“ oder der ISA 220 „*Quality Control for Audits of Historical Financial Information*“ zahlreiche Regelungen und Maßnahmen anhand deren Einhaltung die Qualitätssicherung gemessen werden kann. Hierfür wird zwischen auftragsunabhängigen und auftragsbezogenen Regelungen unterschieden.[184] Jedoch fehlt wiederum der Hinweis, wann eine hinreichende Sicherheit erreicht ist. Ohne diesen Hinweis ist es schwierig, einen wesentlichen Mangel eindeutig festzulegen. Weiter wird auch eine Einbeziehung der relevanten Anspruchsgruppen des geprüften Abschlusses in dem bisherigen Versuch der Messung der Prüfungsqualität vermisst. Die Beobachtungen in der Praxis zeigen aber, dass der Beurteilende der Qualität einer Leistung der Nachfrager dieser Leistung ist. Dies wären im Zusammenhang mit der Wirtschaftsprüfung das geprüfte Unternehmen sowie die Abschlussadressaten. Doch sind bislang noch keine Überlegungen aufgegriffen worden, die Adressaten der Prüfung explizit in die Qualitätsbetrachtung mit einzubeziehen.[185]

Wie bereits ausgeführt, hat *Leffson* erstmalig einen ersten Schritt in Richtung einer erweiterten Qualitätsbetrachtung gemacht, indem er die Qualität als Vertrauenswürdigkeit des Urteils definiert hat. Es kann unterstellt werden, dass bei der Erwägung der Vertrauenswürdigkeit in der Definition erstmalig implizit von einer Erfüllung der Erwartungen ausgegangen wird. Ergänzt man nun die bisherige Qualitätsbetrachtung um eine nachfrageorientierte Sichtweise, so besteht die Möglichkeit, Erkenntnisse über die Erwartungen und die Wahrnehmungen der Prüfungsqualität durch die Nachfrager zu erzielen. Dies erfordert eine weitere Ausrichtung der Messverfahren an den geprüften Unternehmen bzw. den Abschlussadressaten.[186]

Erst *Langenbucher* hält fest, dass eine Abschlussprüfung das Qualitätsprädikat sehr gut oder gut verdient, wenn sie den Erwartungen möglichst vieler Stakeholder in möglichst großem Umfang entspricht. Erstmals finden sich Ansatzpunkte einer stakeholderorientierten Qualitätsbetrachtung in der Definition.[187] Betrachtet man diese Definition im Zusammenhang mit der allgemein gültigen DIN Norm für Qualitätssicherung, so kommt der Erfüllung von Erwartungen in der Qualitätssicherung eine bedeutende Rolle zu.[188]

---

184 Auf den Hinweis der entsprechenden nationalen Vorschriften wird verzichtet.
185 Vgl. Köhler 2004, S 14f.
186 Vgl. Köhler 2004, S 16.
187 Vgl. Langenbucher 1997 zitiert nach Köhler 2004, S 16.
188 Vgl. Köhler 2004, S 16.

Zusammenfassend kann festgehalten werden, dass die ursprüngliche Definition der Prüfungsqualität auf den Komponenten Fehlerentdeckung und Berichterstattung basiert, wobei in der Erweiterung des Begriffsverständnisses die stakeholderspezifische Perspektive miteinbezogen wird. Es kann abschließend auf *Marten* verwiesen werden, der die Prüfungsqualität folgendermaßen definiert und damit die traditionelle und erweiterte Sichtweise in seiner Begriffsdefinition verbindet: „Der Begriff der „Qualität der Abschlussprüfung" ist weder gesetzlich (HGB oder WPO= noch in der Berufssatzung definiert. Ausgehend von einer allgemeinen Qualitätsdefinition, wonach Qualität den Erfüllungsgrad von Erwartungen an eine Leistung beschreibt, besteht die Qualität von Abschlussprüferleitungen in der Erfüllung aller geltenden Normen zu sämtlichen mit der Abschlussprüfung in Zusammenhang stehenden Tätigkeiten und zu den ausführenden Personen."[189]

2.2.3.1.3. Qualitätstreiber

Die aktuelle Diskussion der Definition von Prüfungsqualität orientiert sich mittlerweile überwiegend an dem vom britischen *Financial Reporting Council* (FRC) veröffentlichen Diskussionspapier „*The Drivers of Audit Quality*", welches im Herbst 2006 veröffentlicht und im Rahmen des „*Paris Roundtable Meeting*[190]" der unabhängigen Aufsichtsbehörden „*International Forum of Independent Audit Regulators*" (IFIAR) vorgestellt wurde. Das FRC ist sich dessen bewusst, dass es sich um ein eher provozierendes Diskussionspapier handelt, weshalb das Diskussionspapier auch am Ende jedes Diskussionspunkts mit „noch zu klärende" und „offene Fragen" abschließt. Kommentare zu diesem Papier konnten bis Ende März 2007 direkt an das britische FRC gerichtet werden. Im Zuge der weiteren Treffen der IFIAR ist eine inhaltliche Auseinandersetzung mit den eingereichten Kommentaren vorgesehen.[191]

Wie bereits erwähnt, ist das Diskussionspapier zT äußerst provozierend in seinen Feststellungen, doch umreißt es erstmals kritische Aspekte der Prüfungsqualität und versucht durch die Bestimmung von Qualitätstreibern, welche in vier Gruppen gegliedert sind und folgend näher dargestellt werden, eine neue Definition von Prüfungsqualität festzulegen. Dennoch beinhaltet das Papier zahlreiche Aspekte, welche eine Kommentarflut erwarten lassen. [192]

---

189 Marten 2007, S 529.

190 Im Rahmen des Paris Roundtable Meeting erfolgte die Bildung („Amtseinführung") des IFIAR, das erste offizielle IFIAR Treffen fand von 22-23 März 2007 in Tokyo statt. Das nächste Treffen ist von 24.-25. September in Toronto festgesetzt.

191 Dazu FRC 2006. Das Diskussionspapier ist auch unter www.frcpublications.com abrufbar.

192 Vgl. FRC 2006, S 1ff.

Als Motivation des FRC liegt dem Papier die Steigerung des Vertrauens der Abschlussadressaten im Zusammenhang mit den Anforderungen an eine Abschlussprüfung zugrunde. Abschlussadressaten müssen darauf vertrauen können, dass die geprüften Abschlüsse einem „*true and fair view*" entsprechen und in Übereinstimmung mit einem anwendbaren Rechnungslegungskonzept erstellt wurden, sowie, dass alle rechtlich relevanten Bestimmungen bei der Erstellung des Abschlusses eingehalten wurden und der darauf basierte Prüfungsprozess vom Prüfer ordnungsgemäß geplant und durchgeführt wurde und dieser über das Prüfungsurteil sorgfältig entschieden hat. Es muss Abschlussadressaten möglich sein, sich auf ein Prüfungsurteil verlassen zu können.[193]

Einleitend versucht das Diskussionspapier die zeitgenössische Wirtschaftsprüfung, vor allem unter britischen Blickwinkeln, darzustellen. Es verweist auf die großen Bilanzskandale der letzten sechs Jahre und den damit ua verbundenen Untergang von großen Prüfungsgesellschaften, wie bspw. Arthur Andersen. Weiters erörtert es die Bedeutung einer angemessenen und zuverlässigen Berichterstattung für die Kapitalmärkte. Die britischen Entwicklungen im Berufsstand werden im Zusammenhang mit den amerikanischen Bilanzskandalen der letzten sechs Jahre reflektiert und erörtert.

Nachfolgend wird dargestellt, was das FRC als Qualitätstreiber versteht. In Anlehnung an das Diskussionspapier werden die wesentlichen Einflussgrößen der einzelnen Qualitätstreiber aufgezeigt. Die Qualitätstreiber sind:

- die Kultur der Prüfungsgesellschaft,
- die Zusammensetzung des Prüfungsteams und die Erfahrung der Teamangehörigen,
- die Effektivität des Prüfungsprozesses (eingeschlossen der Prüfungs- und der ethischen Standards), sowie
- die Glaubwürdigkeit und Notwendigkeit der Berichterstattung.[194]

Unter Kultur der Prüfungsgesellschaft versteht das FRC vor allem die Übereinstimmung der Tätigkeit mit den ethischen Werten und den Berufsgrundsätzen sowie die Einstellung der Gesellschaftsführung zu persönlichen Werten und den Mitarbeitern gegenüber. In diesem Zusammenhang wird auch die Einstellung der Führungspersonen zu schnellen und ad-hoc Entscheidungen erwähnt, welche uU wesentlich auf die Prüfungsqualität wirken können. Wesent-

---

[193] Vgl. FRC 2006, S 1ff.
[194] Vgl. FRC 2006, S 7.

lich zu einer angemessenen Kultur der Prüfungsgesellschaft trägt auch ein angemessenes Informations- und Fortbildungssystem für die Mitarbeiter bei, welches kritisch diskutiert wird. Als beeinflussende Faktoren nennt das FRC im Zusammenhang mit der Kultur der Prüfungsgesellschaft die Wettbewerbssituation und die Beibehaltung von Mandanten aus reinen Benefit-Gründen. Faktoren die die Prüfungsqualität uU negativ beeinflussen könnten und im Rahmen der Kultur der Prüfungsgesellschaft zu analysieren sind.[195]

Wesentliche Merkmale des Qualitätstreibers „Prüfungsteam" sind die Fertigkeiten und die Ausbildung der Partner und Mitarbeiter. In diesem Zusammenhang werden der wesentliche Einfluss der Mentorentätigkeit sowie das persönliche „Miteinander" der Teammitglieder sowie die Zusammensetzung der Teams angesprochen. Das Prüfungsteam wird als wesentlicher Einflussfaktor auf die Prüfungsqualität gesehen. Deshalb ist auch eine angemessene Fort- und Weiterbildung unverzichtbar. Als Gefährdung dieses Faktors werden eine unzulängliche Ausbildung oder eine Zusammensetzung des Teams aufgrund von Kundenprestige anstelle von Prüfungsnotwendigkeit gesehen.[196]

Die Wirksamkeit des Prüfungsprozesses soll vor allem durch die Einhaltung von Standards gewährleistet werden. Es muss geeignete Verfahren geben, die die Einhaltung dieser Standards sicherstellen und eine angemessene Dokumentation erfordern. Die Prüfungstätigkeit hat strukturiert zu erfolgen und muss jedenfalls für einen Außenstehenden Dritten nachvollziehbar sein. Als negative Einflussfaktoren werden die zunehmende Computerisierung (Checklisten) oder unangemessene Standards, welche bspw. die Berücksichtigung betrügerischer Handlungen nicht vorsehen, genannt.[197]

Unter dem Qualitätstreiber „Berichterstattung" wird vor allem eine einheitliche und hoch standardisierte Berichterstattung gefordert. Weiter wird die Kommunikation mit den Prüfungsausschüssen („*audit committees*") als Verbesserung der Berichterstattung gesehen.[198]

Neben den vier Qualitätstreibern enthält das Diskussionspapier noch andere Faktoren, die die Prüfungsqualität beeinflussen können und in einem Modell zur Steigerung der Qualität berücksichtigt werden sollten. Dies ist bspw. die Frage des Umgangs mit risikoreichen Mandan-

195 Vgl. FRC 2006, S 8ff.
196 Vgl. FRC 2006, S 12ff.
197 Vgl. FRC 2006, S 14ff.
198 Vgl. FRC 2006, S 16ff.

ten, die Wahl des Prüfungsansatzes, die Rolle von Shareholdern oder die Frage der Haftung.[199]

Abschließend wird der Zusammenhang der Qualitätstreiber bildlich veranschaulicht:

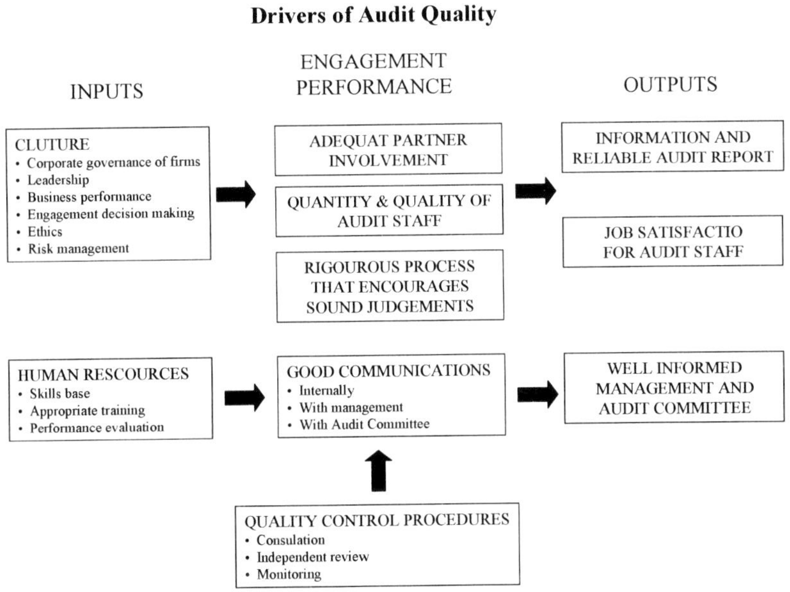

Abbildung 3: Drivers of Audit Quality

Auf den ersten Blick sind keine wesentlichen Änderungen zur bisherigen Qualitätsdefinition erkennbar. Doch wird erstmalig versucht, anhand verschiedener Einflussfaktoren ein Qualitätsmodell zu definieren und es werden bestimmte Aspekte auch erstmalig in andere Bereiche, als bislang üblich, untergeordnet. Die Arbeit des FRC kann als positiver Schritt zu einer neuen Definition der Prüfungsqualität gesehen werden. Dennoch beinhaltet das Papier einige Aspekte, für die Kommentare berechtigt sind. Die Kommentierungsphase des Diskussionspapiers ist gerade zu Ende gegangen und es gilt die weiteren Schritte abzuwarten.

---

[199] Vgl. FRC 2006, S 19.

2.2.3.2. Qualitätssicherung und Qualitätskontrolle

Wesentlich zur Sicherung der Prüfungsqualität und zur Erhöhung der Zuverlässigkeit des Prüfungsurteils tragen die jüngsten Maßnahmen zur Weiterentwicklung der internen Qualitätssicherung und der externen Qualitätskontrolle sowie die diesbezüglichen internationalen Vereinheitlichungsmaßnahmen bei.

Wie lässt sich jedoch Qualitätssicherung von Qualitätskontrolle abgrenzen? Nachfolgende Tabelle gibt einen Überblick:

Das System	
Qualitätssicherung	**Geltungsbereich**
Wirtschaftsprüferpraxisorganisation	alle Tätigkeitsbereiche
Auftragsabwicklung	alle Betriebswirtschaftlichen Prüfungen
Qualitätskontrolle	
Durchführung	Aufträge, bei denen das Siegel geführt wird
Teilnahmebescheinigung	Berechtigung zur Durchführung gesetzlicher Abschlussprüfungen[200]

Tabelle 2: System der Qualitätssicherung und Qualitätskontrolle

2.2.3.2.1. Externe Qualitätskontrolle

Unter einer externen Qualitätskontrolle wird eine Systemprüfung zum Zwecke der Beurteilung von Angemessenheit und Wirksamkeit der Grundsätze und Maßnahmen zur internen Qualitätssicherung in einer Wirtschaftsprüfungspraxis nach Maßgabe der gesetzlichen Vorschriften sowie der weiteren (z.B. satzungsmäßigen) Anforderungen durch einen sachkundigen Dritten verstanden. Die externe Qualitätskontrolle kann als Peer Review oder als Monitoring durchgeführt werden. Die vorrangigen Ziele der externen Qualitätskontrolle sind:

- Qualitätssicherung der Berufsausübung durch das Aufdecken und Beseitigen bestehender Qualitätsmängel,
- Gewährleistung der Effektivität des Qualitätssicherungssystems durch Regelungen und Sanktionierungen bei aufgedeckten Mängeln,

200 Vgl. Pfitzer 2006, S 189.

- Festigung des Vertrauens der Öffentlichkeit in die Abschlussprüfung, indem nachvollziehbar dargelegt wird, dass die Berufsangehörigen die Regeln zur Qualitätssicherung befolgen und dieses durch einen Dritten überprüfen lassen,
- Verbesserung der internationalen Akzeptanz und Wettbewerbsfähigkeit des Berufsstandes, sowie
- Selbstregulierung berufsständischer Angelegenheiten.[201]

In Deutschland wurde in diesem Zusammenhang das Abschlussprüferaufsichtsgesetz (APAG) und in Österreich das Abschlussprüfungs-Qualitätssicherungsgesetz (A-QSG)[202] erlassen. Beide Gesetze sehen eine Etablierung einer vom Berufsstand unabhängigen Stelle vor, welche die Aufsicht über den Berufsstand übernimmt und zT nach dem Vorbild des amerikanischen Public Company Accounting Oversight Board (PCAOB) fungiert.

2.2.3.2.2. Interne Qualitätssicherung

Die interne Qualitätssicherung hat durch die gesetzliche Einführung der externen Qualitätskontrolle wesentlich an Bedeutung gewonnen. War eine entsprechende Qualitätssicherung bislang bereits aufgrund der Wahrung der Berufspflichten notwendig, so resultiert die Verpflichtung zur Einrichtung eines Systems der internen Qualitätssicherung nunmehr auch aus den Gesetzen zur externen Qualitätskontrolle. Unter interner Qualitätssicherung werden sämtliche Maßnahmen verstanden, die eine Wirtschaftsprüfungsgesellschaft zu ergreifen hat, um die Einhaltung ihrer beruflichen Pflichten sicherzustellen. Die Regelungen zur internen Qualitätssicherung können in drei Bereiche unterteilt werden:

- die allgemeine Praxisorganisation (auftragsunabhängige Qualitätssicherung),
- die Auftragsabwicklung (auftragsbezogene Qualitätssicherung), sowie
- die Regelungen zur internen Nachschau.

Nachfolgende Abbildung zeigt die Systematik der Regelungen zur allgemeinen Praxisorganisation und Auftragsabwicklung.[203]

---

201 Vgl. Marten 2006a, S 660f.
202 Dazu BMWA 2005.
203 Vgl. Marten 2006a, S 667.

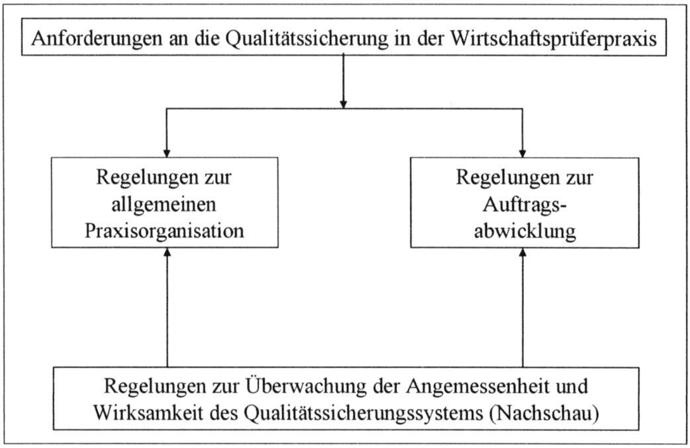

Abbildung 4: Anforderungen an die Qualitätssicherung in der Wirtschaftsprüferpraxis

Die Maßnahmen, die zur internen Qualitätssicherung in der Prüferpraxis getätigt werden, zielen zumeist auf eine unternehmensorientierte Erfüllung der Prüfungsqualität ab.[204]

Die Ausgestaltung von Qualitätssicherungssystemen orientiert sich vorrangig an der Empfehlung der EU-Kommission „Mindestanforderungen an die Qualitätssicherungssysteme für die Abschlussprüfung in der EU" aus 2001, sowie der nunmehr verabschiedeten novellierten Gesellschaftsrechtrichtlinie, welche weiter oben bereits ausführlich erörtert wurde. In Deutschland wurde eine gemeinsame Stellungnahme vom IDW und der WPK zu den Anforderungen an die Qualitätssicherung in der Wirtschaftsprüferpraxis 2006 beschlossen, die VO 1/2006 tritt an die Stelle der bisher geltenden VO 1/1995. In Österreich wurden die Entwicklungen im Bereich der Qualitätssicherung im KFS/PG 1 berücksichtig, welches eine Auflistung von auftragsunabhängigen und auftragsbezogenen Maßnahmen zur Qualitätssicherung beinhaltet.[205]

Die derzeit zT noch national divergierenden Bestimmungen zur internen Qualitätssicherung werden künftig vor allem durch den ISQC 1 *„Qualtiy Control for Firms that Perform Audits and Reviews of Historical Financial Information, and Other Assurance and Related Services Engagements"* sowie dem ISA 220 *„Quality Control for Audits of Historical Financial Infor-*

[204] Vgl. Lück 2000, S 3f.
[205] Weiter beschäftigt sich IWP/PG 7 mit der Sicherung der Qualität von Prüfungsbetrieben. Einzelheiten der im KSF/PG 1 definierten Maßnahme sind dieser Richtlinie zu entnehmen.

mation" an Bedeutung verlieren und irgendwann durch diese und weitere internationale Standards abgelöst werden.

Eine inhaltliche Auseinandersetzung mit der externen Qualitätskontrolle und der internen Qualitätssicherung soll nicht Gegenstand der Betrachtung sein, da diese nicht unmittelbar relevant für die weitere Arbeit ist, hierzu wird auf die zahlreichen Beiträge in der jüngsten Literatur verwiesen.[206] Dennoch darf der Vollständigkeit halber auf einen Hinweis dieser Entwicklungen im Zusammenhang mit der Formalisierung und Vereinheitlichung der Prüfungsqualität aus Sicht des Verfassers nicht verzichtet werden.

2.3. Einbettung von Joint Audit's in Normen

Die Ausführungen zeigen, dass sowohl in der facheinschlägigen Literatur als auch in den jüngsten regulativen Maßnahmen und der damit verbundenen ständigen Diskussion zur Verbesserung der Abschlussprüfung und der Steigerung der Zuverlässigkeit des Prüfungsurteils eine Qualitätsverbesserung durch ein Joint Audit nicht angesprochen wird.

Die Ausführungen zeigen aber auch, dass durch die Neuerungen einerseits ein massiver direkter Eingriff in die Tätigkeit des Prüfers erfolgt, bspw. durch die Formalisierung des Prüfungsvorgehens insbesondere der Weiterentwicklung der Ausgestaltung des risikoorientierten Prüfungsansatzes, durch detaillierte Prüfungsvorgaben oder durch die Vereinheitlichung des Prüfungsurteils auf internationaler Ebene, und andererseits eine indirekte Beeinflussung der prüferischen Tätigkeit durch rückblickende Qualitätsbeurteilungsmaßnahmen, wie der externen Qualitätskontrolle oder öffentlichen Aufsicht und der damit verbundenen Beurteilung der internen Qualitätssicherung, erfolgt. Um das Vertrauen in die Kapitalmärkte wieder herzustellen, wurden somit Maßnahmen gesetzt, die einerseits den Prüfungsprozess und andererseits das prüferische Vorgehen vereinheitlichen und verbessern sollen.

Befürworter eines Joint Audit's streichen als dessen Vorteile immer wieder die positive Wirkung des Austausches von Prüfungsergebnissen und der Kommunikation unter den Prüfern auf den Prüfungsprozess und die positive Wirkung der gegenseitigen Kontrollen und Überwachungsaktivitäten auf das Prüfungsergebnis hervor. Aspekte, die durch die jüngsten Maßnahmen wesentlich verbessert werden sollen. Weshalb die Forschungsfrage als relevant und in-

---

[206] Um nur ein paar zu nennen: Dörner 1991; Marti 2004; Schmidt 2005; Schmidt 2006; Naumann 2006; Pfitzer 2006; Deussen 2007; Ferlings 2007 oder Ferlings 2007a.

formationsgewinnend gesehen werden kann, da bislang wissenschaftlich nicht nachgewiesen wurde, ob ein Joint Audit die Prüfungsqualität steigert.

In vielen europäischen Ländern wird gerade deshalb die Frage der Einführung bzw. Durchführung von Joint Audit's auch immer wieder aufgeworfen, doch aufgrund mangelnder empirischer Belege sowie Bestätigungen, auch genauso schnell wieder verworfen. Es zeigt sich jedoch, dass ein Joint Audit vor allem in der Diskussion um eine externe Rotationspflicht, wie sie zwar von der EU nicht empfohlen wird, in Österreich aber im Zuge des derzeitigen Regierungsübereinkommens wieder aufgeworfen wurde, zunehmend an Bedeutung gewinnt. Da ein Joint Audit zT als Hilfeinstrumentarium zur Prüfungs-Know-how-Beibehaltung gesehen wird.

In diesem Zusammenhang verweisen bspw. *Haller/Reitbauer* in ihren Ausführungen zur „Obligatorischen externen Rotation" darauf, dass die Rotationsbestimmung auf jede einzelne Gesellschaft bzw. natürliche Person, die als Abschlussprüfer tätig wird, anzuwenden ist. So kann jeder beteiligte Prüfer in einem Joint Audit maximal sechs (nunmehr sieben) Jahre hintereinander das Mandat betreuen. Um den mit der Rotation unwillkürlich verbundenen Verlust an mandatsspezifischen Prüfungs-Know-how zu minimieren, würde es sich folglich bei Joint Audit's anbieten, die Aufträge an die in die Gemeinschaftsprüfung eingebundenen Wirtschaftsprüfungsgesellschaften nicht gleichzeitig, sondern zeitversetzt, zu erteilen. Damit wäre eine weitgehend lückenlose Weitergabe des Prüfungs-Know-how an die jeweils neu eintretende Prüfungsgesellschaft möglich.[207]

Ein Joint Audit kann möglicherweise wesentlich zur Verbesserung der Abschlussprüfung und zur Absicherung der Urteilsqualität beitragen, doch fehlen hierfür derzeit noch bestätigende Ergebnisse.

Wie bereits erwähnt, wurde in der Literatur ein Joint Audit bislang, wenn überhaupt nur dann als sinnvoll erachtet, wenn der Abschlussprüfer bestimmte Spezialkenntnisse in Anspruch nehmen musste. Ob ein Joint Audit in der Form einer „richtigen" Gemeinschaftsprüfung die Qualität der Abschlussprüfung erhöht, ist empirisch (noch) nicht belegt. Auch in der Theorie finden sich keine diesbezüglichen Beiträge.[208]

---

[207] Haller 2003, S 147ff.
[208] Dazu Bertl 2001, S 246f.

3. Entscheidungsfindungsprozess und Joint Audit

Im folgenden Abschnitt werden zum einen der Entscheidungsfindungsprozess und zum anderen das Joint Audit dargestellt, bevor die Theoriebildung für die empirische Untersuchung erörtert wird. Basierend auf einer Darstellung des Entscheidungsverhaltens des Abschlussprüfers, erfolgt eine Darstellung des Gruppenentscheidungsmodells, welchem im Zusammenhang mit der Durchführung eines Joint Audit's wesentliche Bedeutung zukommt. Weiter wird eine Eingliederung des Joint Audit's in das Gruppenentscheidungsmodell vorgenommen, bevor eine inhaltliche Auseinandersetzung mit den Prinzipien eines Joint Audit's erfolgt. Bevor der theoretische Ansatz des Joint Audit's auf die Prüfungsqualität dargestellt wird, sollen Vor- und Nachteile des Joint Audit's in der aktuellen Diskussion sowie die erwarteten Wirkungen und die Umsetzung und praktische Anwendung Gegenstand der Betrachtung sein.

3.1. Entscheidungsfindungsprozess

3.1.1. Entscheidungsverhalten von Abschlussprüfern

Wesentliche Grundlage dieser Ausführung wird der von *Fischer-Winkelmann* 1976 veröffentlichte Aufsatz „Bestimmungsgrößen des Entscheidungsverhaltens bei Unternehmensprüfungen" sein.[209]

Um den Einfluss überindividueller und individueller Normen auf das Entscheidungsverhalten von Prüfern exemplarisch aufzuzeigen, hat *Fischer-Winkelmann* den Fall der gesetzlichen Jahresabschlussprüfung gewählt, da nach Ansicht von *Fischer-Winkelmann* die Frage nach den Bestimmungsfaktoren des Prüferurteils einfach zu beantworten ist: Es gibt umfangreiche gesetzliche Vorschriften und die Prüfer haben sich auch an Recht und Ordnung zu halten. Da es kaum Prüfer gibt, die sich abweichend von Gesetz und berufsständischer Übung verhalten, so das in der Prüfungsliteratur wie in den Verlautbarungen der berufsständischen Organisationen verbreitete Bild, lassen sich die verschiedenen Entscheidungen von Prüfern sowie ihr abschließendes Urteil auf der Grundlage der einschlägigen Rechtsvorschriften bzw. des Pflichtenkodexes und der Kenntnis der speziellen Prüfung rekonstruieren, erklären und prognostizieren. Wann die Argumentation auch die Basis für die „theoretische" Interpretation des Entscheidungs- und Urteilsverhaltens von Prüfern darstellt, so wird doch selbst in berufsstän-

[209] Dazu Fischer-Winkelmann 1976; Fischer-Winkelmann 1978.

dischen Verlautbarungen zuweilen zugegeben, dass das Entscheidungsverhalten von Prüfern auch von „anderen“ Faktoren abhängt, ist jedoch noch zu klären.[210]

Nehme man nunmehr an, dass diese Aussage, dass das Verhalten von Prüfern auch von „anderen“ Faktoren abhänge, zutreffend ist, ist immer noch nicht geklärt, wie nun das Entscheidungsverhalten von Prüfern erklärt oder vorausgesagt werden kann. Da diese Aussage nicht darüber informiert, wo und wann bei einer speziellen Prüfung welche „anderen“ Faktoren das Entscheidungsverhalten beeinflussen, genauer gesagt, an welchen Stellen das Urteilsverhalten der Prüfer durch Vorschriften und Pflichten nicht festgelegt ist und wodurch und wie die nicht durch Vorschriften und Pflichten determinierten Handlungen der Prüfer bestimmt werden.[211]

Erst wenn diese beiden Fragen

- wo lassen überindividuelle Verhaltensnormen den Prüfern Entscheidungsspielraum und
- unter welchen Bedingungen wird von Prüfern welche von mehreren möglichen Entscheidungen (= welches Urteil) gefällt

von der betriebswirtschaftlichen Forschung beantwortet werden, dann lässt sich das Urteilsverhalten von Prüfern erklären und voraussagen. Erst dann ist man nämlich in der Lage, bei jeder einzelnen Prüfung zunächst festzustellen, welche Entscheidungen den Unternehmensprüfern von den einschlägigen überindividuellen Verhaltensnormen offen gelassen werden. Auch eine Bestimmung des Grades, inwieweit andere Faktoren vorliegen, die das Entscheidungsverhalten der Prüfer mitbestimmen, wäre vorzunehmen.[212]

In der wissenschaftlichen Literatur gibt es zahlreiche Beiträge, die versuchen, diese Fragestellungen zu lösen.[213] Diese sollen jedoch nicht Gegenstand der folgenden Betrachtung sein, da mit den Ausführungen nur die Theorie des Entscheidungsverhaltens von Prüfern aufgezeigt werden soll.

Wenn die betriebswirtschaftliche Kontrollforschung das Entscheidungsverhalten und damit auch den Urteilsbildungsprozess von Prüfern erklären oder prognostizieren will, dann bedeutet dies, dass allgemeine Aussagen formuliert werden müssen, die behaupten, dass sich Prüfer

---

210 Vgl. Fischer-Winkelmann 1976, S 10.
211 Vgl. Fischer-Winkelmann 1976, S 10f.
212 Vgl. Fischer-Winkelmann 1976, S 11.
213 Siehe dazu bspw.: Choo 1989; Felix 1982; Libby 1995; Messier 1995 oder Solomon 1995.

bei gesetzlichen Prüfungen unter bestimmten Bedingungen in bestimmter Weise verhalten. Diese Aussagen haben in der Regel dann die Struktur von „Wenn-Dann“ Sätzen, welche als empirische Theorie des Entscheidungsverhaltens von Prüfern bezeichnet werden können. Im ersten Bestandteil der Aussagen – der Wenn- Komponente – werden dann die Bedingungen (=Faktoren) beschrieben. In der Dann-Komponente der Aussagen, dem zweiten Teil dieser Theorie, wird dann das Entscheidungsverhalten der Prüfer beschrieben. Nimmt man an, dass das Verhalten der Prüfer in den Standards und Kodizes genau vorgeschrieben ist, eröffnet sich die Frage, ob sich ein Prüfer in einer bestimmten Prüfung auch anders verhalten kann, als es bspw. ein anderer Prüfer tun könnte?[214]

Es wird hier nicht von der Hand zu weisen sein, dass sich Prüfer auch abweichend von Vorschriften verhalten. Was bedeuten würde, dass wir trotz präziser überindividueller Verhaltensvorschriften das Entscheidungsverhalten von Prüfern allein aufgrund der Kenntnis dieser überindividuellen Verhaltensnormen nicht immer zutreffend erklären oder voraussagen können. Denn dies wäre nur dann möglich, wenn wir eine Theorie besäßen, mit der wir erklären oder voraussagen könnten, unter welchen Bedingungen sich Prüfer konform zu einschlägigen überindividuellen Verhaltensnormen verhalten. Existiert eine solche Theorie, dann ließe sich zunächst erklären, ob sich bei einer bestimmten Prüfung der Prüfer an die überindividuellen Verhaltensformen hält oder wie er sich sonst verhalten wird. Aufgrund der Struktur der überindividuellen Verhaltensnormen wäre es somit möglich vorauszusagen, wie sich ein Prüfer verhalten wird.[215]

Wie ist hingegen die Sachlage, wenn in den gesetzlichen Vorschriften nicht klar spezifiziert ist, wie sich ein Prüfer bei einer bestimmten Prüfung zu verhalten hat? So sind viele dieser einschlägigen rechtlichen und /oder berufsständischen Normierungen des Prüferverhaltens bei gesetzlichen Prüfungen unbestimmt. Verwiesen sei hier bspw. auf die hinreichende Sicherheit des Urteils oder das pflichtgemäße Ermessen des Prüfers im Rahmen der Prüfung.[216] Prüfer können sich somit auf verschiedene Weise verhalten, ohne gegen überindividuelle Verhaltensnormen zu verstoßen. Das bedeutet aber auch zugleich, dass die Kenntnis dieser überindividuellen Verhaltensnormen in diesen Fällen für die Erklärung oder Voraussage des Prüferverhaltens irrelevant sind.[217]

---

214 Vgl. Fischer-Winkelmann 1976, S 12.
215 Vgl. Fischer-Winkelmann 1976, S 13.
216 Zur aktuellen Diskussion in diesem Zusammenhang wird auf Ferlings 2007 (S 102f: Probleme der „*reasonable assurance*“ und des „*professional judgement*“) verwiesen.
217 Vgl. Fischer-Winkelmann 1976, S 13f.

Aus nunmehr aufgezeigten, verschiedenen Verhaltensmöglichkeiten von Prüfern leiten sich für die betriebswirtschaftliche Kontrollforschung, wenn sie das Entscheidungsverhalten von Prüfern erklären will, je nach der Struktur der einschlägigen überindividuellen Verhaltensnormen für Prüfer unterschiedliche Vorgehensweisen ab: Für die Fälle, in denen durch überindividuelle Verhaltensnormen das Entscheidungsverhalten von Prüfern präzise normiert ist, muss die Theorie in der Lage sein zu erklären, ob sich Prüfer konform verhalten. Lassen dagegen die überindividuellen Verhaltensnormen den Prüfern Entscheidungsspielräume, dann sind diese überindividuellen Verhaltensnormen nicht Bestandteil einer Theorie des Entscheidungsverhaltens von Prüfern bei Prüfungen. Betrachtet man nunmehr die Normen zur Prüfung, so erkennt man sofort, dass die relevanten überindividuellen Verhaltensnormen im großen Umfang nicht präzise festgelegt sind und sich somit Handlungsspielräume für den Prüfer ergeben.[218]

Abschließend kann somit zusammengefasst werden, dass das für gesetzliche Prüfungen relevante System überindividueller Verhaltensnormen nicht so detaillierte und präzisierte Vorschriften enthält, dass das Entscheidungsverhalten von verschiedenen Prüfern, die die gleiche konkrete Prüfung durchführen müssen, identisch wäre. Es ist daher von besonderem Interesse, wie Prüfer die ihnen gegebenen Entscheidungsfreiräume nützen.

Es wurde nunmehr aufgezeigt, dass das überindividuelle Verhalten von Prüfern und das Ausnutzen von Entscheidungsfreiräumen wesentlich zum Entscheidungsverhalten beitragen. Bevor nunmehr das Joint Audit - die Gemeinschaftsprüfung - Gegenstand der weiteren Ausführungen ist, soll der Vollständigkeit halber das Gruppenentscheidungsmodell, welches jeder Gemeinschaftsentscheidung zugrunde liegt, kurz dargestellt werden und eine Eingliederung des Joint Audit's in dieses Modell vorgenommen werden.

3.1.2. Gruppenentscheidungsmodell und die Eingliederung des Joint Audit's in dieses Modell

Aufgrund der zunehmenden Dezentralisierung von Organisationen, werden Individuen zwar darin bestärkt, Entscheidungen in bestimmten Situationen selbst zu treffen und für Konsequenzen alleine die Verantwortung zu tragen. Doch gewinnen Gruppenentscheidungen gerade im Zusammenhang mit der Unternehmensüberwachung auch zunehmend an Bedeutung. Im Allgemeinen werden Gruppen als leistungsfähiger als Einzelpersonen wahrgenommen. Sind

[218] Vgl. Fischer-Winkelmann 1976, S 14.

Entscheidungen bspw. komplex oder haben sie schwerwiegende Konsequenzen, werden sie lieber Gruppen als Einzelpersonen überlassen. Doch eröffnet sich hierbei auch immer wieder die Frage, ob Gruppen die in sie gesetzten Hoffnungen auch tatsächlich erfüllen können.

Eine kollektive Entscheidungsfindung liegt dann vor, wenn n (≥2) Personen gemeinsam aus einer Alternativmenge $\Omega \neq \varnothing$ eine oder mehrere Alternativen auszuwählen haben. Als grundlegende Annahmen werden unterstellt, dass die Gruppenentscheidung in irgendeiner Weise von den individuellen Präferenzen der Gruppenmitglieder abhängt. Für das Joint Audit würde dies bedeuten, dass eine Gruppenentscheidung vorliegt, da zwei oder mehrere Prüfer zum gesetzlichen Abschlussprüfer bestellt werden und über eine Urteilsform für einen zugrunde liegenden Abschluss und dessen Prüfung (4 Alternativen) zu entscheiden haben.

Der Vorteil von Entscheidungen von mehreren Personen besteht darin, dass die Beteiligten im Entscheidungsprozess eingebunden sind und zum Erfolg der Entscheidungsfindung beitragen können, indem sie Fachwissen und neue Ideen austauschen. Dabei erhöhen Verbundenheit und Kommunikation zwischen den Mitgliedern der Gruppe die Fähigkeit, Lösungsalternativen zu ermitteln und Probleme effektiv zu lösen. Wesentlich von Bedeutung in diesem Zusammenhang ist, dass die Gruppenmitglieder für die getroffene Entscheidung gemeinsam verantwortlich sind und sich den Konsequenzen hierfür nicht entziehen können.

Zur Bildung von Gruppenurteilen über Aktionsräume kommen grundsätzlich zwei Vorgehensweisen in Betracht. In der ersten Vorgehensweise fließt in das Verfahren zur Bewertung unmittelbar die Vorstellung aller Gruppenmitglieder ein. Die Entscheidungswerte, nach denen die Reihung der Aktionen erfolgt, stellen bereits den kollektiven Entscheidungswert dar. Die andere Möglichkeit, die vor allem in der Literatur ausführlich diskutiert wird und auch einem Joint Audit zugrund liegt, beruht darauf, dass zunächst jedes Gruppenmitglied das Problem für sich selbst als individuelles Entscheidungsproblem löst und dann im Zusammenwirken mit den anderen Gruppenmitgliedern eine nach außen hin geschlossene gemeinsame Meinung gesucht wird.[219]

Zu diesem Zweck vorgeschlagene Ansätze in der Literatur setzen einen für alle Mitglieder verbindlichen Aktionsraum der Gruppe voraus. Obwohl der Aktionsraum eines Entscheidenden alle ihm subjektiv zur Verfügung stehenden Aktionen umfasst und damit von seinem In-

---

219 So auch Saliger 1988, S 178.

formationsstand abhängt, erscheint diese Voraussetzung weniger restriktiv, wenn man davon ausgeht, dass vor der Ermittlung der Individuallösung Kommunikation und Informationsaustausch zwischen den Gruppenmitgliedern stattfindet.[220]

IdR existieren für praktische Gruppenentscheidungsprobleme eine sehr große Zahl von Aggregationsmechanismen. Es stellt sich im Rahmen von Gruppenentscheidungen immer wieder die Frage, inwieweit Aggregationsmechanismen die Interessen aller Gruppenmitglieder angemessen erfüllen und damit als gerecht bezeichnet werden können. Vorrangig wird diesbezüglich das Problem der einfachen Mehrheitsentscheidung diskutiert. Da dieses jedoch im Rahmen einer 2-Personen-Gruppenentscheidung[221] und somit auch für die weitere Arbeit nicht von Bedeutung ist, wird auf eine inhaltliche Darstellung verzichtet und auf die einschlägige Literatur verwiesen.[222]

Es gilt vielmehr noch die Frage zu beantworten, ob dem Joint Audit - der Gemeinschaftsprüfung - eine Gruppenentscheidung zugrunde liegt? Grundsätzlich kann davon ausgegangen werden, da sich die Mitglieder der Gruppe (die Prüfer) an den eigenständigen Zielen orientieren und diese eine wesentliche Rolle im Zusammenhang mit der gemeinsamen Entscheidung spielen. Die Suche nach einer „richtigen" Entscheidung steht nach wie vor im Vordergrund, auch wenn es uU den Anschein macht, dass im Rahmen der Gemeinschaftsentscheidung im Joint Audit die individuellen Entscheidungen maßgeblich beeinflussend sind. Es kann auch den Anschein erwecken, dass nur das vorhandene Informationspotential der Gruppenmitglieder nutzbar gemacht wird und nicht das wesentliche Merkmal einer Gruppenentscheidung im Vordergrund steht, trotzdem kann man von einer gemeinsamen Entscheidungsfindungssituation und somit von einer Gruppenentscheidung in einem Joint Audit sprechen. Auch ist festzuhalten, dass die Qualität von Entscheidungen einer Gruppe immer von den jeweilig individuellen Zielen der Gruppenmitglieder abhängig ist, welche in einem Joint Audit nicht heterogen sind und somit idR wesentlich zur Qualität von Entscheidungen beitragen müssten.

Um die etwas später dargestellten theoretischen Überlegungen der Wirkung eines Joint Audit's auf die Prüfungsqualität definieren zu können, sind neben den Aspekten eines Joint Audit's auch die Merkmale einer Gruppenentscheidung relevant, welche abschließend im Rah-

---

220 Vgl. Saliger 1988, S 178.

221 Die Bestellung der Prüfer in einem Joint Audit kann auch mehrere Prüfer betreffen, doch soll dies nicht Gegenstand der Ausführungen sein, zumal dies auch nicht praktisch relevant ist.

222 Dazu Rivett 1994; Ashton 1995; Hirokawa 1996.

men der folgenden tabellarischen Abbildung von Vor- und Nachteilen, ohne Berücksichtigung der jeweiligen Bedeutung für ein Joint Audit, kurz dargestellt werden:

Vorteile	**Nachteile**
o Gruppen werden als leistungsfähiger wahrgenommen.	o Es besteht uU ein Mehraufwand an Kosten und Zeit.
o Ein gemeinsames „Mehr an Wissen" kann zu einer „besseren" Entscheidung führen.	o Die Geschwindigkeit der Entscheidungsfindung kann sich erheblich verzögern.
o Komplexe oder schwerwiegende Aufgaben können leichter gelöst werden.	o Die Einigkeit zwischen den Gruppenmitgliedern ist keine Garantie für eine „richtige" Entscheidung.
o Es ist ein „Mehr an Informationen" zu erwarten.	o Die Dominanz eines Gruppenmitgliedes wird nicht ausgeschlossen. Weiter kann ein starker Konformitätsdruck die Gruppenentscheidung beeinflussen.
o Bestehen die Gruppen aus hohen Leistungsträgern, ist jedenfalls eine höhere Gruppeneffizienz zu erwarten, als wenn die Gruppe aus gemischten Leistungsträgern besteht.	o Die Bedeutung von persönlichen Interessen wird zT nicht berücksichtigt und es könnte zu einem Zielkonflikt unter den Gruppenmitgliedern kommen.
o Die Ideensammlung in Gruppen ist idR größer.	
o Die Bewertung von unklaren, ungewissen oder unsicheren Ergebnissen kann zu einer „besseren" Entscheidung führen.	
o Die Kommunikation und Diskussion in der Gruppe erhöht die Qualität der Entscheidung.	

Tabelle 3: Vor- und Nachteile der Gruppenentscheidung

Es stellt sich nunmehr die Frage, ob Gruppenentscheidungen prinzipiell den Entscheidungen von Einzelpersonen vorzuziehen sind. Hierfür ist vorerst zu definieren, was eine „bessere" Entscheidung ist?

Was unter einer „besseren" Entscheidung im Rahmen der Abschlussprüfung verstanden wird, ist Gegenstand des später ausgeführten „Theoretischen Ansatzes des Joint Audit's auf die Prüfungsqualität". Bevor dieser jedoch dargestellt wird, soll nunmehr eine Einführung in das Joint Audit erfolgen.

3.2. Joint Audit

Bevor der „Theoretische Ansatz des Joint Audit's auf die Prüfungsqualität" im nächsten Punkt Gegenstand der Ausführungen ist, muss eine Definition eines Joint Audit's für die Arbeit sowie eine Abgrenzung zu anderen Begriffsverständnissen von Joint Audit's vorgenommen werden. Dabei sollen ua die Vor- und Nachteile des Joint Audit's in der aktuellen Diskussion und die erwarteten Wirkungen von Joint Audit's sowie deren Umsetzung und praktische Anwendung aufgezeigt werden.

3.2.1. Begriffsdefinition

Im Rahmen der Definition eines Joint Audit's wird auf die Bestellung und Wahl der Prüfer sowie die Auswirkung mehrerer Prüfer auf den Prüfungsprozess eingegangen. Anschließend erfolgt eine Abgrenzung des Begriffs Joint Audit zu anderen zT gebräuchlichen Definitionen sowie ein Hinweis auf die Regelungen des ED ISA 600 RR, welcher fälschlicherweise oftmals in Zusammenhang mit der Durchführung von Joint Audit's gebracht wird.

3.2.1.1. Definition

Joint Audit's sind Prüfungen, bei denen zwei oder mehre Abschlussprüfer zum gesetzlichen Abschlussprüfer für den Jahresabschluss bestellt werden.

Die Prüfungsplanung und –durchführung ist von beiden Abschlussprüfern aufeinander abzustimmen und es ist ein gemeinsamer Prüfungsbericht zu erstellen. In der Regel werden sich die Prüfer auch auf ein gemeinsames Urteil einigen.[223]

3.2.1.1.1. Bestellung mehrerer Personen zum gesetzlichen Abschlussprüfer

Gemäß den unternehmensrechtlichen Bestimmungen ist von *„dem"* oder *„einem"* Abschlussprüfer die Rede (§ 268ff UGB). Dies schließt die Bestellung mehrerer Prüfer zum gesetzlichen Abschlussprüfer nicht aus. Werden mehrere Prüfer zum Abschlussprüfer bestellt, sind sie gemeinsam der Abschlussprüfer im Sinne der gesetzlichen Vorschriften, auch wenn sie die Prüfung jeweils eigenverantwortlich durchführen.[224]

Der Grundsatz der Eigenverantwortlichkeit ist durch die Wahl mehrerer Prüfer nicht eingeschränkt, da jeder bestellte Prüfer ein eigenes Prüfungsurteil bilden und die Gesamtverantwortung für die Prüfung übernehmen muss.[225]

Das Ergebnis der Abschlussprüfung setzt sich aus den Prüfungsurteilen der bestellten Abschlussprüfer zusammen, diese werden die Prüfung idR gemeinsam durchführen (Gemeinschaftsprüfung).[226]

3.2.1.1.2. Wahl von Gemeinschaftsprüfern

Entsprechend § 270 Abs 1 UGB wird „der" Abschlussprüfer von den Gesellschaftern gewählt. Besteht ein Aufsichtsrat, so hat dieser einen Vorschlag für die Wahl „des" Abschlussprüfers zu erstatten. Die Personen, die nach dem Willen des zuständigen Organs „zum" Abschlussprüfer bestellt werden sollen, müssen im Wahlbeschluss eindeutig bezeichnet sein, so dass die gesetzlichen Vertreter oder der Aufsichtsrat den Prüfungsauftrag ohne eigenes Auswahlermessen erteilen können. Werden im Wahlbeschluss ohne weitere Angabe mehrere Personen als Abschlussprüfer festgelegt, so ist im Zweifel davon auszugehen, dass die Prüfung gemeinsam als Gemeinschaftsprüfung durchgeführt werden soll.[227]

---

223 Die folgenden Ausführungen beziehen sich vorrangig auf die Definition eines Joint Audit's im Sinne des IDW PS 208 sowie den diesbezüglichen Darstellungen im WP Handbuch 2006 des IDW.
224 Vgl. IDW 1999, S 708.
225 Vgl. IDW 2000, S 1845.
226 Vgl. IDW 1999, S 708.
227 Vgl. IDW 1999, S 708.

Überlässt ein Wahlbeschluss den gesetzlichen Vertretern oder dem Aufsichtsrat die Entscheidung, zwischen verschiedenen Personen einen Abschlussprüfer auszuwählen, ist dieser Wahlbeschluss entsprechend § 270 Abs 1 unwirksam und entspricht keiner Bestellung eines Abschlussprüfers. Ebenso unzulässig ist es, mehrere Abschlussprüfer zu bestellen, mit der Bestimmung, dass jeder von ihnen nur für einen bestimmten Teil der Prüfung des Jahres- bzw. Konzernabschlusses verantwortlich ist.

Lautet der Wahlbeschluss auf ein Netzwerk einer Prüfungsgesellschaft[228], ist der Wahlbeschluss dahingehend auszulegen, dass alle zu diesem Zeitpunkt dem Netzwerk der Prüfungsgesellschaft als Partner angehörigen Abschlussprüfer als Gemeinschaftsprüfer tätig und für die Durchführung der Prüfung verantwortlich sein sollen. Soll hingegen nur ein bestimmter Partner bzw. mehrere bestimmte Partner des Netzwerks der Prüfungsgesellschaft als Abschlussprüfer gewählt werden, muss dieses bereits im Wahlbeschluss klar festgelegt werden.

IDW PS 208 erörtert in diesem Zusammenhang noch zusätzlich den Fall, ob es sich um eine Gemeinschaftsprüfung handelt, bzw. welche Partner in diesem Fall die Gemeinschaftsprüfung durchzuführen haben, wenn ein Netzwerk einer Prüfungsgesellschaft als Abschlussprüfer bestellt wird und nach Bestellung weitere Partner dem Netzwerk der Prüfungsgesellschaft beitreten. Diese zusätzlich eintretenden Partner können nicht als Gemeinschaftsprüfer gesehen werden, da § 318 dHGB (selbiges gilt für § 271 UGB) nur die Bestellung bestimmter, durch das Wahlorgan zu benennende, Personen zulässt, während der deutsche BGH für die Auftragserteilung an eine Anwaltssozietät im Zweifel von einer Mandatserstreckung auch auf nach Mandatserteilung eingetretene Sozietätsmitglieder ausgeht.[229]

Um mögliche Auslegungsschwierigkeiten zu vermeiden, sollte die Möglichkeit des Ausscheidens eines dem Netzwerk der Prüfungsgesellschaft angehörigen Partners im Wahlbeschluss berücksichtigt werden. Es ergibt sich die Frage, ob die Prüfung bei Ausscheiden eines oder mehrerer Partner durch die verbleibenden allein fortgeführt werden soll, oder ob für die Ausgeschiedenen eine Ersatzbestellung vorzunehmen ist. Fehlt eine diesbezügliche Regelung,

---

[228] Entsprechend den Begriffsbestimmungen der novellierten achten Gesellschaftsrechtrichtlinie ist ein Netzwerk eine breitere Struktur, die auf Kooperation ausgerichtet ist und der ein Abschlussprüfer oder eine Prüfungsgesellschaft angehört und die eindeutig auf Gewinn- oder Kostenteilung abzielt oder durch gemeinsames Eigentum, gemeinsame Kontrolle oder gemeinsame Geschäftsführung, gemeinsame Qualitätssicherungsmaßnahmen und –verfahren, eine gemeinsame Geschäftsstrategie, die Verwendung einer gemeinsamen Marke oder durch einen wesentlichen Teil gemeinsamer fachlicher Ressourcen miteinander verbunden ist.

[229] Vgl. BGH vom 5.11.1993 – V ZR 1/93.

ergeben sich die Konsequenzen aus der Deutung des Wahlbeschlusses: Ist erkennbar, dass die einzelnen Abschlussprüfer in ihrer Eigenschaft als Mitglieder des Netzwerks der Prüfungsgesellschaft zu Gemeinschaftsprüfern bestellt werden sollten, kann im Zweifel davon ausgegangen werden, dass die verbleibenden Partner die Prüfung alleine, ohne den ausscheidenden Partner, durchführen sollen. Wurden hingegen einzelne, namentlich bezeichnete Personen aus dem Netzwerk der Prüfungsgesellschaft zum Abschlussprüfer bestellt, kann im Zweifel davon ausgegangen werden, dass der ausgeschiedene Abschlussprüfer iSv § 270 UGB weggefallen ist. Der somit durch das Gericht als Ersatz zu bestellende Abschlussprüfer erlangt, mit den im Netzwerk der Prüfungsgesellschaft verbleibenden Abschlussprüfern, die Stellung des gesetzlichen Abschlussprüfers.[230]

Wurde hingegen ein einzelner, namentlich benannter Abschlussprüfer, zum gesetzlichen Abschlussprüfer gewählt, liegt auch dann keine Gemeinschaftsprüfung vor, wenn dieser einem Netzwerk einer Prüfungsgesellschaft angehört. Tritt dieser hingegen aus dem Netzwerk der Prüfungsgesellschaft aus, bleibt die Bestellung zum Abschlussprüfer hiervon unberührt.[231]

Weist einer der entsprechend dem Wahlbeschluss gewählten Abschlussprüfer nicht die nach § 270 UGB erforderlichen Qualifikationen auf oder darf iSv § 270 UGB nicht als Abschlussprüfer fungieren, ist der Wahlbeschluss dann insgesamt nichtig, wenn die gewählten Abschlussprüfer ihren Beruf gemeinsam iSd § 270 UGB ausüben. Eine gemeinsame Berufsausübung liegt nicht bei einer rein gelegentlichen Zusammenarbeit vor, jedoch aber bei dem Zusammenschluss in einem Netzwerk. Wirkt sich ein vorliegender Nichtigkeitsgrund hingegen nur auf eine bestimmte Person als Abschlussprüfer und nicht auf den oder die anderen Abschlussprüfer aus, ist idR davon auszugehen, dass nur die Wahl des betroffenen Abschlussprüfers als nichtig zu betrachten ist (Teilnichtigkeit) mit der Konsequenz, dass für diesen ein Ersatzprüfer bestellt werden muss, wenn nicht aus dem Wahlbeschluss eindeutig hervorgeht, dass bei Wegfall eines Abschlussprüfers die Prüfung durch die verbleibenden Abschlussprüfer zu erfolgen hat.[232]

Im Rahmen der Überprüfung der Ausschlussgründe nach § 271 UBG ist im Hinblick auf die Umsatzabhängigkeit von Abschlussprüfern darauf zu achten, ob eine gemeinsame Berufsausübung vorliegt. Ist dies der Fall, sind alle dementsprechenden Einnahmen dieses Abschluss-

[230] Vgl. IDW 1999, S 708.
[231] Vgl. IDW 1999, S 708.
[232] Vgl. IDW 1999, S 708f.

prüfers aus dem Mandatsverhältnis den Gesamteinnahmen gegenüberzustellen. Handelt es sich hingegen um keine gemeinsame Berufsausübung, wird der auf die jeweils anderen Gemeinschaftsprüfer entfallende Anteil an dem Honoraraufkommen nicht berücksichtigt.[233]

3.2.1.1.3. Auftragsverhältnis

Unverzüglich nach der Wahl der zu bestellenden Personen zum Abschlussprüfer hat der Aufsichtsrat oder falls kein Aufsichtsrat besteht, der Vorstand gemäß § 270 Abs 1 UGB den Prüfungsauftrag zu erteilen und das Entgelt zu vereinbaren. Jeder Gemeinschaftsprüfer hat eigenverantwortlich über die Annahme des Prüfungsauftrages zu entscheiden.

Nimmt ein zum Gemeinschaftsprüfer gewählter Abschlussprüfer den Prüfungsauftrag nicht an, sind die Folgen für den Prüfungsauftrag vom Inhalt des Wahlbeschlusses abhängig. Mögliche Konsequenzen einer Nichtannahme des Prüfungsauftrages durch einen gewählten Abschlussprüfer wurden bereits im letzten Unterpunkt „Wahl von Gemeinschaftsprüfern" ausgeführt.

Jeder Gemeinschaftsprüfer ist für die Durchführung der Prüfung und das Prüfungsergebnis selbst verantwortlich, es empfiehlt sich jedoch, dass sich die Gemeinschaftsprüfer vor der Auftragsannahme auf einheitliche Auftragsbedingungen verständigen, da sie die Prüfung zwar eigenverantwortlich aber gemeinsam durchführen.

3.2.1.1.4. Prüfungsplanung und -durchführung

Alle beteiligten Gemeinschaftsprüfer haben sich ein eigenes Urteil darüber zu bilden, ob die Buchführung und der Jahresabschluss den gesetzlichen Vorschriften entsprechen und ergänzende Bestimmungen des Gesellschaftsvertrags oder der Satzung beachtet worden sind sowie ob ggf. der Lagebericht mit dem Jahresabschluss im Einklang steht und ob die sonstigen Angaben im Lagebericht keine falsche Vorstellung von der Lage des Unternehmens erwecken. Selbiges gilt für den Konzernabschluss und den Konzernlagebericht.

Da sich das Gesamturteil der Abschlussprüfung aus den einzelnen Ergebnissen der jeweiligen Gemeinschaftsprüfer bildet, hat jeder der beteiligten Gemeinschaftsprüfer mit Hilfe der Prüfungsplanung und -durchführung hinreichende Sicherheit zu erlangen, dass der Abschluss frei

[233] Vgl. IDW 1999, S 709.

von wesentlichen falschen Angaben ist, um die Gesamtverantwortung für das Prüfungsurteil übernehmen zu können.

Die Risikobeurteilung sowie die Prüfungsplanung müssen daher von den Gemeinschaftsprüfern zusammen vorgenommen werden.

Dazu gehören die Einholung und Auswertung von Informationen über die Geschäftstätigkeit und die Branche sowie das wirtschaftliche und rechtliche Umfeld des zu prüfenden Unternehmens, die Durchführung analytischer Prüfungshandlungen, sowie Erhebungen zur Erlangung eines Verständnisses über das Rechnungswesensystem inklusive der im Unternehmen anzuwendenden Rechnungslegungsgrundsätze und des internen Kontrollsystems. Basierend auf den erarbeiteten Informationen und Nachweisen werden die Gemeinschaftsprüfer zusammen eine Risikoeinschätzung vornehmen sowie die Wesentlichkeit und das Prüfungsprogramm festlegen.[234]

Im Rahmen der Prüfungsplanung sind die einzelnen Prüfungsgebiete zwischen den Gemeinschaftsprüfern aufzuteilen. Im Innenverhältnis muss die Zuständigkeit für die jeweilig zu prüfenden Gebiete zwischen den Gemeinschaftsprüfern eindeutig abgegrenzt werden. Es kann uU angebracht sein, dass sehr bedeutende und / oder risikobehaftete Prüfungsgebiete gemeinsam geprüft bzw. hierfür Prüfungsteams gebildet werden. Eine mehrjährige Prüfungsplanung mit wechselnder Zuordnung der Prüfungsgebiete zu den einzelnen Gemeinschaftsprüfern ist empfehlenswert, um das Risiko für den einzelnen Gemeinschaftsprüfer im Rahmen seiner Gesamtverantwortung zu verringern.[235]

Jeder der Gemeinschaftsprüfer hat an der Abschlussprüfung angemessen beteiligt zu sein, damit er sich ein eigenes Prüfungsurteil bilden und auch die Gesamtverantwortung für die Abschlussprüfung übernehmen kann. Der jeweilige Gemeinschaftsprüfer darf in der Durchführung seiner für notwendig erachteten Prüfungshandlungen nicht eingeschränkt werden. Auch im Zuge der Durchführung von Prüfungshandlungen haben die Gemeinschaftsprüfer eng zusammenzuarbeiten, damit sicher gestellt ist, dass wesentliche Informationen und Teilergebnisse zwischen den Gemeinschaftsprüfern rechtzeitig ausgetauscht werden. Die Besprechung wesentlicher Fragestellungen und Prüfungsrisiken mit dem geprüften Unternehmen sollte unter Hinzuziehung aller Gemeinschaftsprüfer erfolgen. Ist dies nicht möglich, hat je-

---

[234] Vgl. IDW 1999, S 709.
[235] Vgl. IDW 1999, S 709.

denfalls zuvor eine Besprechung der wesentlichen Punkte und Risiken zwischen allen Gemeinschaftsprüfern zu erfolgen. Die Prüfungshandlungen sowie die Prüfungsnachweise der jeweiligen Gemeinschaftsprüfer, einschließlich der notwendigen Dokumentation, sind von den anderen Gemeinschaftsprüfern eigenverantwortlich zu würdigen. Hierfür sind die Arbeitspapiere der anderen Gemeinschaftsprüfer einem Review und einer Beurteilung zu unterziehen. Sollte einer der Gemeinschaftsprüfer es für notwendig erachten, dass weitere Prüfungshandlungen gesetzt werden müssen, hat dies zu erfolgen. Es empfiehlt sich, dass wesentliche Aspekte der Prüfungsdurchführung sowie Prüfungsnachweise in Form von schriftlichen Zusammenfassungen zwischen allen Gemeinschaftsprüfern ausgetauscht werden.[236]

3.2.1.1.5. Prüfungsergebnis

Da sich das Gesamtergebnis der Abschlussprüfung aus den Prüfungsergebnissen der einzelnen Gemeinschaftsprüfer bildet und diese nur gemeinsam als Abschlussprüfer iSd § 270 UBG fungieren, ist es sachgerecht, dass die Gemeinschaftsprüfer ihre Prüfungsergebnisse in einem gemeinsamen Prüfungsbericht festhalten. Dies kann sich uU auch bereits aus dem Prüfungsauftrag ergeben und fördert die Klarheit der Informationsvermittlung durch den Abschlussprüfer.[237]

3.2.1.1.6. Prüfungsbericht

Sind mehrere Abschlussprüfer zum Abschlussprüfer bestellt, ist dies in den Prüfungsbericht mit auf zu nehmen. In Anbetracht dessen, dass die jeweiligen Gemeinschaftsprüfer die Gesamtverantwortung für das Prüfungsergebnis haben, soll der Prüfungsbericht keine Ausführungen darüber enthalten, welche Bereiche von welchem Gemeinschaftsprüfer geprüft wurden oder welchen Anteil der einzelne Gemeinschaftsprüfer am Gesamtumfang der Prüfung hatte. Im Vorfeld der Berichterstattung der Gemeinschaftsprüfer sind etwaige Meinungsverschiedenheiten jedenfalls auszuräumen. Unter Berücksichtigung des § 270 Abs 6 sind Meinungsverschiedenheiten weiter kein Grund zur Kündigung des Prüfungsauftrages. Können abweichende Prüfungsnachweise der einzelnen Gemeinschaftsprüfer im Vorfeld der Berichterstattung nicht ausgeräumt werden, sind diese in geeigneter Weise in den Prüfungsbericht aufzunehmen. Weiter ist jedenfalls jede Form von Beanstandungen der Gemeinschaftsprüfer an

236 Vgl. IDW 1999, S 709.
237 Vgl. IDW 1999, S 709.

geeigneter Stelle im Prüfungsbericht aufzunehmen, dies gilt auch dann, wenn die Beanstandung nach Auffassung nur eines der Gemeinschaftsprüfer zu erheben ist.[238]

3.2.1.1.7. Bestätigungsvermerk

Die Gemeinschaftsprüfer sollten über das Gesamturteil ihrer Abschlussprüfung Einvernehmen erlangen. Hierfür sind die Prüfungsnachweise der anderen Gemeinschaftsprüfer von den jeweiligen anderen Gemeinschaftsprüfern einem Review zu unterziehen und nach pflichtgemäßem Ermessen zu würdigen und zu gewichten. Können sich die Gemeinschaftsprüfer auf ein einheitliches Gesamturteil, das idR Ziel einer Gemeinschaftsprüfung ist, einigen, werden sie den Bestätigungsvermerk bzw. den Vermerk über dessen Versagung idR gemeinsam unterfertigen.

In diesem Fall muss der Wortlaut des Vermerks nur einmal wiedergegeben werden. Ist hingegen ausnahmsweise eine Einigung auf ein gemeinsames Prüfungsurteil nicht möglich, so hat jeder Gemeinschaftsprüfer sein Prüfungsurteil grundsätzlich in einem eigenen Bestätigungsvermerk bzw. Versagungsvermerk zum Ausdruck zu bringen. Sobald jedoch einer der Gemeinschaftsprüfer den Bestätigungsvermerk nur in eingeschränkter Form erteilt, ist das Gesamturteil der Abschlussprüfung ein eingeschränktes, auch wenn der oder die anderen Gemeinschaftsprüfer ihren Bestätigungsvermerk nicht einschränken.

In den jeweiligen Bestätigungsvermerken sind in einem gesonderten Absatz im Anschluss an das Prüfungsurteil die abweichenden Ergebnisse der anderen beteiligten Abschlussprüfer anzuführen.[239]

3.2.1.2. Begriffsabgrenzung

Neben den eben bereits genannten Gründen - bspw. wenn ein Wahlbeschluss einen Ersatzprüfer für den Fall vorsieht, dass der ursprüngliche Abschlussprüfer ausfällt[240] - die zu keiner Bestellung von Gemeinschaftsprüfern führen, sind noch einige andere Prüfungsaktivitäten nicht als Gemeinschaftsprüfung zu verstehen.

---

[238] Vgl. IDW 1999, S 709f.
[239] Vgl. IDW 1999, S 710.
[240] Vgl. Institut 2000, S 1844.

Die Übernahme oder Verwertung von Prüfungsergebnissen anderer Abschlussprüfer wird nicht als Gemeinschaftsprüfung verstanden. Da in diesem Fall die anderen Abschlussprüfer nicht zum Abschlussprüfer des geprüften Unternehmens gewählt wurden.[241]

Von einer Gemeinschaftsprüfung zu unterscheiden ist ebenso die Übernahme oder Verwertung von Prüfungsergebnissen anderer Abschlussprüfer, da in diesem Fall keine Bestellung der anderen Abschlussprüfer zum Abschlussprüfer des geprüften Unternehmens erfolgte.[242]

Auch die Bestellung mehrerer Abschlussprüfer, die nebeneinander tätig werden sollen, bspw. in Form eines „*double audit*", die Prüfung aber nicht gemeinsam sondern parallel durchführen, entspricht keiner Gemeinschaftsprüfung.[243]

Während im angloamerikanischen Sprachgebrauch noch weitere Verständnisse eines Joint Audit's verwendet werden, wie bspw. eine Zusammenarbeit zwischen dem geprüften Unternehmen und den Finanzbehörden oder eine Zusammenarbeit / Kooperation zwischen der internen Revision und dem externen Revisor[244], ist im kontinentaleuropäischen Raum vorrangig die soeben dargestellte Definition, es werden mehrere Wirtschaftsprüfer oder Prüfungsgesellschaften zum gesetzlichen Abschlussprüfer bestellt, eines Joint Audit's gebräuchlich.[245]

Der Vollständigkeit halber soll an dieser Stelle abschließend der ED ISA 600 „*The Audit of Group Financial Statements*"[246] Revised und Redrafted erwähnt werden, da dieser im Zusammenhang mit Joint Audit's immer wieder angesprochen wird. Doch bezieht sich dieser ausdrücklich nicht auf Gemeinschaftsprüfungen. Dieser ISA regelt vorrangig die Übernahme der Arbeiten anderer Prüfer.

Dabei geht es im Wesentlichen um die Übernahme von Arbeiten anderer Prüfer durch den Konzernabschlussprüfer. Aus der Abschlussprüferrichtlinie ergibt sich, dass das Urteil zum Konzernabschluss vom Konzernabschlussprüfer zu tragen ist und diesem eine Übernahme der Arbeiten anderer Prüfer nicht möglich sein darf. Zweck dieses derzeit im Entwurf vorliegen-

241 Vgl. IDW 2000, S 1844.
242 Vgl. IDW 2000, S 1844.
243 Vgl. Institut 2000, S 1844.
244 Dazu ausführlich Moore 1993, welcher ein Modell der Zusammenarbeit der internen Revision mit PWC diskutiert.
245 So auch Marten 2007, S 503.
246 Dazu IFAC 2007f: ED ISA 600 RR „*The Audit of Group Financial Statements*".

den ISA ist die Aufstellung von Standards und eines Leitfadens zur Prüfung von Konzernabschlüssen.

3.2.2. Umsetzung und praktische Anwendung

In Frankreich ist das Joint Audit, seit Einführung des Handelsgesetzbuchs „*Code de Commerce*“ im Jahr 1966, für alle konsolidierungs- und publizitätspflichtigen Unternehmen, also alle börsennotierten Gesellschaften und solche, die zwei der folgenden drei Kriterien erfüllen

- Bilanzsumme über 15 Millionen Euro,
- Nettoumsatz über 30 Millionen Euro, und/oder
- 500 oder mehr Mitarbeiter

Pflicht. Zugleich werden die Prüfer „*Commissaires aux Comptes*“ (CC) in Frankreich für eine Dauer von 6 Jahren bestellt.[247] In Österreich und Deutschland ist hingegen nur eine Bestellung für ein Jahr üblich. Die Joint Audit Verpflichtung betrifft auch ausländische Tochtergesellschaften französischer Unternehmen.[248]

Außer in Frankreich ist das Joint Audit auch in Dänemark gängig. Vor dem Konzentrationsprozess des Berufsstandes existierte dieses Modell ebenso in den USA und in Großbritannien. Darüber hinaus hat das belgische Parlament die Diskussion zur gemeinschaftlichen Prüfung eingeleitet. Weitere Länder beraten derzeit über die Einführung des Joint Audit's.[249]

In Österreich findet man Joint Audit's überwiegend im Bereich der Bankenprüfung, hier werden idR zwei Prüfer bzw. Prüfungsgesellschaften mit der Prüfung betraut. Die Zusammensetzung der Prüfungsteams erfolgt überwiegend mit einem Prüfer aus einer Big-4 Prüfungsgesellschaft und dem jeweiligen Banken-Prüfungsverband (z.B. Sparkassen-Prüfungsverband). Eine Verpflichtung zur Durchführung von Joint Audit's, wie es diese in Frankreich für börsennotierte Unternehmen gibt, gibt es in Österreich nicht.

Verschiedentlich werden auch in Deutschland Abschlüsse auf freiwilliger Basis einer Gemeinschaftsprüfung (Joint Audit) durch voneinander unabhängige Prüfer unterzogen. Durch den IDW Prüfungsstandard 208 ist das Joint Audit in Deutschland zwar vorgesehen, doch wird es nicht sehr gängig praktiziert. Allerdings bestellen einige Konzerne, wie die Deutsche

247 Mehr zur Abschlussprüfung in Frankreich: Perridon 1992, Sp 2240ff.
248 Vgl. Rufin 2005, S 8.
249 Vgl. Rufin 2005, S 8.

Telekom und diverse Banken bereits seit Jahren freiwillig zwei Abschlussprüfer. Ein Joint Audit wird vom IDW dann als sinnvoll erachtet, wenn die Abschlussprüfung bestimmter Spezialkenntnisse bedarf. In diesem Fall werden unterschiedlich spezialisierte Prüfer zum Abschlussprüfer bestellt.[250]

Auch nach Rücksprache mit der *„Fédération des Experts Comptables Européens“* konnten keine weiteren Länder ausfindig gemacht werden, in denen eine Joint Audit zur gängigen Praxis zählt.

Die Darstellung der Vor- und Nachteile, wie sie die Befürworter und Gegner des Joint Audit's sehen, sowie die zu erwartenden Wirkungen eines Joint Audit's, sind Gegenstand der folgenden Ausführungen.

3.2.3. Vor- und Nachteile sowie erwartete Wirkungen eines Joint Audit's in der aktuellen Diskussion

Aufgrund dessen, dass es kaum Beiträge in der Theorie bezüglich Joint Audit's gibt, erfolgt eine Ausarbeitung der Vor- und Nachteile sowie der damit verbundenen erwarteten Wirkungen überwiegend anhand der Beiträge von Befürwortern und Kritikern eines Joint Audit's.

„Die gegenseitige Kontrolle erhöht die notwendige Unabhängigkeit des Abschlussprüfers gegenüber dem Mandanten und bietet so größere Chancen, gegen kreative Bilanzierungsmaßnahmen vorzugehen. Weiter sorgt die gemeinsame Prüfung nach dem Vier-Augen-Prinzip für mehr Kompetenz und fördert den Meinungsaustausch zwischen den beiden Prüfern, die nicht nur den Mandanten, sondern sich auch gegenseitig überzeugen müssen. Obwohl jeder Abschlussprüfer seine eigene Meinung im Testat wiedergeben kann, sind die Fälle selten, in denen widersprechende Schlussfolgerungen durch die Prüfer erteilt werden. Die Kosten sind in der Regel nicht höher. Ausschreibungen erhöhen den Wettbewerbsdruck und senken die Preise. Das festgelegte und meist pauschale Honorarvolumen wird unter den Prüfern aufgeteilt. Zudem sinken die Versicherungskosten. Würde man den Schaden durch leichtfertige Testate in Relation zu den Honoraren setzten, würde das Thema der Mehrkosten durch zwei Prüfer obsolet. Das haben Holzmann und Flowtex eindrucksvoll belegt. Zugleich ist das Joint Audit sinnvoller als eine Rotation der Prüfungsgesellschaft oder der Prüfer, da bei der Rotation die Gefahr der Kartellbildung durch große Prüfungsgesellschaften besteht, wie in Italien gesche-

[250] Vgl. IDW 2002b, S 222.

hen. Die Öffentlichkeitswirkung des Joint Audit's ist positiv, besonders für börsennotierte Unternehmen, die Wert auf Transparenz legen. Auch innerhalb der EU wird zunehmend für ein Joint Audit plädiert." So Amand *Rufin* Geschäftsführer der MAZARS Wirtschaftsprüfungsgesellschaft und großer Befürworter eines Joint Audit's.[251]

Bernhard *Steffan* hingegen, ebenso Wirtschaftsprüfer und Partner einer großen Prüfungsgesellschaft, vertritt eine eher kontroversere Ansicht: „Das Joint Audit als Garant für mehr Qualität, Objektivität und Unabhängigkeit in der Prüfung? Wohl kaum. Dagegen spricht die Gefahr der Kommunikations- und Abstimmungsprobleme sowohl zwischen den beteiligten Prüfern als auch zwischen Abschlussprüfern und dem Mandanten. Auch die von einem Joint Audit erwartete größere Unabhängigkeit der Prüfer ist fraglich – schließlich haben beide Prüfer das gleiche Interesse. Ferner sind die Risiken eines „Wettbewerbs" der beteiligten Prüfer um die Gunst des Mandanten und die damit verbundenen Beeinträchtigungen der Prüfungsqualität nicht zu unterschätzen. Zusätzliche Abstimmungen und wechselseitige Review's blähen die Prüfungszeiten auf und verursachen höhere Kosten. Nur: Wer soll die bezahlen? Der Mandant wird sich zu Recht sträuben. Dieser zusätzliche Druck auf die Prüfungshonorare wird die Qualität drücken. Vorteile des Joint Audit sind bislang nicht belegbar. Wirtschaftsprüfer haben eine öffentliche Aufgabe zu erfüllen. Sie müssen klarer als bisher auch in der Öffentlichkeit zu ihrer verantwortungsvollen Rolle stehen und so falsche Erwartungen über ihre Rolle abbauen helfen. Es wäre ein Armutszeugnis für den Berufsstand, wenn es über sinnvolle Einzelfälle hinaus (z.B. bei Fusionen) grundsätzlich zweier Prüfer bedürfe, um qualitativ hochwertige Prüfungsleistungen anzubieten. Eine Sozialisierung der Prüferverantwortung ist der falsche Weg. Gefordert ist vielmehr eine durch interne und externe Qualitätssicherungssysteme abgesicherte, qualitativ hochwertige Abschlussprüfung nach dem Motto „Klasse statt Masse"."[252]

Verfechter einer Gemeinschaftsprüfung zeigen Vorschläge auf, die von Kritikern sogleich zurückgewiesen werden können, weil die Bestätigungen für ihre Aussagen fehlen. Somit können die Befürworter nur mögliche Verbesserungen eines Joint Audit's aufzeigen.

Befürworter sehen in der gegenseitigen Kontrolle eine Erhöhung der Unabhängigkeit des Abschlussprüfers gegenüber dem Mandanten oder eine Erhöhung der Kompetenz durch das

---

251 Vgl. Rufin 2003, S 104.
252 Vgl. Steffan 2003, S 104.

Vier-Augen-Prinzip. Auch die Kommunikation unter den Prüfern wird von diesen als für die Prüfungsqualität förderlich gesehen.

Kritiker hingegen sehen diese Kommunikation – diesen Meinungsaustausch untereinander – als nicht förderlich für die Prüfung selbst und vor allem für das Prüfungsergebnis und verweisen in diesem Zusammenhang auf die Gefahr von Kommunikations- und Abstimmungsproblemen. Dem ist aber entgegenzuhalten, dass die Prüffelder bereits im Vorhinein aufgeteilt werden sollten und jeder Abschlussprüfer unbeschränkten Zugang zu allen Arbeitspapieren haben muss. Außerdem sehen Kritiker die Unabhängigkeit in einem Joint Audit nicht unbedingt als erhöht, sondern eher als stagnierend. Dem ist mit dem Argument entgegenzutreten, dass sich zwei unabhängige Abschlussprüfer von einem Mandanten nicht so leicht von einer gegenteiligen Meinung überzeugen lassen können, als das im Falle einer klassischen Abschlussprüfung möglich wäre.

Ein weiterer Kritikpunkt sind oft die steigenden Kosten, da gegenseitige Review's und Abstimmungen in der Arbeit jedenfalls als kostenerhöhende Faktoren wahrgenommen werden. So wird den Prüfern sogar unterstellt, dass durch „unnötige" Review's und zusätzliche Abstimmungen in der Arbeit die Kosten absichtlich in die Höhe getrieben werden. Dieses Argument lässt sich leicht entkräften, indem man sich die Vergabe des Prüfungsauftrages vor Augen führt. Zwei Prüfer bilden für die Zeit der Prüfung eine Arbeitsgemeinschaft und erstellen somit auch eine gemeinsame Prüfungsplanung und stellen in weiterer Folge eine gemeinsame Rechnung (Honorarnote), die ein im Vorfeld abgestimmtes Prüfungsbudget voraussetzt. Das Leitungsorgan des zu prüfenden Unternehmens kann auf Grund der Marktdaten jederzeit eine Wirtschaftlichkeit des Honorarangebots einholen, wie dies auch bei klassischen Jahresabschlussprüfungen durchaus üblich ist.

Als weiterer Vorteil eines Joint Audit's wird die Chance der Prüfung von Großunternehmen für kleine und mittlere Wirtschaftsprüfungskanzleien gesehen. Dies würde verhindern, dass sich der ohnehin starke Konzentrationsprozess der Branche weiter fortsetzt.[253]

---

[253] Vgl. Küting 2002, S 24. So beherrschen bspw. zwei große Wirtschaftsprüfungsgesellschaften mit 78 Prozent den DAX-Markt und in einigen Branchen beläuft sich der Konzentrationsprozess auf 90 Prozent bei Großbetrieben.

Ein Gegenargument zu den erhöhten Kosten sehen Befürworter in der Beibehaltung des Prüfungs-Know-how in einem Joint Audit. Bei einer externen Rotation des Abschlussprüfers muss nach spätestens sieben Jahren ein neuer Abschlussprüfer bestellt werden. Muss sich dieser erst wieder in die Arbeitsunterlagen seines Vorgängers einarbeiten bzw. die Struktur des Unternehmens kennen lernen, treten auch Mehr-Kosten auf. Würde die Prüfung als Joint Audit durchgeführt werden, so entstünden keine weiteren Kosten mehr, da ein Abschlussprüfer jedenfalls bereits mit den speziellen Anforderungen des Unternehmens betraut sein kann.[254]

Die nachfolgende tabellarische Abbildung soll versuchen, die wesentlichsten Vor- und Nachteile eines Joint Audit's für den Prüfungsprozess und das Prüfungsergebnis abschließend zusammenzufassen. Auf eine Darstellung der Vor- und Nachteile für die Prüfungsgesellschaft (z.B. sinkende Versicherungskosten uvm.) und die Branche (z.B. Marktkonzentration uvm.) wird verzichtet, da diese nicht Gegenstand der Arbeit und der folgenden empirischen Untersuchung sind, welche sich auf die Wirkung eines Joint Audit's auf den Prüfungsprozess und das Prüfungsergebnis beschränken.

Vorteile	**Nachteile**
o erhöhte Unabhängigkeit	o erhöhte Prüfungskosten
o positiver Meinungsaustausch	o erhöhte Prüfungsdauer
o wechselseitige Review's	o Kommunikationsprobleme unter den Prüfern
o wechselseitige Überwachung und Kontrolle	o Kommunikationsprobleme zwischen Prüfer und Mandanten
o erhöhter Wissensstand	o Abstimmungsprobleme zwischen den Prüfern
	o Abstimmungsprobleme zwischen Prüfer und Mandanten

Tabelle 4: Vor- und Nachteile eines Joint Audit's

Ob die gegenseitige Kontrolle im Joint Audit, wie zum Teil erwartet, die Qualität der Abschlussprüfung erhöht, ist empirisch noch nicht belegt.

254 Vgl. Niehus 2003, S. 1643.

Den vielen Vorteilen stehen die zahlreichen Nachteile gegenüber. So birgt ein Joint Audit bspw. die Gefahr von Kommunikationsproblemen der Abschlussprüfer untereinander sowie zwischen den Abschlussprüfern und den zuständigen Organen des Mandanten. Wogegen ein positiver Austausch unter den Prüfern auch als qualitätsverbessernd gesehen werden kann.

Daneben ist die von einem Joint Audit teilweise erwartete erhöhte Unabhängigkeit der Prüfer insofern fraglich, als bei den beteiligten Prüfern eine identische Interessenslage besteht. Die in einem Joint Audit erforderlichen Abstimmungen und die wechselseitigen Review's führen uU zu erhöhten Prüfungskosten. Sofern bei den Unternehmen keine Bereitschaft zu entsprechend höheren Prüfungsgebühren besteht, sind negative Auswirkungen auf die Prüfungsqualität nicht auszuschließen.[255]

3.3. Theoretische Überlegung zur Wirkung eines Joint Audit's auf die Prüfungsqualität

Als Abschluss der theoretischen Ausführung erfolgen nunmehr die Darstellung der Theoriebildung sowie die Erörterung der Untersuchungsvariablen und die Entwicklung der Hypothesen für die empirische Untersuchung.

3.3.1. Theoriebildung

Bereits die Ausführungen zum Entscheidungsverhalten von Abschlussprüfern haben gezeigt, dass das für gesetzliche Prüfungen relevante System überindividueller Verhaltensnormen nicht so detaillierte und präzisierte Vorschriften enthält, dass das Entscheidungsverhalten von verschiedenen Prüfern, die die gleiche konkrete Prüfung durchführen müssen, identisch sein muss. Was bedeutet, dass, obwohl es für die Beurteilung eines Sachverhalts bestimmte Normen (Prüfungsstandards) gibt, es trotzdem dazu kommt, dass das Ergebnis einer Beurteilung (Prüfungsurteil) aufgrund des überindividuellen Verhaltens der Prüfer (z.B. andere Auffassung des pflichtgemäßen Ermessen) unterschiedlich ausfällt, obwohl alle gesetzlichen Regelungen für die Durchführung dieser Beurteilung (z.B. Prüfungsdurchführung) eingehalten wurden.

[255] Vgl. IDW 2002b, S 222.

Das Entscheidungsverhalten wird in diesem Zusammenhang hauptsächlich von drei wesentlichen Grundsätzen der Abschlussprüfung beeinflusst:

- dem Konzept der hinreichenden Sicherheit,
- den Grenzen einer Abschlussprüfung, sowie
- dem pflichtgemäßen Ermessen des Prüfers.[256]

Das Grundkonzept der hinreichenden Sicherheit („*reasonable assurance*“) einer Abschlussprüfung besagt, dass eine Abschlussprüfung darauf gerichtet ist, hinreichende Sicherheit zu gewährleisten, dass der Abschluss insgesamt keine wesentlichen falschen Darstellungen enthält und dass eine Prüfung keine absolute Sicherheit bieten kann, dass der geprüfte Abschluss frei von wesentlichen falschen Darstellungen ist. Grenzen aus einer Abschlussprüfung zu ziehenden Erkenntnismöglichkeiten („*inherent limitations of an audit*“) ergeben sich z.B. aus der Verwendung von Stichproben, den jedem Rechnungswesen- und internem Kontrollsystem inhärenten Beschränkungen (z.B. „*management override*“) oder dem Umstand, dass die meisten Prüfungsnachweise eher überzeugend als schlüssig sind. Gerade letzteres Beispiel kann wesentlich das Entscheidungsverhalten des Prüfers beeinflussen.

Bislang enthalten die Prüfungsgrundsätze und –standards keine Informationen für die Abschlussadressaten, welche Prüfungssicherheit sie unter dem Begriff „hinreichender Sicherheit“ der Prüfung erwarten können. Hierfür könnte bspw. eine abschließende Aufzählung von Faktoren, die die inhärenten Grenzen einer Abschlussprüfung bestimmen, in die Prüfungsgrundsätze und –standards aufgenommen werden.[257]

Die Sicherheit der Prüfungsaussagen wird ua dadurch beeinflusst, dass die Tätigkeit des Prüfers Entscheidungen und Beurteilungen im Rahmen des pflichtgemäßen Ermessens („*professional judgement*“) einschließt.

Derzeit wird vom IAASB diskutiert, wie Bedenken, die Anwendung des pflichtgemäßen Ermessens des Prüfers dürfe nicht zu einer „Black-Box“ für diejenigen werden, die die Arbeit des Prüfers zu überprüfen haben, angemessen Rechnung getragen werden kann. Als problematisch wäre es zweifelsfrei anzusehen, wenn die Ausübung von „*professional judgement*“

---

256 Das Konzept der hinreichenden Sicherheit, das pflichtgemäße Ermessen des Abschlussprüfers sowie die Grenzen einer Abschlussprüfung werden im Zuge des Clarity Project gerade neu diskutiert und klarer gefasst.

257 Ferlings 2007 nimmt an, dass eine eindeutige Definition oder eine abschließende Aufzählung solcher Faktoren dazu beitragen kann, die Erwartungslücke zu schließen.

selbst als eine inhärente Grenze der Abschlussprüfung betrachtet werden würde. Vielmehr stellen die nach pflichtgemäßem Ermessen getroffenen Entscheidungen ein wesentliches Mittel des Prüfers dar, um den „*inherent limitations*" der Prüfung, soweit möglich, zu begegnen und damit eine ausreichende Prüfungsqualität und –sicherheit zu gewährleisten. Dies betrifft zum einen die sachgerechte Bestimmung von Art, Umfang und Zeitpunkt der Prüfungshandlungen zur Gewinnung hinreichender Sicherheit und zum anderen die zutreffende Würdigung der Prüfungsergebnisse und die Ableitung der Prüfungsaussagen. Bei dieser Diskussion sollte bedacht werden, dass am Ende eines „*professional judgement*" ein Prüfungsurteil durch einen Prüfer zu erfolgen hat.[258]

Mit diesen Ausführungen sollte noch einmal dargestellt werden, dass das Ergebnis einer Entscheidung (das Prüfungsurteil) auch vom Entscheidungsverhalten des Prüfers abhängig ist, da die Grundsätze und Standards der Abschlussprüfung dem Prüfer diesbezüglich einige Ermessenspielräume gewähren.

Feststellung 1: *Das Prüfungsurteil hängt vom Entscheidungsverhalten des Prüfers ab. Es kann somit für ein und denselben Sachverhalt (Abschluss) mehrere Entscheidungen (Urteile) geben.*

Die Hinweise der EU-Kommission legen die Vermutung nahe, dass mit dem Clarity Project des IAASB auch die Zielvorstellung verbunden wird, dass diese Ermessensspielräume des Prüfers durch eindeutige und unmissverständliche Handlungsanweisungen in den ISA verringert werden sollen.[259]

Aus der Erkenntnis, Handlungsspielräume überlassen den Prüfern Entscheidungsspielräume, eröffnen sich zwei Fragen:

Frage 1: Unter welchen Bedingungen wird von Prüfern welche von mehreren Entscheidungen (Urteilen) gewählt? und

Frage 2: Welche Entscheidung ist die „bessere" Entscheidung? Bzw. welches Urteil ist das „bessere" Urteil?

[258] Vgl. Ferlings 2007, S 103.
[259] So auch Ferlings 2007, S 103.

Im Bezug auf die Frage 1 ist es von besonderem Interesse, wie Prüfer die ihnen gegebenen Entscheidungsfreiräume nützen bzw. wie diese beeinflusst werden können. Will man diese Frage versuchen zu beantworten, so ist die Formulierung einer Theorie, welche sich empirisch überprüfen lässt, erforderlich, da eine Herleitung der Antwort anders nicht möglich ist. D.h. es müssen zunächst Aussagen darüber formuliert werden, welche „Ursachen" (Faktoren) das Verhalten der Prüfer bestimmen bzw. beeinflussen.

In Anbetracht dessen, dass das Ziel der Arbeit die Wirkungsanalyse eines Joint Audit's ist, wird für die folgende empirische Untersuchung unterstellt, dass die Tatsache, dass ein zweiter Prüfer in den Prüfungsprozess eingebunden ist, das Entscheidungsverhalten des anderen Prüfers beeinflusst. Als beeinflussende Ursache kann somit die Bildung einer Prüfergruppe, welche sich gegenseitig kontrolliert und überwacht, gesehen werden. Es gilt empirisch zu prüfen, ob die Tatsache, dass ein zweiter Prüfer in den Prüfungsprozess und die Urteilsbildung involviert ist, d.h. veränderte Bedingungen im Prüfungsprozess (gegenseitige Kontrolle, Review- und Überwachungstätigkeiten uvm.) vorliegen und anstelle einer Einzelentscheidung eine Gruppenentscheidung über das Urteil erfolgt, die Ausnutzung der Entscheidungsspielräume der beteiligten Prüfer beeinflusst.

Feststellung 2:
Es gilt zu untersuchen, ob sich der Entscheidungsfindungsprozess und das damit verbundene Ausnützen von Entscheidungsspielräumen von Prüfern ändert, wenn anstelle der Einzelentscheidung eine Gruppenentscheidung (Joint Audit) erfolgt.

Für die Beantwortung der Frage 2 ist vorerst zu definieren, was eine „bessere" Entscheidung bzw. ein „besseres" Urteil ist.

Dafür wurde in Kapitel 2 versucht, die „Prüfungsqualität" zu definieren. Sämtlichen Definitionen sind gemeinsam, dass eine Beschreibung des Begriffs Qualität auf dem Ergebnis der Prüfungsleistung abzielt. Ist es bei *DeAngelo* noch die Berichterstattung des Prüfers, bei *Niehus* und *Copley/Doucel* die Einhaltung der Normen, so ist es bei *Leffson* die Vertrauenswürdigkeit des Urteils. *Langenbucher* hält noch weiter fest, dass eine Prüfung das Qualitätsprädikat sehr gut verdient, wenn sie den Erwartungen möglichst vieler Stakeholder in möglichst großem Umfang entspricht.

Da die Qualität einer Prüfungsleistung nicht direkt gemessen werden kann, kommt es zur Anwendung indirekter Verfahren. So werden bspw. Indikatoren zur Messung der Qualität herangezogen, wodurch sich der Fokus vom Produkt, dem Prüfungsergebnis (Urteil), hin zum Prozess der Prüfungsdurchführung verschiebt.

Betrachtet man diese unterschiedlichen Ausführungen zur Qualität von Urteilen, so kann man festhalten, dass ein Urteil dann „besser" ist, wenn es von möglichst vielen Prüfern, die den gleichen Sachverhalt beurteilen, erteilt wurde, da die Erwartungen der Stakeholder in diesem Fall, trotz der Möglichkeit von Handlungsspielräumen im prüferischen Vorgehen, am Ehesten erfüllt werden.

Feststellung 3:
Ein Urteil über einen Sachverhalt (Abschluss) ist dann gut, wenn es von möglichst vielen Prüfern erteilt wurde.

Glaubt man Befürwortern eines Joint Audit's, dass sich der gegenseitige Review der Prüfungsnachweise sowie die gegenseitige Kontrolle im Prüfungsprozess und die Überwachung der Prüfungsaktivitäten positiv auf das Urteil auswirken, so kann man davon ausgehen, dass die veränderten Entscheidungsbedingungen sowohl den Prüfungsprozess als auch das Prüfungsurteil beeinflussen. Die empirische Untersuchung soll folgend daher prüfen:

- ob das Ergebnis einer Einzelentscheidung (Einzelurteil) anders ausfällt, als im Falle einer Gruppenentscheidung und
- ob sich die Entscheidung der Prüfer verändert, wenn anstelle einer Einzelentscheidung eine Gruppenentscheidung getroffen wird.

Damit die Wirkung eines Joint Audit's analysiert werden kann, wurde für die Untersuchung ein Sachverhalt in Form von zusammengefassten Prüfungsergebnissen gestaltet, der von Prüfern (Testpersonen) zu beurteilen ist. Der Sachverhalt ist so ausgelegt, dass von den Testpersonen zumindest ein uneingeschränkt ergänztes aber besser ein eingeschränktes Urteil zu erteilen ist.

Jede Untersuchung beginnt mit der Aufstellung der Variablen, die für die Untersuchung relevant sind. Bevor nunmehr abschließend auf die konkreten Hypothesen, welche im Rahmen der Untersuchung geprüft werden sollen, eingegangen wird, werden die Variablen der Untersuchung dargestellt.

3.3.2. Variablen

3.3.2.1. Abhängige und unabhängige Variablen

Grundsätzlich ist bereits aus der Fragestellung festgelegt, welche der relevanten Variablen als abhängige und welche als unabhängige Variablen in die Untersuchung eingehen sollen. Als unabhängige Variable gilt in der folgenden Untersuchung die Anzahl der Testpersonen. Es soll im Rahmen der Untersuchung herausgefunden werden, ob sich die abhängige Variable „Urteil" verändert, wenn mehre Testpersonen zusammen den Sachverhalt beurteilen, oder ob das Beurteilungsergebnis dasselbe ist, wenn eine Testperson alleine eine Entscheidung über den Sachverhalt trifft.

Das Urteil kann in vier verschiedenen Formen abgegeben werden, wobei bereits ausgeführt wurde, dass ein eingeschränktes Urteil im Sinne der Gestaltung „richtig" wäre.

3.3.2.2. Störvariablen

In jeder empirischen Untersuchung sind Störvariablen zu berücksichtigen, die Einfluss auf das Ergebnis der Untersuchung haben können. Unter Störvariablen werden Variablen verstanden, die neben der eigentlich interessierenden unabhängigen Variable ebenfalls die abhängigen Variablen beeinflussen. Diese Variablen werden miterhoben, um später prüfen zu können, ob es einen Zusammenhang zwischen den Ergebnissen und diesen Variablen gibt.

In der folgenden Untersuchung sind diese Störvariablen die sogenannten prüferindividuellen Faktoren wie

- die Prüfungserfahrung,
- die Gesellschaftsgröße,
- die jeweilige Spezialisierung (Branche und/oder Mandantengröße) und
- die bisherige Erfahrung in der Durchführung von Joint Audit's.

Gerade im Zusammenhang mit der standardisierten Befragung können diese Faktoren Einfluss auf die Beantwortung der Frage haben. Weshalb die prüferindividuellen Faktoren und die demographischen Daten der Befragten separat erhoben werden und somit im Rahmen der statistischen Analyse berücksichtigt werden können.

3.3.3. Forschungshypothesen

Aus der theoretischen Darstellung zu einem Joint Audit und den damit verbundenen Erwartungen an ein Joint Audit unter Punkt 3.2. lassen sich nunmehr die folgenden drei Hypothesen für die empirische Untersuchung ableiten.

3.3.3.1. Hypothese I

Befürworter eines Joint Audit's sehen in der gegenseitigen Überwachung des Prüfungsprozesses eine Steigerung der Zuverlässigkeit des Prüfungsurteils.

Aus den vorangegangenen Darstellungen lässt sich somit ableiten, dass der gegenseitige Review des Prüfungsprozesses in einem Joint Audit die Zuverlässigkeit des Prüfungsurteils erhöhen soll. Für die empirische Untersuchung ergibt sich daraus folgende Hypothese I:

Hypothese I:	*Je höher die gegenseitige Überwachung im Prüfungsprozess, desto einheitlicher das Prüfungsurteil.*

Unter einem „besseren" Urteil wird gemäß den vorangegangenen Ausführungen ein einheitlicheres Urteil verstanden. D.h. dass viele Prüfer den gleichen Sachverhalt gleich beurteilt haben und die Streuung der Urteile daher geringer ist.

3.3.3.2. Hypothese II

Befürworter eines Joint Audit's sehen in der Kommunikation und dem Austausch der Prüfungsergebnisse ebenso eine Steigerung der Zuverlässigkeit des Prüfungsurteils.

Aus den vorangegangenen Darstellungen lässt sich somit wiederum ableiten, dass der Austausch von Prüfungsergebnissen und die Kommunikation unter den Prüfern die Zuverlässigkeit des Prüfungsurteils verbessern soll.

Für die empirische Untersuchung ergibt sich daraus folgende Hypothese II:

Hypothese II:	*Je intensiver die Kommunikation und der Austausch von Prüfungsergebnissen, desto einheitlicher das Prüfungsurteil.*

3.3.3.3. Hypothese III

Berücksichtigt man, dass ein Joint Audit bislang nur dann als sinnvoll erachtet wurde, wenn der Abschlussprüfer bestimmte Spezialkenntnisse in Anspruch nehmen musste, so lässt dies die Schlussfolgerung zu, dass die Wirkung eines Joint Audit's dann am Größten sein muss, wenn es sich um die Beurteilung von sehr spezifischen oder komplexen Prüffeldern handelt.

Für die empirische Untersuchung ergibt sich somit folgende Hypothese III:

Hypothese III:	*Je komplexer ein Prüffeld, desto positiver ist die Wirkung des Joint Audit's auf das Ergebnis (die Qualität) der Beurteilung des Prüffeldes.*

4. Empirische Untersuchung

Dieser Abschnitt umfasst vorrangig die Datenanalyse der empirischen Untersuchung. Dabei wird zwischen deskriptiver und statistischer Analyse unterschieden. Wobei im Rahmen der statistischen Analyse vor allem die Prüfung der in Kapitel 3 aufgestellten Hypothesen von besonderem Interesse ist. Bevor jedoch die Datenanalyse Gegenstand der Betrachtung ist, werden die Wahl der empirischen Methode, das Design der Untersuchung und die Verfahren zur Datenanalyse vorgestellt.

4.1. Wahl der empirischen Methode

Vor Beginn der empirischen Untersuchung musste zunächst geklärt werden, welches Verfahren der Datenerhebung sich für die Analyse der Wirkung von Joint Audit's und der damit verbundenen Zielsetzung der Untersuchung am Besten eignen würde. Zur Hypothesenüberprüfung bieten sich verschiedene Erhebungsformen an.

Da Daten über die Wirkung von Joint Audit's nicht in der Weise vorliegen, dass mit Hilfe einer Inhaltsanalyse eine systematische und qualitative Beschreibung von Häufigkeiten bestimmter Elemente möglich wäre, wurde auf eine Sekundärdatenanalyse verzichtet und auf die direkte Methode der Datenerhebung, der Primärdatenerhebung, zurückgegriffen.

Im Hinblick auf das Untersuchungsziel schienen die mündliche Befragung anhand eines standardisierten Fragebogens und die Methode der fallstudienbasierten Untersuchung am Besten geeignet. Nachfolgend werden die wesentlichen Merkmale und die Vorgehensweise der gewählten Methoden kurz dargestellt.

4.1.1. Standardisierte Einzelinterviews

Wird ein Interview auf der Grundlage eines vorgegebenen „standardisierten Fragebogens" (in dem für alle Befragten die gleichen Fragen (und in aller Regel auch die gleichen Antworten) in gleicher Formulierung und Reihenfolge vorliegen) von einem Interviewer, der sich an diese exakten Vorgaben hält, durchgeführt, spricht man von einer Befragung in einer „stark strukturierten Interviewsituation".[260]

---

260 Vgl. Schnell 2005, S 323.

Ziel dieser Methode ist es, durch die Vorgabe festgelegter Fragen und Antworten eine Gleichheit der Interviewsituation zu erzielen, um so nicht bereits durch wechselnde Formulierung derselben Fragen jedem Befragten unterschiedliche Interpretationsvorgaben für seine Antworten zu geben. Informationen sollen von Fall zu Fall vergleichbar gemacht werden. Unterschiede, die sich zwischen den Befragten ergeben, sollen somit keinesfalls auf eine variierende Fragestellung zurückzuführen sein, sondern sich aufgrund der tatsächlichen Unterschiede der zu messenden Merkmale ergeben (z.B. Prüfungserfahrung etc.).[261]

Neben der Vergleichbarkeit der Antworten spricht auch der geringere Intervieweffekt für eine standardisierte Vorgehensweise der Untersuchung. Die Persönlichkeit des Interviewers spielt keine so bedeutende Rolle und es kann neben dem Fragebogen auch das Verhalten des Interviewers „konstant gehalten" werden, woraus sich ein völlig neutrales Interviewverhalten ergibt.[262]

Die Zuverlässigkeit und Gültigkeit der Antworten in einem Interview ist von folgenden Effekten abhängig:

- Effekte, die durch Fragen selbst erzeugt werden können,
- vom Einfluss des Interviewers und von
- den Merkmalen des Befragten.

Diese Effekte sind bei der Formulierung der Interviewfragen zu berücksichtigen, damit der Fragebogen dem Untersuchungsziel gerecht wird.[263]

Die Gestaltung des Fragebogens ist abhängig von der Frage, welche Informationen durch eine Frage von Befragten gewonnen werden sollen. Dabei wird im Allgemeinen zwischen folgenden Fragen unterschieden:

- Fragen nach Einstellungen oder Meinungen von Befragten,
- Fragen nach Überzeugungen der Befragten,
- Fragen nach Verhalten der Befragten sowie
- Fragen nach Eigenschaften von Befragten.[264]

[261] Vgl. Schnell 2005, S 323.
[262] Vgl. Schnell 2005, S 323.
[263] Vgl. Schnell 2005, S 324.
[264] Vgl. Schnell 2005, S 325.

Basierend auf diesen theoretischen Anforderungen wurde ein Fragebogen mit standardisierten Fragen und Antworten für eine Befragung im Rahmen einer stark strukturierten Interviewsituation erstellt. Mit Hilfe des Fragebogens wurden die Wahrnehmungen und/oder Erfahrungen der Befragten im Bezug auf Joint Audit's erfasst werden.

4.1.2. Fallstudienbasierte Untersuchung

Eine fallstudienbasierte Untersuchung lässt sich am Ehesten mit einer teilnehmenden strukturierten Beobachtung und einer Feldstudie in Verbindung bringen.

Die Beobachtung wird als die „ursprünglichste“ Form der Datenerhebung betrachtet, da die Nähe zu alltäglichen Techniken zur Erlangung von Informationen besonders deutlich ist. Eine Beobachtung ist als empirische Datenerhebungstechnik dann gewährleistet, wenn

- sie einem bestimmten Forschungszweck dient,
- sie systematisch geplant und nicht dem Zufall überlassen wird,
- sie systematisch aufgezeichnet und auf allgemeinere Urteile bezogen wird, nicht aber eine Sammlung von Merkwürdigkeiten darstellt und
- sie wiederholten Prüfungen und Kontrollen hinsichtlich der Gültigkeit, Zuverlässigkeit und Genauigkeit unterworfen wird.[265]

Der Begriff Beobachtung umfasst unter anderem das Interview, das Experiment, die Textanalyse, die Untersuchung von Artefakten oder die fallstudienbasierte Untersuchung, da alle diese Techniken oder Methoden auf bestimmte Art und Weise „Beobachtungen“ produzieren.[266]

Trotz aller Maßgaben zur Darstellung wissenschaftlicher Beobachtungen wurde keine allgemeine Theorie der Beobachtung entwickelt, sondern die meisten methodischen Ausführungen beschränken sich auf die taxonomische Beschreibung unterschiedlicher Beobachtungsverfahren.[267] Am Besten lassen sich wissenschaftliche Beobachtungen anhand unterschiedlicher Dimensionen charakterisieren, wobei diese alle einen Bezug zu den Bestandteilen der Beobachtung aufweisen. Eine Typisierung der wichtigsten Beobachtungsformen kann nach dem Grad ihrer Offenheit, ihrer Strukturiertheit und ihrer Teilnahme vorgenommen werden.[268]

---

265 Vgl. Schnell 2005, S 390.
266 Vgl. Wienold 2000, S 79.
267 Vgl. Schnell 2005, S 390.
268 Vgl. Atteslander 2006, S 80.

Für die fallstudienbasierte Untersuchung ist vor allem die teilnehmende (der Beobachter ist selbst Interaktionspartner der beobachteten Person) und strukturierte (ausführlicher Strukturierung der Beobachtung durch ein Beobachtungsschema) Beobachtungstechnik unter Feldbedingungen (Beobachtung in natürlichen Beobachtungssituationen) von Bedeutung.

Unter einer fallstudienbasierten Untersuchung kann demnach die Durchführung einer Feldstudie unter systematischer wissenschaftlicher Beobachtungskriterien in einer natürlichen Beobachtungssituation verstanden werden. Eine fallstudienbasierte Untersuchung kann rein beobachtend und beschreibend sein, sie kann aber auch dazu dienen, unter Laborbedingungen gewonnene Resultate zu prüfen und/oder kombiniert sein mit Experimentreihen.

Ähnlich wie bei einem Experiment lassen die Ergebnisse einer fallstudienbasierten Untersuchung zwar keine breite Datenbasis erwarten, doch scheint diese Methode sehr geeignet für die Analyse der Wirkung eines Joint Audit's, da sich eine fallstudienbasierte Untersuchung gut zur Erforschung von Einzelpersonen- oder Gruppenverhalten eignet.

4.2. Design

Nachfolgend wird das Design der fallstudienbasierten Untersuchung – insbesondere der Fallstudie - sowie des Fragebogens dargestellt und auf den Ablauf der Untersuchung und die Form der Datenerhebung eingegangen. Dabei wird die operative Vorgehensweise der Untersuchung und die Festlegung der Erhebungsformen sowie die Auswahl der Untersuchungsobjekte erläutert.

4.2.1. Unterlagen

Die Fallstudie beinhaltete die Jahresabschlussprüfung der JA-GmbH für das Berichtsjahr 2006. Den Testpersonen lagen aus der Prüfung nachfolgend zusammengefasst dargestellte Informationen[269] vor.

Die Testpersonen hatten aufgrund der ihnen vorliegenden Informationen ein Urteil über die Prüfung des Berichtsjahres 2006 abzugeben sowie den Prüfungsprozess und die dargestellten Prüfungsnachweise zu beurteilen. Weiter war eine Einschätzung der Sachverhalte vorzuneh-

---

269 Die zugrundeliegenden Informationen werden im nächsten Punkt „Fallstudie“ dargestellt.

men und ein persönliches Prüfungsurteil abzugeben.[270] Eine Ausweitung des Prüfungsumfangs war nicht möglich. Eine Entscheidung über die Form des Bestätigungsvermerks hatte aufgrund der dargestellten Informationen zu erfolgen.

Nach Urteilsabgabe wurden einige Aspekte eines Joint Audit's sowie persönliche Wahrnehmungen und Erfahrungen mit Joint Audit's anhand des standardisierten Fragebogens besprochen.

Um Rückschlüsse auf die Ergebnisse der fallstudienbasierten Untersuchung und der Befragung ziehen zu können, wurden abschließend die demographischen Daten der Testpersonen erhoben.

4.2.1.1. Fallstudie

Einführung

Die JA-GmbH ist ein wachsendes Unternehmen, das Einbauküchen speziell für Großküchen anfertigt. In den vergangenen Berichtsperioden wurde eine Jahresabschlussprüfung durchgeführt. Ein Schwerpunkt der diesjährigen risikoorientierten Prüfung (2006) lag in der Prüfung des Zahlungseingangs- und Umsatzprozesses.

Nachfolgende Werte sind in der GuV-Rechnung der JA-GmbH ausgewiesen:

EGT	37.257.000,-- Euro	(2005: 22.317.000,-- Euro)
Umsatzerlöse	177.291.000,-- Euro	(2005: 179.886.000,-- Euro)
Bilanzgewinn	112.668.000,-- Euro	(davon Gewinnnvortrag 75.081.000,-- Euro)

Die Fallstudie liefert eine Zusammenfassung des Prüfungsprogramms und der erzielten Prüfungsnachweise, die während der Prüfung des Berichtsjahres 2006 der JA-GmbH gewonnen wurden.

[270] Im Falle der Erhebungsform „Joint" war nach Abgabe eines persönlichen Urteils eine Einigung auf ein gemeinsames Urteil (2 Testpersonen zusammen) erforderlich. Auf die unterschiedlichen Erhebungsformen wird etwas später genauer eingegangen.

Sachverhalt

Prüfungsplanung

Die Prüfungsplanung umfasste die Analyse des rechtlichen und wirtschaftlichen Umfelds, eine IKS Aufbauprüfung und daraus eine Entwicklung der Prüfungsstrategie sowie des Prüfungsprogrammes.

Die einzelnen Prüfungshandlungen wurden nach Art, Umfang und Zeitpunkt festgelegt.

Risikoeinschätzung und Wesentlichkeit

Die detaillierte Kenntnis der Geschäftstätigkeit der JA-GmbH, der Unternehmensentwicklung in der Vergangenheit und der wirtschaftlichen Rahmenbedingungen sind bekannt und gut abschätzbar.

Die Vermögenssituation der JA-GmbH ist aufgrund einer Beteiligung an einem verbundenen Unternehmen im Berichtszeitraum stark gewachsen. Die Mitarbeiterzahl erhöhte sich von 80 auf 120. Das Rechnungswesensystem und die Organisation des Unternehmens werden momentan der gestiegenen Unternehmensgröße angepasst, so dass von einem erhöhten Kontrollrisiko ausgegangen werden muss.

Die Wesentlichkeitsgrenze wurde zu Beginn der Prüfung unter Zugrundelegung der Risikobeurteilung sowohl für den gesamten Jahresabschluss als auch für die einzelnen Prüffelder festgelegt.

Als Bezugsgröße für die Wesentlichkeit für den gesamten Jahresabschluss wurden 5 % des EGT herangezogen:

2005:	1.115.850,--	Euro
2006:	1.862.850,--	Euro

Als maximalen Fehler pro Abschlussposten wurden 50% der Wesentlichkeit definiert:

2005:	557.925,--	Euro
2006:	931.425,--	Euro

Forderungen

Im Bereich der Forderungen wurden positive Bestätigungen als Prüfungsnachweise eingeholt.

	2005[271]	2006
Forderungen gesamt lt. Bilanz	67.176.000,00	86.629.000,00
Aussendung von Bestätigungen für einen Forderungswert (Stichprobe) von (diese entspricht % der Forderungen)	38.962.080,00 (58 %)	48.744.820,00 (56 %)
Bestätigter Forderungswert	38.955.256,80	48.735.256,85
Festgestellte Abweichung (Fehler) der Stichprobe	6.823,20	9.563,15

Tabelle 5: Informationen der Fallstudie

Eine Anpassung der festgestellten falschen Darstellungen wurde nicht vorgenommen.

Die Forderungen laut Bilanz enthalten „Forderungen gegenüber verbundenen Unternehmen" in der Höhe von 58.653.000,-- Euro. Hievon entfallen 53.653.000,-- (Vorjahr 26.869.000,--) auf Forderungen aus LuL und 5.000.000,-- Euro (Vorjahr 5.000.000,--) für Kredite.

Neben den geprüften 48.744.820,-- Euro sind weitere 36.000.000,-- Euro der Forderungen gegenüber verbundenen Unternehmen im Rahmen der Prüfung der Umsatzerlöse berücksichtigt worden.

[271] Für einen besseren Informationsgehalt werden die Stichprobengröße sowie die Ergebnisse der Vorjahresprüfung dargestellt.

Umsatzerlöse

Im Bereich der Umsatzerlöse wurden Ausgangsrechnungen zufällig ausgewählt und geprüft:

	2005	2006
Umsatzerlöse	179.886.000,00	177.291.000,00
Wert der geprüften Ausgangsrechnungen (Stichprobe)	73.834.900,25	79.241.401,35
Festgestellte Abweichung (Fehler) der Stichprobe	132.235,18	151.593,32

Tabelle 6: Informationen der Fallstudie 2

Eine Anpassung der festgestellten falschen Darstellungen wurde nicht vorgenommen.

Die konkrete Prüfung zweier weiterer Umsatzverrechnungen (nicht in der geprüften Stichprobe enthalten) an verbundene Unternehmen, datiert mit 27.12.2006, welche jeweils einen Wert von 18.000.000,-- aufweisen, zeigte, dass der diesbezügliche Forderungsausweis in der Bilanz kein möglichst getreues Bild der VFE vermittelt und ein Anpassungsbedarf notwendig ist.

Die Anpassung wurde von der JA-GmbH in vollem Umfang vorgenommen.

Rückstellungen

Die Prüfung der Rückstellungen hat ergeben, dass unter den „sonstigen Rückstellungen" eine Ausfallsbürgschaft von 50.000,-- Euro für einen Bankkredit eines verbundenen Unternehmens ausgewiesen ist. Das verbundene Unternehmen erfüllt jedoch zum Zeitpunkt der Prüfung alle seine Verpflichtungen zeitgerecht und in voller Höhe.

Eine momentan anhängige Klage eines Kunden auf 1.752.800,-- Euro Gewährleistung findet keine Berücksichtigung in den Rückstellungen. Von Seiten der JA-GmbH gibt es widersprüchliche Angaben darüber, ob der Klage vor Gericht statt gegeben wird. Im Anhang finden sich diesbezüglich keine Angaben.

Eine Anpassung wurde von der JA-GmbH in beiden Fällen nicht vorgenommen.

Diverse Abschlussposten

Die Prüfung der weiteren Bilanz- und GuV-Posten sowie des Anhangs haben bestätigende Prüfungsnachweise (minimalste Abweichungen) für die ausgewiesenen Salden erbracht.

Going Concern

Bei der Überprüfung der Insolvenzwahrscheinlichkeit der JA-GmbH wurde ein Früherkennungssystem verwendet, das Unternehmen, die Insolvenz anmelden, in 89 % der Fälle bereits ein Jahr vorher als gefährdet einstuft. Die Insolvenzwahrscheinlichkeit wird mit gering, mittel, hoch und sehr hoch angegeben. Entsprechend der Prüfung ist der Fortbestand des Unternehmens wahrscheinlich.

Lagebericht

Der Lagebericht steht mit dem Jahresabschluss im Einklang und die sonstigen Angaben im Lagebericht erwecken keine falsche Vorstellung von der Lage des Unternehmens.

Vollständigkeitserklärung

Eine Vollständigkeitserklärung wurde von der Unternehmensleitung nach bestem Wissen und Gewissen aufgestellt und von allen Mitgliedern unterzeichnet, die letztlich die Verantwortung für die JA-GmbH und deren finanziellen Angelegenheiten tragen. Diese wurde mit dem Datum versehen, an dem die Übergabe des Jahresabschlusses an den Abschlussprüfer erfolgte.

Weitere, als die in der Fallstudie angebrachten, Korrekturen sind von der JA-GmbH keinesfalls erwünscht.

Urteil

Auf Basis der eben dargestellten Informationen hatten die Testpersonen ihr persönliches unabhängiges Urteil abzugeben

uneingeschränkter Bestätigungsvermerk	uneingeschränkter ergänzter Bestätigungsvermerk	eingeschränkter Bestätigungsvermerk	Versagungsvermerk
❐	❐	❐	❐

und eine Begründung für den gewählten Bestätigungsvermerk anzuführen:

____

____

Die Unterlagen der Erhebungsform „Joint“ waren um folgende Zusätze erweitert:

Joint Audit Urteil

Die Testpersonen hatten sich nach Abgabe des persönlichen unabhängigen Urteils auf ein gemeinsames Prüfungsurteil zu einigen:

uneingeschränkter Bestätigungsvermerk	uneingeschränkter ergänzter Bestätigungsvermerk	eingeschränkter Bestätigungsvermerk	Versagungs-vermerk
❐	❐	❐	❐

und eine gemeinsame Begründung für den gewählten Bestätigungsvermerk anzuführen:

____

____

Weiter hatten sie die persönliche Einschätzung des erforderlichen Abstimmungsaufwandes anzuführen, der notwendig war, um zu einem gemeinsamen Urteil zu gelangen:[272]

	gering								hoch
	1	2	3	4	5	6	7	8	9
Abstimmungsaufwand	□	□	□	□	□	□	□	□	□

Ergänzend wurde der beobachtete Abstimmungsaufwand festgehalten, der erforderlich schien, um zu einem gemeinsamen Urteil zu gelangen:[273]

	gering								hoch
	1	2	3	4	5	6	7	8	9
Abstimmungsaufwand	□	□	□	□	□	□	□	□	□

[272] Die Einschätzung des Abstimmungsaufwands entspricht der subjektiven Wahrnehmung der Testpersonen.

[273] Die Einschätzung wurde im Rahmen der Beobachtung festgehalten, um eine einheitliche Einschätzung des Abstimmungsaufwands aller Joint Untersuchungen festzuhalten, und diesen ua den subjektiven Einschätzungen der „Joint“ Erhebungstestpersonen gegenüberzustellen.

4.2.1.2. Fragebogen

Die folgenden Aussagen und Fragen wurden nach der fallstudienbasierten Untersuchung unter Verwendung eines Fragebogens besprochen, wobei die Befragten angehalten waren, Stellung zu nehmen.

Ein Joint Audit beeinflusst den Prüfungsprozess.

❒ nie ❒ in Sondersituationen ❒ in der Regel ❒ immer

Ein Joint Audit beeinflusst das Prüfungsurteil.

❒ nie ❒ in Sondersituationen ❒ in der Regel ❒ immer

Wie schätzen Sie die Wahrscheinlichkeit ein, dass bei einem Joint Audit ein anderes Urteil entstehen könnte?

❒ gering ❒ in Einzelfällen ❒ öfter ❒keine Angabe

Würden Sie im Rahmen eines Joint Audit's weitere Prüfungshandlungen aufgrund eines zweiten Prüfers setzen?

❒ nein ❒ in Einzelfällen ❒ öfter ❒keine Angabe

Bezugnehmend auf die Fallstudie: Welche der Aspekte hätten Sie am Ehesten mit einem zweiten Prüfer diskutiert? Wählen Sie die drei für Sie Wichtigsten aus.

Unternehmenswachstum	□	Wesentlichkeitsfestlegung	□
Beteiligungen	□	Prüffeld Forderungen	□
Umsatzerlöse	□	Prüffeld Umsatzerlöse	□
EGT	□	Prüffeld Rückstellungen	□
Bilanzgewinn	□	Going Concern Feststellung	□
Prüfungsplanung	□	Lagebericht	□
Risikoeinschätzung	□	Vollständigkeitserklärung	□
____________________	□		

Bezugnehmend auf die Fallstudie: Angenommen, Sie hätten die Forderungen und ein zweiter Prüfer die Rückstellungen geprüft. Hätten Sie die Prüfungsnachweise, die vom anderen Prüfer erarbeitet wurden, vor Urteilsbildung einem Review unterzogen?

❐ nein ❐ in Einzelfällen ❐ in der Regel schon ❐ jedenfalls

Wie beurteilen Sie den Abstimmungsaufwand zwischen den Prüfern in einem Joint Audit?

❐ gering ❐ mittel ❐ hoch ❐ keine Angabe

Wie beurteilen Sie die Konsequenzen des Joint Audit für die Gesamtdurchsicht der Prüfung?

❐ verbessert ❐ neutral ❐ verschlechtert ❐ keine Angabe

Sehen Sie die Gefahr von „Trittbrettfahren" in einem Joint Audit?

❐ jedenfalls ❐ in Einzelfällen ❐ keinesfalls ❐ keine Angabe

Die Zusammensetzung der Prüfer (Big 4, nicht Big 4 usw.) in einem Joint Audit hat eine Auswirkung auf das Prüfungsurteil.

❐ jedenfalls ❐ in Einzelfällen ❐ keinesfalls ❐ keine Angabe

Die Unabhängigkeit vom Mandanten ist in einem Joint Audit höher.

❐ jedenfalls ❐ in Einzelfällen ❐ keinesfalls ❐ keine Angabe

Welche Bedeutung messen Sie dem gegenseitigen Review von, vom anderen Prüfer erarbeiten, Prüfungsnachweisen in einem Joint Audit bei?

Sehen Sie intensiven Diskussions- und Kommunikationsbedarf in einem Joint Audit?

In einem Joint Audit sollte eine mehrjährige Prüfungsplanung mit wechselnder Zuordnung der Prüfungsgebiete erfolgen. Wie sehen Sie diese Anforderung in der Praxis?

Ihre persönliche Erfahrung mit Joint Audit's?

Abschließend war im Rahmen der Fragebogenbeantwortung eine Beurteilung der folgenden Thesen vorzunehmen:

Ein Joint Audit verursacht im Vergleich zu einer klassischen Jahresabschlussprüfung höhere Kosten.

❒ trifft nicht zu ❒ trifft eher nicht zu ❒ trifft eher zu ❒ trifft sicher zu ❒ nicht einschätzbar

Der gegenseitige Review des Prüfungsprozesses in einem Joint Audit verbessert die Zuverlässigkeit des Prüfungsurteils.

❒ trifft nicht zu ❒ trifft eher nicht zu ❒ trifft eher zu ❒ trifft sicher zu ❒ nicht einschätzbar

Der Austausch von Prüfungsergebnissen und die Kommunikation unter den Prüfern verbessert die Zuverlässigkeit des Prüfungsurteils.

❒ trifft nicht zu ❒ trifft eher nicht zu ❒ trifft eher zu ❒ trifft sicher zu ❒ nicht einschätzbar

Die Wirkung eines Joint Audit's ist bei komplexen Prüffeldern am Größten, in dem ein besseres Judgement über diese Prüffelder erfolgt.

❒ trifft nicht zu ❒ trifft eher nicht zu ❒ trifft eher zu ❒ trifft sicher zu ❒ nicht einschätzbar

Ein Joint Audit ist eine sinnvolle Qualitätssicherungsmaßnahme.

❒ trifft nicht zu ❒ trifft eher nicht zu ❒ trifft eher zu ❒ trifft sicher zu ❒ nicht einschätzbar

4.2.1.3. Demographische Daten und Erfahrungsfragebogen

Zur Klassifizierung der Antworten wurden die Befragten abschließend um nachfolgende Informationen gebeten.

Geschlecht?

❒ männlich ❒ weiblich

Sitz der Wirtschaftsprüfungsgesellschaft?

❒ Österreich ❒ Deutschland ❒ Schweiz

Wie viele Jahre Prüfungserfahrung haben Sie? _________ Jahre

Sind Sie als Wirtschaftsprüfer in einer

❒ Einzelpraxis / kleinen Wirtschaftsprüfungsgesellschaft (1-2 Wirtschaftsprüfer)

❒ mittelgroßen Wirtschaftsprüfungsgesellschaft (3-5 Wirtschaftsprüfer)

❒ großen Wirtschaftsprüfungsgesellschaft (mehr als 5 Wirtschaftsprüfer, jedoch nicht Deloitte Touche Tohmatsu, Ernst & Young, KPMG, PriceWaterhouseCoopers, oder eine deren Verbundgesellschaften)

❒ großen Wirtschaftsprüfungsgesellschaft (Deloitte Touche Tohmatsu, Ernst & Young, KPMG, PriceWaterhouseCoopers oder eine deren Verbundgesellschaften)

tätig?

Haben Sie sich im Rahmen Ihrer Prüfungstätigkeit

auf eine bestimmte Branche spezialisiert?

❒ ja Welche?______________________

❒ nein

auf eine bestimmte Mandantengröße spezialisiert?

❒ ja Welche?______________________

❒ nein

Besetzen Sie ihr Prüfungsteam mit verschiedenen (besonders ausgewählten) Spezialisten?

❒ ja ❒ nein ❒ keine Angabe

Waren Sie bereits als Joint Audit Prüfer tätig?

❒ ja ❒ nein ❒ keine Angabe

Sonstige Anmerkungen:

____

____

4.2.2. Ablauf der fallstudienbasierten Untersuchung und Datenerhebung

Folgend wird die Erhebung der Daten im Rahmen der empirischen Untersuchung beschrieben. Dabei wird insbesondere auf die operative Vorgehensweise der Untersuchung, die Auswahl der Testpersonen und die Aufteilung der Testpersonen auf die zwei Erhebungsformen „Single“ und „Joint“ eingegangen.

4.2.2.1. Operative Vorgehensweise der Untersuchung und Festlegung der Erhebungsform

Vor Beginn der Untersuchung wurde ein Probelauf der Fallstudie und des Fragebogens, dem eine Fragetechnik zugrunde gelegt ist, die eine Überprüfung der entwickelten Hypothesen ermöglichen soll, an einigen Testpersonen, die nicht an der eigentlichen Untersuchung teilgenommen haben, durchgeführt. Um Aufschluss über die Brauchbarkeit der, der Untersuchung zugrundeliegenden Unterlagen zu erlangen sowie um Unklarheiten bei den einzelnen Formulierungen oder im technischen Ablauf zu bereinigen, erschien die Durchführung eines Probelaufs angebracht. Die geäußerte Kritik sowie einige Verbesserungsvorschläge wurden diskutiert und allenfalls in die Untersuchungsunterlagen mit aufgenommen.

Die fallstudienbasierte Untersuchung wurde in zwei unterschiedlichen Erhebungsformen durchgeführt. Während die Testpersonen in der Erhebungsform „Single“ alleine die dargestellten Informationen der Fallstudie zu beurteilen hatten, hatten sich im Rahmen der Erhebungsform „Joint“ zwei Testpersonen zusammen, nach jeweiliger persönlicher Beurteilung, auf ein gemeinsames Urteil zu einigen.

Die „Single“ Erhebung wurde mit 23 Testpersonen und die „Joint“ Erhebung mit 12 Testpersonen durchgeführt.

Im Rahmen der Durchführung der empirischen Untersuchung erhielten die Testpersonen die dargestellte Fallstudie sowie den aus der theoretischen Analyse in Kapitel 3 erarbeiteten standardisierten Fragebogen.

Im Anschluss an die fallstudienbasierte Untersuchung wurde die Befragung mittels des dargestellten standardisierten Fragebogens im Rahmen von Einzelinterviews durchgeführt.

Die fallstudienbasierte Untersuchung sowie die Befragung haben persönlich in den jeweiligen Wirtschaftsprüfungsgesellschaften der Testpersonen stattgefunden. Der Zeitraum für die fallstudienbasierte Untersuchung wurde dabei mit einem Richtwert von 30 Minuten angesetzt. Wobei die Diskussion für die Entscheidung über ein gemeinsames Urteil der „Joint" Untersuchung maximal 10 Minuten in Anspruch nehmen durfte.

Im nächsten Punkt wird die Festlegung und Auswahl der Testpersonen sowie die Zuordnung auf die Erhebungsform dargestellt.

4.2.2.2. Auswahl der Untersuchungsobjekte

Um eine Abweichung der Ergebnisse aufgrund mangelnder Erfahrung oder Ausbildung zu verhindern, sollten die Testpersonen Wirtschaftsprüfer sein, womit der Erfahrungsschatz in der Wirtschaftsprüfung gewährleistet sein sollte.

Als Untersuchungsgruppe wurden die ordentlichen Mitglieder des Instituts Österreichischer Wirtschaftsprüfer festgelegt. Ordentliche Mitglieder des IWP[274] sind österreichische Wirtschaftsprüfer mit aufrechter Berufsbefugnis, die nach einem ordentlichen Zulassungs- und Prüfungsverfahren öffentlich bestellt wurden.[275]

4.2.2.2.1. Grundgesamtheit und willkürliche Stichprobe

Die Testpersonen wurden über das Mitgliederverzeichnis des Instituts Österreichischer Wirtschaftsprüfer per Zufallsstichprobe gewonnen.

Dankenswerterweise hat sich das Institut Österreichischer Wirtschaftsprüfer bereit erklärt, über die Aussendung eines Emails an alle Mitglieder auf die Untersuchung aufmerksam zu machen und um Unterstützung der Untersuchung gebeten. [276] Zusätzlich wurden die Mitglieder noch einmal persönlich per Email angeschrieben und zur Teilnahme an der Untersuchung gebeten.

274 Das IWP ist eine freiwillige Vereinigung der Wirtschaftsprüfer in Österreich mit gegenwärtig ca. 600 Mitgliedern.

275 Die Auswahl hat sich nicht auf natürliche Personen beschränkt. Auch österreichische Wirtschaftsprüfungsgesellschaften mit aufrechter Berufsbefugnis konnten an der Untersuchung teilnehmen.

276 Mein besonderer Dank gilt an dieser Stelle Frau Birgit Schindler für die Aussendung des Emails.

Die an der Untersuchung teilgenommenen Testpersonen haben sich aufgrund der positiven Rückmeldung auf diese Emails ergeben. Insgesamt haben 35 Testpersonen an der Untersuchung teilgenommen.

4.2.2.2.2. Zufallsaufteilung der Testpersonen auf die Erhebungsform

Nach Abklärung der jeweiligen persönlichen Bereitschaft wurden die Testpersonen auf die zwei Erhebungsformen aufgeteilt. Jede Testperson hatte die gleiche Chance, einer der beiden Erhebungsformen zugewiesen zu werden. Aufgrund der größeren Bereitschaft der Testpersonen an der „Single" Erhebungsform teilzunehmen, ergibt sich die höhere Häufigkeitsverteilung für diese Erhebung.

Bevor nunmehr die Auswertung der Daten dargestellt wird, sollen die dafür verwendeten Verfahren vorgestellt werden.

4.3. Verfahren zur Datenanalyse

Die statistische Analyse der erhobenen Daten wird im Wesentlichen mit Hilfe der folgend beschriebenen Verfahren durchgeführt. Es erfolgt zunächst eine Erörterung der verwendeten Mittelwerte bevor auf die verschiedenen verwendeten Tests zur Datenanalyse eingegangen wird.

4.3.1. Mittelwerte

Zur Analyse der erhobenen Daten werden als Mittelwerte das arithmetische Mittel, der Modus und der Median verwendet.

4.3.1.1. Arithmetisches Mittel

Das arithmetische Mittel ist das gebräuchlichste Maß zur Kennzeichnung einer zentralen Tendenz einer Verteilung.[277] Das arithmetische Mittel erhält man, indem alle beobachteten Werte aufsummiert werden und durch die Anzahl der Beobachtungen dividiert wird.[278]

---

277 So auch Bortz 2005, S 37.
278 Vgl. Fahrmeir 2004, S 53.

$$\bar{x}_{\text{arithm}} = \frac{1}{n}\sum_{i=1}^{n} x_i = \frac{x_1 + x_2 + \cdots + x_n}{n}$$

Voraussetzung für die Berechnung des arithmetischen Mittels ist, dass die untersuchten Merkmale kardinalskaliert sind. Für qualitative Merkmale ist es somit ungeeignet.[279]

4.3.1.2. Modus

Der Modus ist das wichtigste Lagemaß für alle kategorialen Daten und bereits auf Nominalskalenniveau sinnvoll. Der Modus gibt an, welche Ausprägung am Häufigsten vorkommt, bzw. ist in der Häufigkeitsverteilung der Wert, bei dem die Verteilung ihr Maximum hat. Besonders deutlich wird die Darstellung des Modus durch Stab- oder Säulendiagramme, da der Modus jene Ausprägung mit dem höchsten Stab/der höchsten Säule ist.[280]

Als Maß der zentralen Tendenz ist der Modus geeignet, da er angibt, wo die meisten der abgegebenen Werte liegen und er den Wert einer Verteilung angibt, den man am Wahrscheinlichsten findet.

4.3.1.3. Median

Der Median setzt ein zumindest ordinalskaliertes Merkmal voraus, er ist als resistentes Lagemaß auch für metrische Merkmale sinnvoll. Der Median ist der Wert, der eine Häufigkeitsverteilung in zwei Hälften teilt, so dass über ihm und unter ihm genau gleich viele Werte liegen. Bei einer ungeraden Anzahl von Messwerten ist dies der Wert in der Mitte der Verteilung, bei einer geraden Anzahl von Messwerten ist es die Mitte der beiden Grenzwerte, also der Mittelwert der beiden mittleren Werte.[281] Vom Median hängen alle übrigen Werte in der Weise ab, dass die Summe der Absolutbeträge der Abweichungen ein Minimum ergibt. Der Median ist jener Wert, der eine Häufigkeitsverteilung halbiert.[282]

Der Median einer geordneten Stichprobe $(x_1, x_2, \ldots, x_n)$ von *n* Messwerten berechnet sich aus nachfolgender Formel:

---

[279] So auch Fahrmeier 2004, S 53.
[280] Vgl. Fahrmeir 2004, S 56f.
[281] Vgl. Fahrmeir 2004, S 55f.
[282] So auch Bortz 2005, S 26.

$$\tilde{x} = \begin{cases} x_{(n+1)/2} & \text{(n gerade)} \\ \frac{1}{2}\left(x_{(n/2)} + x_{(n/2+1)}\right) & \text{(n ungerade)} \end{cases}$$

Der Median kann sich in Abhängigkeit von der Anzahl der Messwerte verändern.

Der Median ist als ein Maß der zentralen Tendenz besonders für Häufigkeitsverteilungen geeignet, indem er deren Mitte anzeigt. Er ist aber auch zur Beschreibung einer rangskalierten Variable geeignet, weil er die Information über die größer/kleiner Relation von Zahlen sinnvoll nutzen kann.

4.3.2. Mittelwertvergleiche und der t-Test

Zusammenhänge zwischen zwei und mehreren Variablen, wobei die abhängige Variable zumindest auf Intervallskalenniveau (die unabhängige Variable hingegen muss eine kategoriale Variable sein) gemessen und per arithmetischem Mittel erfasst wird, können mit Hilfe von Mittelwertvergleichen oder t-Tests gut dargestellt werden. Im Rahmen der folgenden statistischen Analyse wird diesbezüglich der t-Test bei unabhängigen Stichproben und die einfaktorielle ANOVA verwendet welche nachfolgend kurz dargestellt, werden.[283]

4.3.2.1. t-Test bei unabhängigen Stichproben

Anhand des t-Tests für Mittelwertdifferenzen werden die Unterschiede der Mittelwerte zweier Gruppen auf Signifikanz geprüft, wobei zu unterscheiden ist, ob es sich bei den Vergleichsgruppen um unabhängige oder abhängige Stichproben handelt.

H_0 Die Mittelwerte in den beiden Gruppen unterscheiden sich nicht ($\mu_1 = \mu_2$).

H_1 Die Mittelwerte in den beiden Gruppen sind unterschiedlich ($\mu_i \neq \mu_{i'}$).

Die Alternativhypothese sagt nicht, dass alle μ-Parameter voneinander verschieden sind, sondern lediglich, dass sich mindestens 2 beliebige Parameter μ_i und $\mu_{i'}$ voneinander unterscheiden.[284]

---

283 Vgl. Janssen 2005, S 323.
284 So auch Bortz 2005, S 249.

Bei einem t-Test bei unabhängigen Stichproben (=übliche t-Test), bestehen die Vergleichsgruppen aus unterschiedlichen Fällen, die unabhängig voneinander aus ihren Grundgesamtheiten gezogen wurden.[285]

t-Tests setzten voraus, dass

- die abhängige Variable mindestens auf Intervallskalenniveau gemessen wird,
- die abhängige Variable in der Grundgesamtheit normal verteilt ist,
- eine Homogenität der Varianzen vorliegt, d.h. nahezu gleiche Varianzen in den Vergleichsgruppen existieren[286] und
- die Auswahl der Fälle bzw. beim Vergleich abhängiger Stichproben die Paare, zufällig erfolgt ist.[287]

4.3.2.2. Einfaktorielle ANOVA

Im Gegensatz zum t-Test wird im Rahmen einer Ein-Weg-Varianzanalyse die Signifikanz von Differenzen multipler Gruppen geprüft. Unter Anwendung des F-Tests ist es möglich zu ermitteln, ob irgendeine Gruppe in signifikanter Weise vom Gesamtmittelwert abweicht. Im Unterschied zur Mehr-Weg-Analyse kann bei der Ein-Weg-Varianzanalyse nur eine unabhängige Variable berücksichtigt werden. Da F-Tests nur feststellen, ob sich eine Gruppe signifikant von einer anderen unterscheidet, bietet die einfaktorielle ANOVA zusätzliche Tests, um zu prüfen, welche Gruppen signifikante Differenzen aufweisen. Dabei handelt es sich wiederum um einen t-Test bzw. verwandten Test zur Überprüfung der Signifikanz von Mittelwertdifferenzen zwischen allen bzw. beliebig vielen ausgewählten Gruppen.[288]

H_0 Die Mittelwerte in den *k* Gruppen unterscheiden sich nicht.

H_1 Die Mittelwerte in den *k* Gruppen sind unterschiedlich.

285 Vgl. Janssen 2005, S 337.

286 Ist es unklar, ob die Varianzen der beiden Grundgesamtheiten als gleich angesehen werden können, sollte man zunächst einen Test auf Gleichheit der Varianzen durchführen.

287 Vgl. Janssen 2005, S 338.

288 Vgl. Janssen 2005, S 323f.

4.3.3. Kreuztabelle und der Chi-Quadrat-Test

4.3.3.1. Kreuztabelle

Die Kreuztabelle wird im nächsten Hauptpunkt der statistischen Analyse häufig Anwendung finden, da sich Zusammenhänge zwischen zwei kategorialen Variablen sehr gut darstellen lassen. Durch die Einführung von Kontrollvariablen ist es zudem möglich, dies auf drei- und mehrdimensionale Zusammenhänge zu erweitern. Darüber hinaus bieten Kreuztabellen verschiedene Varianten des Chi-Quadrat-Tests für die Überprüfung der Signifikanz von Zusammenhängen zwischen zwei Variablen.[289]

4.3.3.2. Chi-Quadrat-Unabhängigkeitstest

Stammen Daten aus keiner Vollerhebung, sondern wurde nur ein Teil der Zielpopulation untersucht (Teilerhebung), kann nicht ohne weitere Prüfung ein in einer Tabelle (z.B. der oben dargestellten Kreuztabelle) erkannter Zusammenhang zwischen zwei Variablen als gesichert gelten. Kam die Teilpopulation durch eine Zufallsauswahl zustande, lässt sich eine weitgehende Absicherung von zufallsbedingten Ergebnissen mit Hilfe eines Signifikanztests herbeiführen. Hierzu bietet sich der Chi-Quadrat-Test an, der geeignet dafür ist, wenn zwei oder mehr unabhängige Stichproben vorliegen und die abhängige Variable auf Nominalskalenniveau gemessen wurde.[290]

Ein Chi-Quadrat-Test zur Überprüfung der statistischen Signifikanz von Zusammenhängen zwischen zwei Variablen erfolgt folgendermaßen:

- Der Nullhypothese (H_0) wird eine Alternativhypothese (H_1) gegenübergestellt. Es soll entschieden werden, ob die Alternativhypothese als weitgehend gesichert angenommen werden kann oder ob die Nullhypothese (vorläufig) beibehalten werden muss.
- Die statistische Prüfgröße Chi-Quadrat wird ermittelt, für die eine Wahrscheinlichkeitsverteilung (Chi-Quadrat-Verteilung) bekannt ist (asymptotischer Test) oder berechnet (exakter Test) werden kann.
- Es wird ein Signifikanzniveau festgelegt, ab der die Alternativhypothese angenommen werden soll. Üblich ist ein 5-% Niveau.
- Es werden die Freiheitsgrade für die Verteilung festgelegt.

---

289 Vgl. Janssen 2005, S 39 u 245.
290 Vgl. Janssen 2005, S 254.

- Aus diesen Feststellungen ergibt sich der „kritische Bereich", d.h. der Bereich der Werte der Prüfgröße, in dem die Alternativhypothese angenommen wird.
- Die Prüfgröße wird daraufhin überprüft, ob sie in den kritischen Bereich fällt oder nicht. Ist dies der Fall, wird die Alternativhypothese angenommen, wenn nicht, wird die Nullhypothese vorläufig beibehalten.[291]

H_0 Es besteht keine Beziehung zwischen den untersuchten Variablen. (D.h. die beiden Variablen sind voneinander unabhängig.)

H_1 Es besteht ein Zusammenhang zwischen den untersuchten Variablen. (D.h. die beiden Variablen sind von einander abhängig.)

Der Chi-Quadrat-Test prüft, ob nach ihrer empirischen Verteilung zwei in einer Stichprobe erhobenen Variablen voneinander unabhängig sind oder nicht. Sind sie voneinander unabhängig, wird die Nullhypothese (vorläufig) beibehalten (bzw. nicht abgelehnt), ansonsten die Alternativhypothese angenommen. Zur Hypothesenprüfung wird nicht ein Parameter, sondern die ganze Verteilung verwendet, auch werden keine Voraussetzungen hinsichtlich der Verteilung der Werte in der Grundgesamtheit gemacht, weshalb der Chi-Quadrat-Test zu den nichtparametrischen Tests zählt.[292]

4.3.3.3. Chi-Quadrat-Homogenitätstest

Der Chi-Quadrat-Homogenitätstest untersucht die Hypothese, ob *n* Verteilungen identisch sind.

Im letzten Punkt wurde der χ^2-Koeffizient im Rahmen des Chi-Quadrat-Unabhängigkeitstest aus einer Kreuztabelle dargestellt. Obwohl in den hier betrachteten Kreuztabellen die Zeilen keinem zufällig erhobenen Merkmal entsprechen, sondern den Populationen, aus denen gezogen wird, lässt sich der χ^2-Koeffizient als Abweichungsmaß anwenden. Bei der Homogenitätsprüfung wird untersucht, ob ein Merkmal in zwei oder mehreren Stichproben identisch verteilt ist. Die Nullhypothese postuliert dann die Homogenität der Verteilung.[293]

[291] Vgl. Janssen 2005, S 254.
[292] Vgl. Janssen 2005, S 255.
[293] Vgl. Fahrmeir 2004. S 463.

H_0 Die Verteilung der Merkmale in jeder Population ist dieselbe (homogen).

H_1 Die Verteilung der Merkmale in jeder Population ist nicht dieselbe (nicht homogen).

4.3.4. Nicht-parametrische Tests

Nicht-parametrische Tests oder auch verteilungsfreie Tests genannt, sind ein Synonym für eine Reihe von statistischen Tests für ähnliche Anwendungsbedingungen und können durchgeführt werden, wenn die nachfolgenden zwei Bedingungen vorliegen:

- Die zu testenden Variablen haben Ordinal- oder Nominalskalen, so dass Tests mit Annahmen über die Verteilung der Variablen, wie z.B. der t-Test zur Prüfung auf Differenz von Mittelwerten zweier Verteilungen oder der Test eines Korrelationskoeffizienten auf Signifikanz nicht angewendet werden dürfen.
- Die zu testenden Variablen haben zwar ein metrisches Skalenniveau aber die Datenlage gibt Anlass für die Annahme, dass keine Normalverteilung zu Grunde liegt. Dieses gilt für die Verteilung der Grundgesamtheit und aber insbesondere für die Stichprobenverteilung einer Prüfgröße bei kleinen Stichprobenumfängen, da hier der zentrale Grenzwertsatz nicht anwendbar ist.[294]

Da nicht-parametrische Tests auf Rangziffern oder Häufigkeiten der Variablen basieren und die Verwendung von Rangziffern einen Informationsverlust gegenüber der Verwendung von Variablenwerten darstellt, wird die schwächere Trennschärfe dieser Tests, im Vergleich zu parametrischen Tests, als Nachteil gesehen und nicht-parametrische Tests werden daher idR nur dann verwendet, wenn die Voraussetzungen für die Anwendung parametrischer Tests nicht erfüllt sind.[295]

4.3.4.1. Kolmogorov-Smirnov-Test für eine Stichprobe

Der Kolmogorov-Smirnov-Test prüft, ob die Verteilung einer Stichprobenvariable mit einer theoretischen Verteilung übereinstimmt. Im Vergleich zum χ^2-Test hat der Kolmogorov-Smirnov-Test den Vorteil, dass er auch für kleine Stichproben angewandt werden kann, da für kleine Stichproben meistens nicht gewährleistet ist, dass 20 % der Zellen eine erwartete Häufigkeit von mindestens 5 haben.[296]

---

294 Vgl. Janssen 2005, S 525.
295 So auch Janssen 2005, S 525.
296 Vgl. Janssen 2005, S 535.

„Dieser Test basiert auf der kumulierten empirischen sowie kumulierten erwarteten (theoretischen) Häufigkeitsverteilung. Die größte Differenz (D_{max}) zwischen beiden kumulierten Verteilungen und der Stichprobenumfang gehen in die Prüfgröße Z nach Kolmogorov-Smirnov ein ($KS\text{-}Z = \sqrt{n} * D_{max}$). Aus Tabellen kann man für einen gegebenen Stichprobenumfang kritische Werte für D_{max} bei einem vorgegebenen Signifikanzniveau entnehmen."[297]

H_0 Die Variable entspricht in der Grundgesamtheit einer Normalverteilung.
(D.h. die zu testende Verteilung ist eine Normalverteilung.)

H_1 Die Variable entspricht in der Grundgesamtheit keiner Normalverteilung.
(D.h. die zu testende Verteilung ist nicht normal verteilt.)

Kann die Normalverteilungsannahme nicht bestätigt werden, so können Tests, die die Normalverteilung der Werte in der Grundgesamtheit voraussetzen, nicht angewendet werden.[298]

4.3.4.2. Tests für 2 unabhängige Stichproben

Die zwei nachfolgend dargestellten Tests „Mann-Whitney U-Test" sowie der „Kolmogorov-Smirnov Z-Test" prüfen, ob eine Variable in zwei unabhängig voneinander erhobenen Stichproben aus einer gleichen Grundgesamtheit stammt.

4.3.4.2.1. Mann-Whitney U-Test

Der Mann-Whitney U-Test eignet sich für den Vergleich von zwei Mittelwerten von Verteilungen und ist die Alternative zum parametrischen t-Test. Liegt keine metrische Variable vor und/oder ist die getestete Variable nicht normalverteilt, kann anstelle des t-Test's der Mann-Whitney U-Test durchgeführt werden.

Der Mann-Whitney U-Test prüft auf Unterschiede hinsichtlich der zentralen Tendenz von Verteilungen.

Die einzige Voraussetzung für dessen Anwendung ist, dass die getestete Variable ordinalskaliert ist. Diesem Test werden nicht die Messwerte der Variablen sondern deren Rangplätze zugrunde gelegt.[299]

---

[297] Janssen 2005, S 535.
[298] So auch Janssen 2005, S 243.

H_0 Die Variable hat in beiden Grundgesamtheiten die gleiche Rangverteilung.
(D.h. die zentrale Tendenz der Verteilung der Ränge ist in beiden Gruppen die Gleiche.)

H_1 Die Variable ist in beiden Grundgesamtheiten nicht gleich verteilt, da die Rangverteilung in einer Grundgesamtheit größer ist.
(D.h. die zentrale Tendenz der Verteilung der Ränge ist in einer Gruppe größer.)

4.3.4.2.2. Kolmogorov-Smirnov Z-Test

Der Kolmogorov-Smirnov Z-Test hat die gleichen Anwendungsvoraussetzungen wie der eben dargestellte Mann-Whitney U-Test (zwei unabhängige Zufallsstichproben und eine zumindest ordinalskalierte Variable). Auch die H_0 Hypothese entspricht jener des Mann-Whitney U-Test.

H_0 Die Variable hat in beiden Grundgesamtheiten die gleiche Verteilung.

H_1 Die Variable ist in beiden Grundgesamtheiten nicht gleich verteilt.

Im Vergleich zum Mann-Whitney U-Test prüft der Kolmogorov-Smirnov Z-Test jegliche Abweichungen der Verteilungen, wie die zentrale Tendenz, die Streuung uvm.. Analog zum Kolmogorov-Smirnov Z-Test für eine Stichprobe basiert die Prüfgröße auf der maximalen Differenz (D_{max}) zwischen den kumulierten Häufigkeiten der beiden Stichprobenverteilungen. Wenn die Hypothese H_0 gilt, so kann man erwarten, dass die kumulierte Häufigkeit der beiden Verteilungen nicht stark voneinander abweichen. Ist D_{max} größer, als unter der Hypothese H_0 zu erwarten ist, so wird H_0 abgelehnt.[300]

4.3.4.3. Kruskal-Wallis H-Test als Test für k unabhängige Stichproben

Bei diesem Test wird in Erweiterung der Fragestellung für den Fall von zwei unabhängigen Stichproben geprüft, ob sich k (drei oder mehr) Gruppen (Stichproben) unterscheiden oder nicht. Es wird die Nullhypothese gegen eine Alternativhypothese geprüft.[301]

H_0 Alle Gruppen stammen aus der gleichen Grundgesamtheit.

H_1 Die Gruppen entstammen aus unterschiedlichen Grundgesamtheiten.

---

[299] Vgl. Janssen 2005, S 537.
[300] Vgl. Janssen 2005, S 542.
[301] Vgl. Janssen 2005, S 545.

Der Kruskal-Wallis H-Test ist eine einfaktorielle Varianzanalyse für Rangziffern und eignet sich gut zur Prüfung auf eine unterschiedliche zentrale Tendenz von Verteilungen. Beim Kruskal-Wallis H-Test handelt es sich um ein Verfahren zur statistischen Auswertung ordinalskalierter Daten von mehr als zwei unabhängigen Gruppen. Die Messwerte für die *k* Stichproben bzw. Gruppen werden in eine gemeinsame Rangordnung gebracht. Die Zuordnung der Ränge erfolgt folgendermaßen, dass alle Messwerte unabhängig von ihrer Gruppenzugehörigkeit je nach Größe des Messwerts eine ganze Zahl zwischen 1 und *n* zugeordnet bekommen. Bei gleichen Messwerten wird aus den zugehörigen Rängen ein mittlerer Rang gebildet. Die Prüfgröße H wird somit, wie nachfolgend dargestellt, berechnet:[302]

$$H = \frac{12}{n(n+1)} \sum_{i=1}^{k} \frac{R_i^2}{n_i} - 3(n+1)$$

R_i = Summe der Rangziffern der Stichprobe i

n_i = Fallzahl der Stichprobe i

n = Summe des Stichprobenumfangs aller k Gruppen

Sollte es Bindungen geben, wird die Gleichung um einen Korrekturfaktor korrigiert. Die Prüfgröße H ist aproximativ chi-quadrat-verteilt mit k-1 Freiheitsgraden.[303]

Die Alternativhypothese des Kruskal-Wallis H-Test's besagt, dass sich mindestens eine der Gruppen von den anderen unterscheidet.

Der Kruskal- Wallis Test wird in der statistischen Analyse als Alternative zum Mann-Whitney U-Test verwendet, wenn mehr als zwei Gruppen vorliegen. Analog zum Mann-Whitney U-Test sehen die Hypothesen folgendermaßen aus:

[302] Vgl. Janssen 2005, S 545.
[303] Vgl. Janssen 2005, S 545.

H_0 Die Variable hat in den *k* Grundgesamtheiten die gleiche Rangverteilung.
(D.h. die zentrale Tendenz der Verteilung der Ränge ist in den *k* Gruppen die Gleiche.)

H_1 Die Variable ist in den *k* Grundgesamtheiten nicht gleich verteilt, da die Rangverteilung in einer Grundgesamtheit größer ist.
(D.h. die zentrale Tendenz der Verteilung der Ränge ist in einer Gruppe größer.)

4.4. Datenanalyse

Bevor die gewonnenen Daten mit Hilfe bestimmter statistischer Verfahren ausgewertet werden, sind sie in geeigneter Form aufzubereiten.[304] Die Datenanalyse unterteilt sich folglich in die deskriptive Auswertung und die statistische Analyse der Daten. Vorrangiges Ziel der deskriptiven Datenauswertung ist die Informationsverdichtung. Wohingegen im Rahmen der statistischen Analyse verschiedene statistische Tests zur Hypothesenprüfung im Vordergrund stehen.

4.4.1. Deskriptive Analyse

Es folgt eine erste Zusammenfassung sowie eine graphische Aufbereitung und Komprimierung der erhobenen Daten. Dies soll einer ersten Übersicht dienen.

Zur Förderung des Gesamtüberblicks wird der Abschnitt deskriptive Analyse in fünf Unterpunkte gegliedert:

- Untersuchungsform,
- Testpersonen und Prüfungsgesellschaften,
- Urteil und Urteilsbegründung,
- erste Ergebnisse der Befragung sowie
- Thesenbeurteilung der Befragten.

Mit Hilfe von Kreis- und Balkendiagrammen soll ein erster Überblick über die Häufigkeiten der Merkmalsausprägungen und die zugrundeliegenden Verteilungen erfolgen.

[304] So auch Moosmüller 2004, S 18.

4.4.1.1. Untersuchungsform

Die fallstudienbasierte Untersuchung wurde in Form von zwei verschiedenen Erhebungen durchgeführt. Während in der Untersuchungsform „Single“ ein Prüfer alleine die Informationen der Fallstudie zu beurteilen hatte, haben im Rahmen der Untersuchungsform „Joint“ zwei Abschlussprüfer gemeinsam, nach jeweiliger persönlicher Beurteilung, die Informationen der Fallstudie beurteilt.

Die nachfolgende Abbildung zeigt die Aufteilung der Testpersonen auf die Erhebungsform. Es haben 23 Testpersonen (65,7 %) an der „Single“ Erhebung und 12 Testpersonen (34,3 %) an der „Joint“ Erhebung teilgenommen.

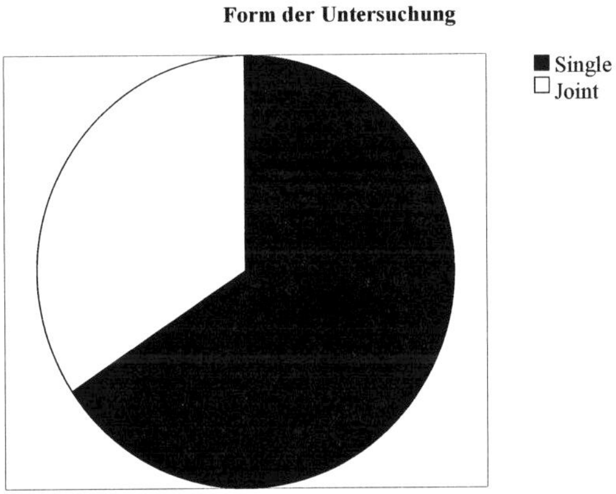

Abbildung 5: Testpersonenaufteilung auf die Erhebungsformen

4.4.1.2. Testpersonen und Prüfungsgesellschaften

Im Anschluss an die fallstudienbasierte Untersuchung und den Fragebogen wurden die prüferindividuellen Faktoren von den Testpersonen erhoben, um mögliche Rückschlüsse auf die Ergebnisse der Untersuchung ziehen zu können, welche folgend kurz zusammengefasst werden. Von besonderer Bedeutung hierfür sind die Prüfungserfahrung der Testpersonen, die Größe der angehörenden Prüfungsgesellschaft und die bisherige Erfahrung als Joint Audit Prüfer.

Die Testpersonen waren überwiegend männlichen Geschlechts, was ua auf den Berufsstand des Wirtschaftsprüfers, welcher überwiegend von Männern dominiert wird, zurückzuführen ist.

		Häufigkeit	Prozent	Gültige Prozente
Gültig	männlich	27	77,1	77,1
	weiblich	8	22,9	22,9
	Gesamt	35	100,0	100,0

Tabelle 7: Häufigkeitsverteilung der Testpersonen auf die Erhebungsformen

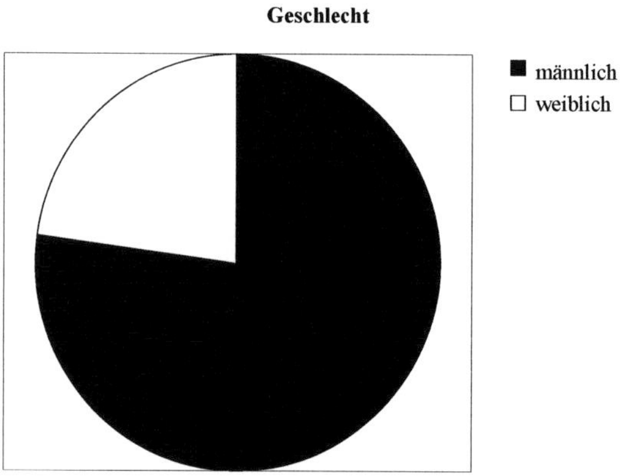

Abbildung 6: Geschlecht der Testpersonen

Die bisherige Prüfungserfahrung der Testpersonen variiert zwischen 3 und 40 Jahren, was eine Spannweite von 37 Jahren und einen Mittelwert von nahezu 16 Jahren ergibt.

N	Gültig	35
	Fehlend	0
Mittelwert		15,89
Standardfehler des Mittelwertes		1,560
Median		15,00
Modus		3[a]
Standardabweichung		9,228
Varianz		85,163
Spannweite		37
Minimum		3
Maximum		40

[a] Mehrere Modi vorhanden. Der kleinste Wert wird angezeigt.

		Häufigkeit	Prozent	Gültige Prozente
Gültig	3	3	8,6	8,6
	4	1	2,9	2,9
	5	1	2,9	2,9
	6	1	2,9	2,9
	9	2	5,7	5,7
	10	2	5,7	5,7
	11	1	2,9	2,9
	12	3	8,6	8,6
	13	3	8,6	8,6
	15	2	5,7	5,7
	16	2	5,7	5,7
	17	2	5,7	5,7
	18	2	5,7	5,7
	20	1	2,9	2,9
	21	1	2,9	2,9
	23	1	2,9	2,9
	25	3	8,6	8,6
	30	2	5,7	5,7
	37	1	2,9	2,9
	40	1	2,9	2,9
	Gesamt	35	100,0	100,0

Tabelle 8: Häufigkeitsverteilung der Prüfungserfahrung der Testpersonen

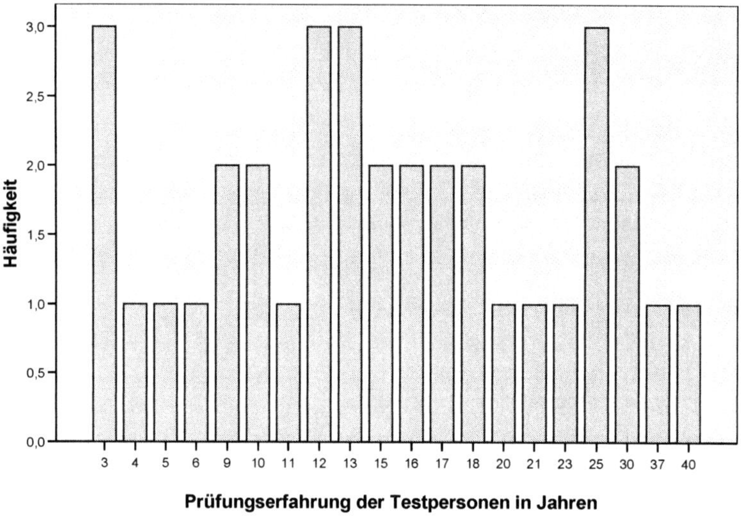

Abbildung 7: Prüfungserfahrung der Testpersonen in Jahren

Für die statistische Analyse wird die Prüfungserfahrung in drei Gruppen kategorisiert, wobei bis zu 5 Jahre als kurze, von 6 bis 15 Jahre als mittlere und von 16 bis 40 Jahre als lange Prüfungserfahrung gelten.

Aus der nachfolgenden Graphik[305] ist somit ersichtlich, dass 16 Testpersonen (45,7 %) bereits lange prüfungserfahren sind, 5 Testpersonen nur wenig Prüfungserfahrung (14,3 %) und 14 Testpersonen (40 %) mittlere Prüfungserfahrung haben.

305 Kurze Prüfungserfahrung ist in Balken 1, mittlere in Balken 2 und lange Prüfungserfahrung in Balken 3 dargestellt.

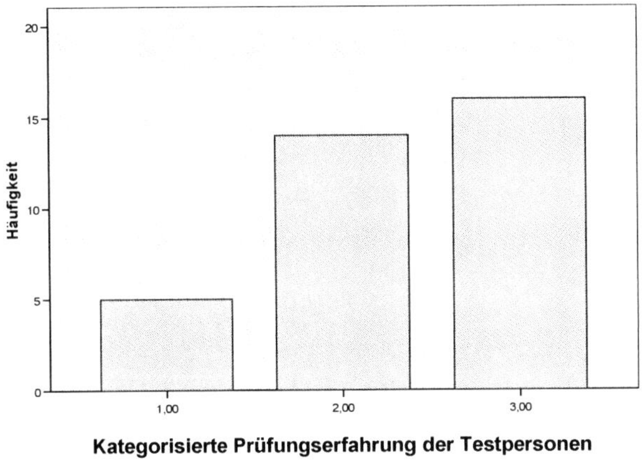

Abbildung 8: Kategorisierte Prüfungserfahrung der Testpersonen

Die Größe der Prüfungsgesellschaft wurde in vier Gruppen vordefiniert. Die Testpersonen hatten anzugeben, ob sie als Prüfer in einer

- Einzelpraxis / kleinen Prüfungsgesellschaft (1-2 Wirtschaftsprüfer)
- mittelgroßen Prüfungsgesellschaft (3-5 Wirtschaftsprüfer)
- großen Prüfungsgesellschaft (mehr als 5 Wirtschaftsprüfer, jedoch nicht Deloitte Touche Tohmatsu, Ernst & Young, KPMG, PriceWaterhouseCoopers, oder eine deren Verbundgesellschaften)
- großen Prüfungsgesellschaft (Deloitte Touche Tohmatsu, Ernst & Young, KPMG, PriceWaterhouseCoopers oder eine deren Verbundgesellschaften)

tätig sind.

10 Testpersonen (28,6 %) gaben an, in einer Einzelpraxis bzw. kleinen Wirtschaftsprüfungsgesellschaft tätig zu sein. 21 Testpersonen (62,8 %) sind in einer großen Prüfungsgesellschaft tätig, wovon mehr auf große – jedoch nicht Big 4 Prüfungsgesellschaften entfallen.

		Häufigkeit	Prozent	Gültige Prozente
Gültig	Einzelpraxis / kleine Prüfungsgesellschaft	10	28,6	28,6
	mittelgroße Prüfungsgesellschaft	3	8,6	8,6
	große Prüfungsgesellschaft	13	37,1	37,1
	Big 4 Prüfungsgesellschaft	9	25,7	25,7
	Gesamt	35	100,0	100,0

Tabelle 9: Häufigkeitsverteilung der Größe der Prüfungsgesellschaft

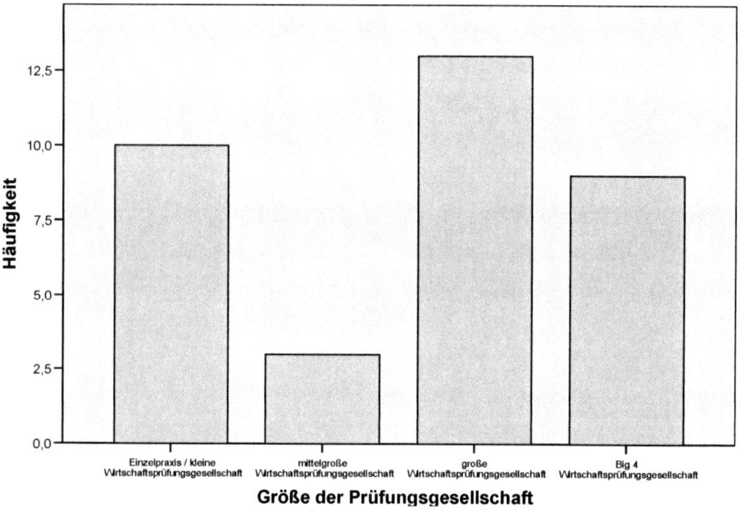

Abbildung 9: Größe der Prüfungsgesellschaft

Für die statistische Analyse wird die Größe der Prüfungsgesellschaft zweimal unterschiedlich kategorisiert. Die erste Kategorisierung erfolgt in klein- und mittelgroße und große Prüfungsgesellschaften. Hierfür wurden jeweils die kleinen und mittelgroßen Gesellschaften und die großen und Big-4 Gesellschaften zusammengefasst.

Die nachfolgende Graphik[306] zeigt, dass somit 13 Testpersonen (37,1 %) kleinen- und mittelgroßen Prüfungsgesellschaften und 22 Testpersonen (62,9 %) großen Prüfungsgesellschaften angehören.

[306] Die Graphik zeigt in Balken 1 die klein- und mittelgroßen und in Balken 2 die großen Gesellschaften.

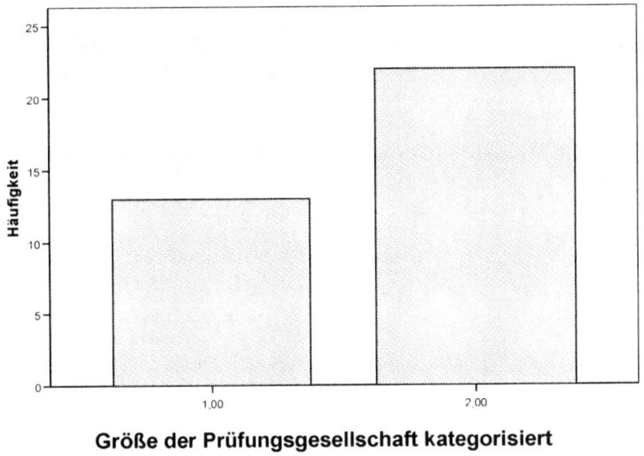

Abbildung 10: Größe der Prüfungsgesellschaft kategorisiert

Die zweite Kategorisierung erfolgt in Nicht-Big-4 und Big-4 Gesellschaften. Diese Kategorisierung der Variable Gesellschaftsgröße wird im Rahmen der statistischen Analyse besonders von Interesse sein.

Die Abbildung[307] zeigt, dass etwa ein Viertel der Testpersonen (9 Personen, 25,7 %) Big-4 Prüfungsgesellschaften angehören.

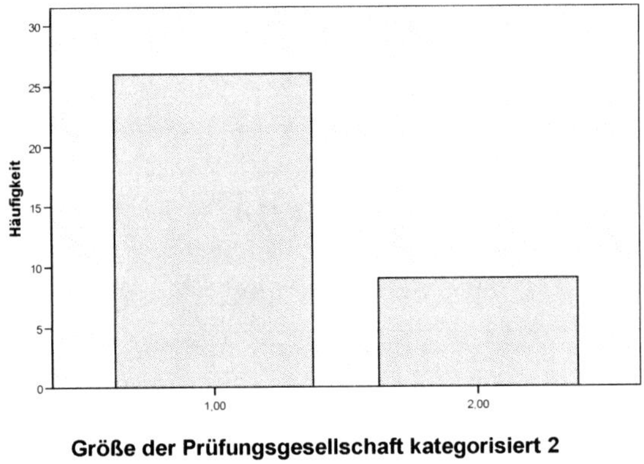

Abbildung 11: Größe der Prüfungsgesellschaft kategorisiert 2

[307] Die Graphik zeigt in Balken 1 die nicht Big-4 und in Balken 2 die Big-4 Gesellschaften.

Als abschließender prüferindividueller Faktor war die bisherige Erfahrung mit Joint Audit's gefragt. Der nächsten Abbildung kann entnommen werden, dass über die Hälfte der Testpersonen (54,3 %) bereits als Joint Audit Prüfer tätig waren.

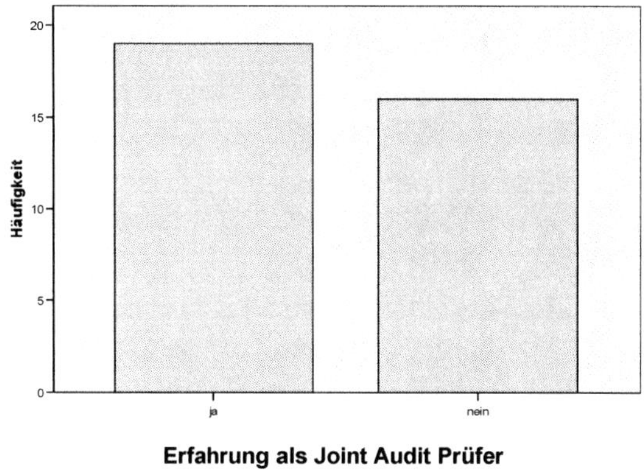

Abbildung 12: Erfahrung als Joint Audit Prüfer

Die persönliche Erfahrung jener Testpersonen, die bereits ein Joint Audit durchgeführt haben, ist überwiegend neutral (52,6 %). 4 Testpersonen (11,4 %) gaben an, dass die bisherigen Erfahrungen eher negativ sind.

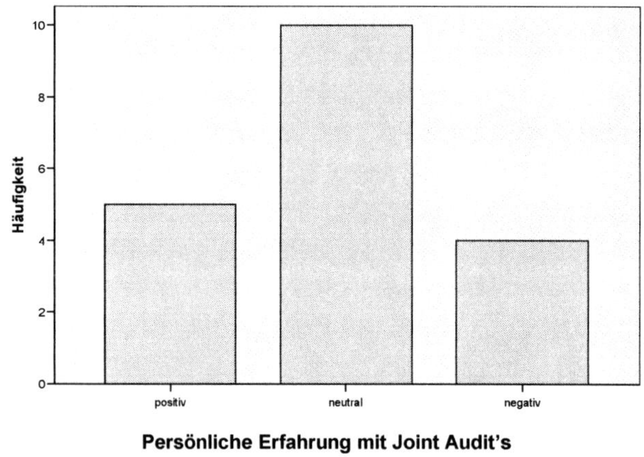

Abbildung 13: Persönliche Erfahrung mit Joint Audit's

4.4.1.3. Urteil und Urteilsbegründung

Jede Testperson hatte ihr persönliches Urteil im Rahmen der fallstudienbasierten Untersuchung abzugeben. Auf Basis der im Sachverhalt der Fallstudie dargestellten Informationen, konnten die Testpersonen zwischen vier verschiedenen Urteilsformen entscheiden, nämlich

- dem uneingeschränkten Bestätigungsvermerk,
- dem uneingeschränkten aber ergänzten Bestätigungsvermerk,
- dem eingeschränkten Bestätigungsvermerk, sowie
- dem Versagungsvermerk.

Jede mögliche Urteilsform wurde von den Testpersonen als persönliches Urteil im Rahmen der Untersuchung genannt. Der eingeschränkte Bestätigungsvermerk wurde mit 12 mal (35,3 %) am Häufigsten angeführt. Wohingegen der Versagungsvermerk nur 5 mal (14,7 %) als Urteil in Frage gekommen ist.[308]

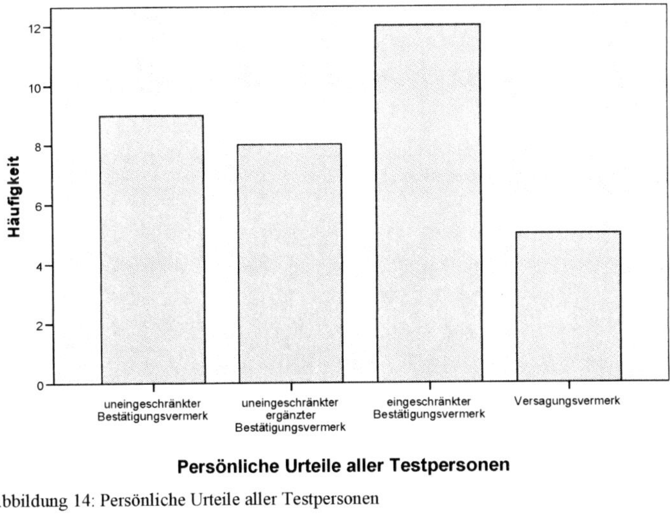

Abbildung 14: Persönliche Urteile aller Testpersonen

Für die weitere statistische Analyse wird das persönliche Urteil der Testpersonen in zwei Gruppen kategorisiert. Zum Einen in uneingeschränkte Urteile und zum Anderen in eingeschränkte oder versagte Urteile. Die folgende Graphik zeigt, dass die Hälfte der Testpersonen

[308] Eine Testperson hat die Urteilsabgabe verweigert.

als persönliches Urteil ein uneingeschränktes (zT jedoch ergänztes) und die andere Hälfte der Testpersonen ein eingeschränktes oder versagtes Urteil abgegeben haben.

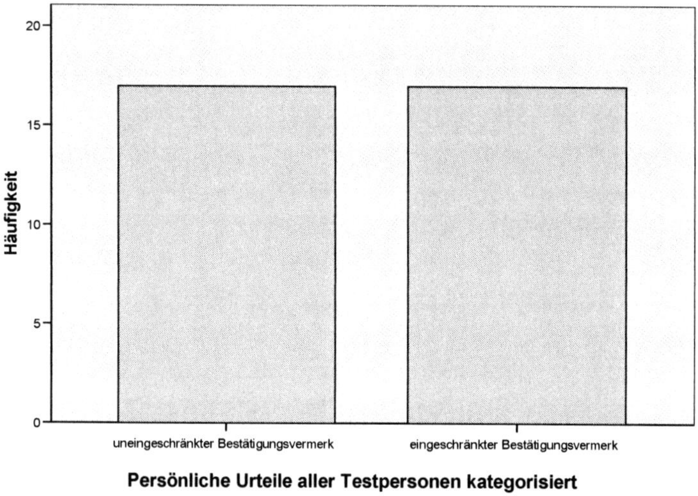

Abbildung 15: Persönliche Urteile aller Testpersonen kategorisiert

Als nächstes sollen nur die Urteile der „Joint" Erhebung dargestellt werden. 12 Testpersonen hatten zuerst ein persönliches Urteil abzugeben und sich im Anschluss daran mit einer zweiten Testperson auf ein gemeinsames Prüfungsurteil zu einigen. Die nachfolgende Tabelle zeigt die persönlichen Urteile der Testpersonen, die im Rahmen der „Joint" Untersuchung teilgenommen haben.

Aus der Abbildung ist ersichtlich, dass nunmehr die uneingeschränkte (und nicht ergänzte) Urteilsform nicht mehr abgegeben wurde. Weiter zeigt die Abbildung, dass die Hälfte der Testpersonen eine Einschränkung erwogen, 2 Testpersonen (16,7 %) sich für ein uneingeschränktes aber ergänztes und 4 Testpersonen (33,3 %) sich für ein versagtes Urteil entschieden haben.

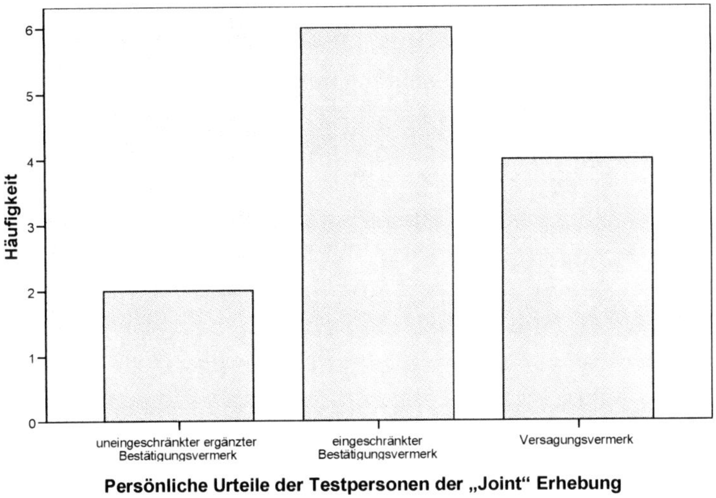

Abbildung 16: Persönliche Urteile der Testpersonen der „Joint" Erhebung

Betrachtet man in weiterer Folge die Abbildung der gemeinsamen Urteile der Testpersonen der „Joint" Erhebung, sieht man, dass auch die uneingeschränkte aber ergänzte Urteilsform nicht mehr in Anspruch genommen wurde. Die Prüfer haben sich im Rahmen der gemeinsamen Entscheidung 8-mal auf ein eingeschränktes (66,7 %) und 4-mal auf ein versagtes Urteil (33,3 %) geeinigt.

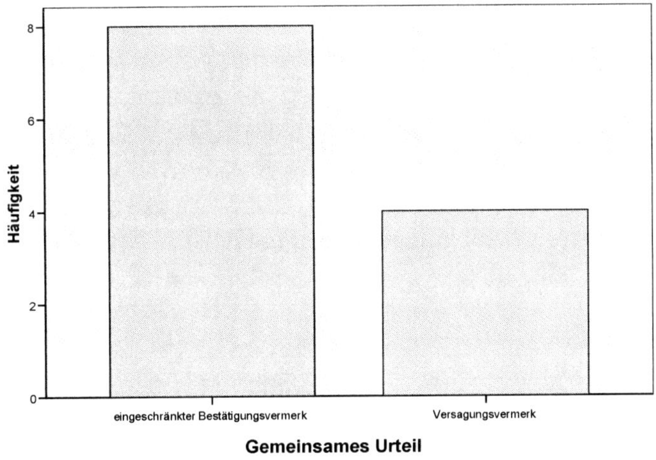

Abbildung 17: Gemeinsames Urteil

Als Begründung für das persönliche Urteil wurden mit 11 Nennungen (33,3 %) die Rückstellungen am Häufigsten genannt.

		Häufigkeit	Prozent	Gültige Prozente
Gültig	Ergänzung (um möglichen Gewährleistungsanspruch)	6	17,1	18,2
	Rückstellung	11	31,4	33,3
	Datum der Vollständigkeitserklärung	2	5,7	6,1
	Forderungen / Umsatzerlöse	1	2,9	3,0
	Überschreitung der festgelegten Wesentlichkeitsgrenze	4	11,4	12,1
	keine Begründung weil uneingeschränkt[309]	9	25,7	27,3
	Gesamt	33	94,3	100,0
Fehlend	Beantwortung verweigert	2	5,7	
Gesamt		35	100,0	

Tabelle 10: Häufigkeitsverteilung der Urteilsbegründung

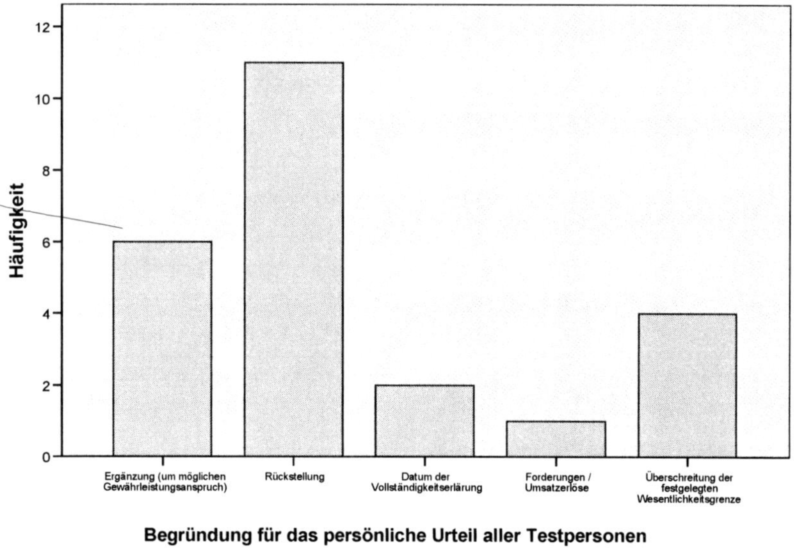

Abbildung 18: Begründung für das persönliche Urteil aller Testpersonen

309 Wurde die Urteilsform „uneingeschränkter Bestätigungsvermerk“ gewählt, so entfällt die Begründung für die getroffene Entscheidung.

In weiterer Folge werden, wie in der eben dargestellten Urteilsbetrachtung, nun die Begründungen der persönlichen Urteile der Testpersonen der „Joint“ Erhebung mit jenen der gemeinsamen Begründungen zusammen betrachtet.

Die nachfolgenden Balkendiagramme veranschaulichen, dass der Bereich Rückstellungen und die Überschreitung der festgelegten Wesentlichkeitsgrenze am Häufigsten als Begründung für das getroffene Urteil genannt wurden. Während die Testpersonen bei alleiniger Entscheidung die Rückstellungen 6-mal (50%) als Grund genannt haben, wurde die Rückstellung als Begründung für das gemeinsame Urteil nur 4-mal angeführt (33,3 %). Die Überschreitung der Wesentlichkeitsgrenze hingegen hatte bei alleiniger Entscheidung eine Häufigkeit von 3-mal (25 %), welche sich bei gemeinsamer Entscheidung auf 4-mal (auf ebenfalls[310] 33,3 %) erhöhte.

Die Begründung „Ergänzung um möglichen Gewährleistungsanspruch“ entfällt in der gemeinsamen Urteilsbegründung, da diese nur im Rahmen der uneingeschränkten aber ergänzten Urteilsform – als Ergänzung – genannt werden konnte.

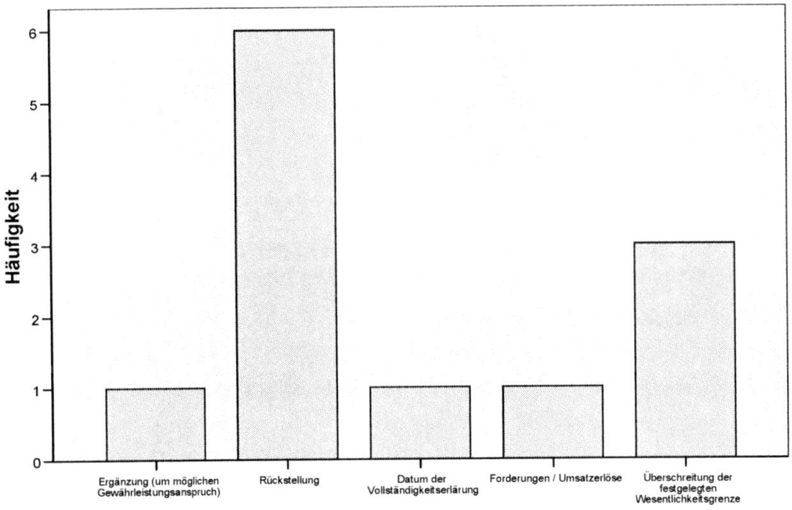

Abbildung 19: Begründung für das persönliche Urteil der Testpersonen der „Joint“ Erhebung

[310] Gleiche Häufigkeit wie die Begründung Rückstellung in der gemeinsamen Begründung.

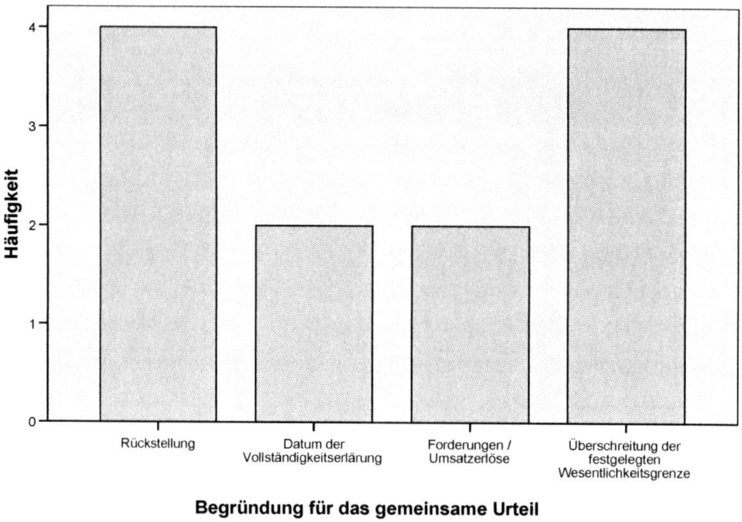

Abbildung 20: Begründung für das gemeinsame Urteil

4.4.1.4. Erste Ergebnisse der Befragung

Im Anschluss an die fallstudienbasierte Untersuchung wurden die Wahrnehmungen und/oder Erfahrungen der Testpersonen betreffend Joint Audit's mit Hilfe eines standardisierten Fragebogens erfasst.

Als erstes wurden die Wirtschaftsprüfer gefragt, ob sie der Meinung sind, dass ein Joint Audit den Prüfungsprozess beeinflusst. 51,4 % sind der Meinung, dass dies in der Regel und 28,6 % das dies immer der Fall ist. 8,6 % sind der Ansicht, dass ein Joint Audit den Prüfungsprozess nur in Sondersituationen beeinflusst. 11,4 % der Testpersonen sind der Meinung, dass dies keineswegs der Fall ist.

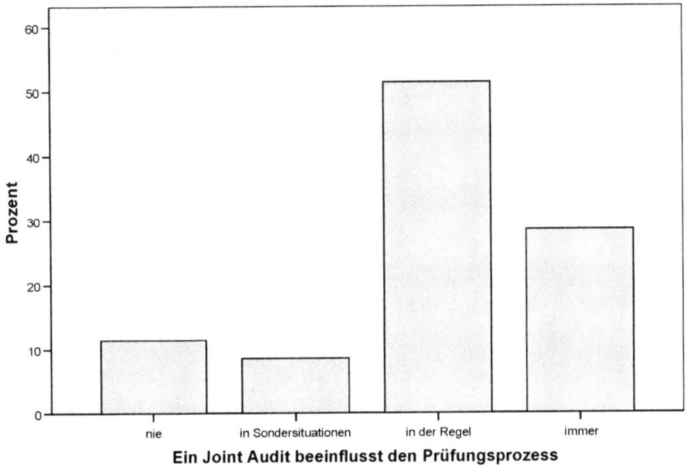

Abbildung 21: Prüfungsprozessbeeinflussung

Auf die Frage ob, ein Joint Audit das Prüfungsurteil beeinflusst, haben 71,4 % mit „in Sondersituationen" geantwortet. 22,9 % sind der Meinung, dass dies keineswegs der Fall ist.

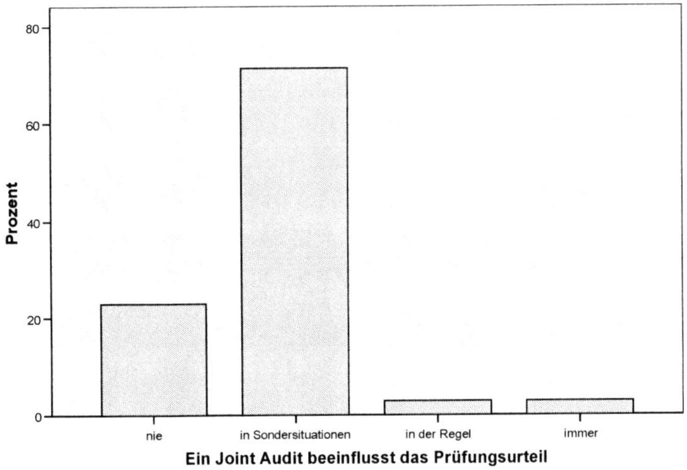

Abbildung 22: Prüfungsurteilsbeeinflussung

Die Wahrscheinlichkeit, dass im Rahmen eines Joint Audit's ein anderes Urteil[311] entstehen kann, schätzen 40% der Befragten als sehr gering ein. 51,4 % der Befragten haben angegeben, dass dies ihrer Meinung nach in Einzelfällen durchaus möglich sein kann.

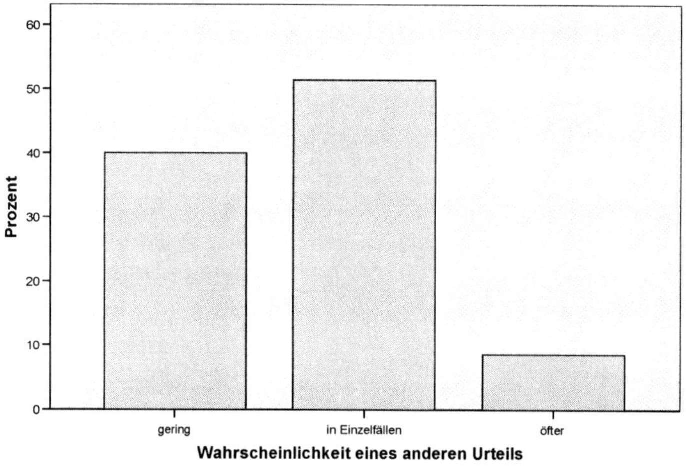

Abbildung 23: Wahrscheinlichkeit eines anderen Urteils

Auf die Frage, inwieweit die Befragten sich vorstellen können, aufgrund eines zweiten Prüfers in einem Joint Audit weitere Prüfungsaktivitäten[312] zu setzen, antworten 45,7 %, dass dies in begründeten Einzelfällen für sie durchaus vorstellbar wäre. 34,3 % würden dies öfter, 20 % jedoch keinesfalls in Betracht ziehen.

---

311 Im Vergleich zu einer klassischen Jahresabschlussprüfung, wo idR ein Prüfer alleine ein Urteil abgibt.

312 Die Frage war darauf abgezielt, herauszufinden, ob Prüfer nach Abschluss ihrer Prüfung, auf Initiative eines zweiten Prüfers, bereit wären, weitere Prüfungsaktivitäten durchzuführen, obwohl sie die Prüfung aus eigener Sicht als bereits beendet betrachten.

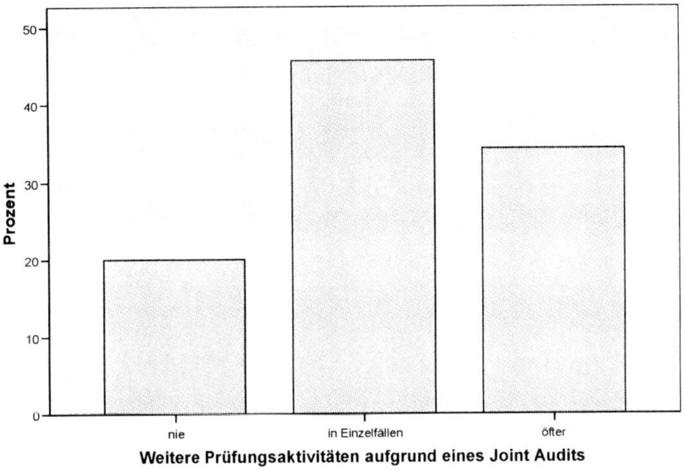

Abbildung 24: Prüfungsaktivitäten

Den Abstimmungsaufwand zwischen den Prüfern in einem Joint Audit geben 57,1 % der Befragten als hoch an, während 14,3 % der Befragten diesen gering sehen.

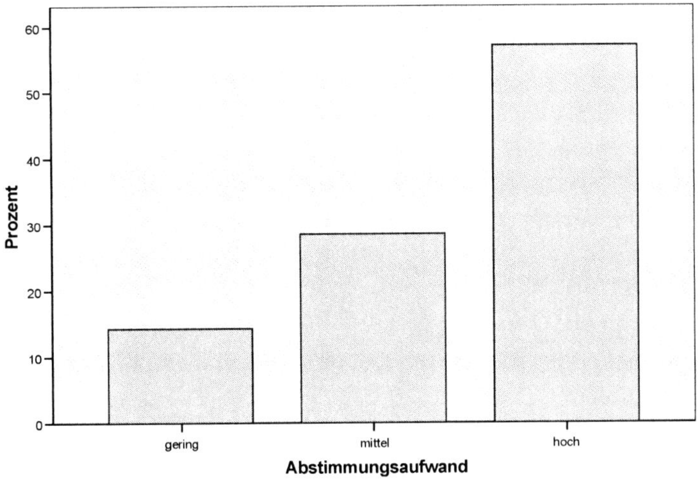

Abbildung 25: Abstimmungsaufwand

22,9 % der Befragten sind der Meinung, dass sich die Gesamtdurchsicht der Prüfung im Rahmen eines Joint Audit's verbessert, wohingegen 14,3 % eine Verschlechterung in der Gesamtdurchsicht sehen. 51,4 % beurteilen die Gesamtdurchsicht als neutral.

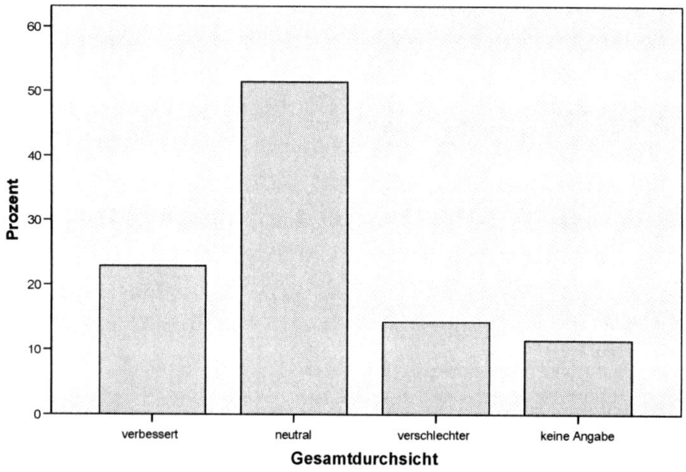

Abbildung 26: Gesamtdurchsicht

Die Gefahr des „Trittbrettfahrens"[313] eines Prüfers sehen 48,6 % der Befragten in Einzelfällen. 22,9 % sind der Meinung, dass dieses mögliche Problem keinesfalls eine Rolle spielt.

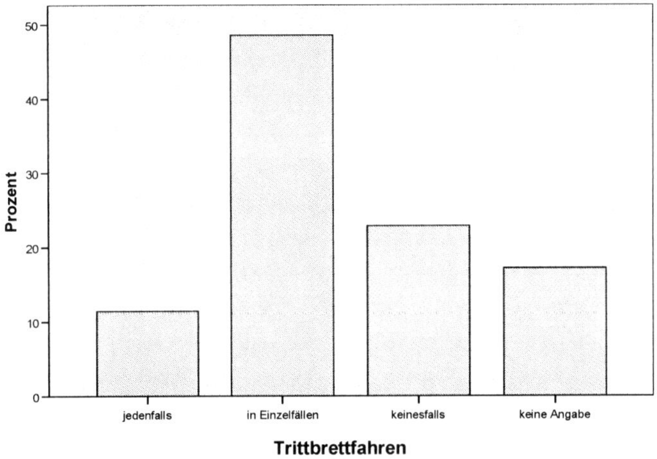

Abbildung 27: Trittbrettfahren

Auf die Frage, ob die Zusammensetzung der Prüfer (Big-4, Nicht-Big-4 usw.) in einem Joint Audit eine Auswirkung auf das Prüfungsurteil hat, haben 48,6 % der Befragten angegeben, dass dies keinesfalls der Fall ist. Wohingegen 17,1 % der Meinung sind, dass die Zusammensetzung des Prüferteams jedenfalls eine Auswirkung auf das Prüfungsurteil hat. Das dies uU in Einzelfällen möglich ist, sind 25,7 % der Meinung.

---

313 Unter „Trittbrettfahren" wird das reine Nutznießen eines Prüfers aus der Situation (Gemeinschaftsprüfung) verstanden.

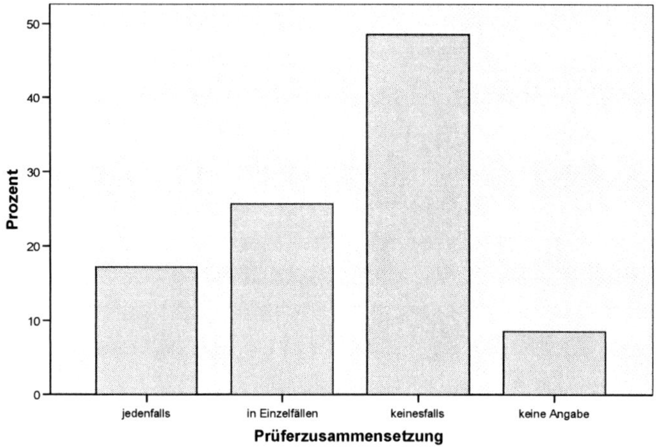

Abbildung 28: Prüferzusammensetzung

Keinesfalls eine höhere Unabhängigkeit vom Mandanten in einem Joint Audit sehen 45,7 % der Befragten. Wohingegen 28,6 % sich jedenfalls eine erhöhte Unabhängigkeit vom Mandanten vorstellen können bzw. wahrnehmen.

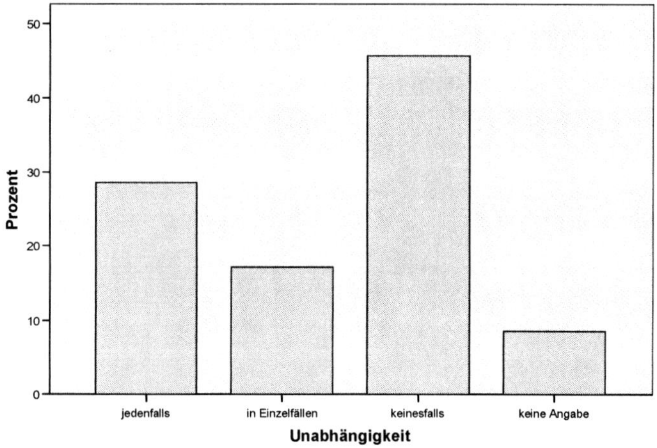

Abbildung 29: Unabhängigkeit

Dem gegenseitigen Review von vom anderen Prüfer erarbeiteten Prüfungsnachweisen messen 68,6 % der Befragten hohe und 14,3 % zumindest mittlere Bedeutung zu.

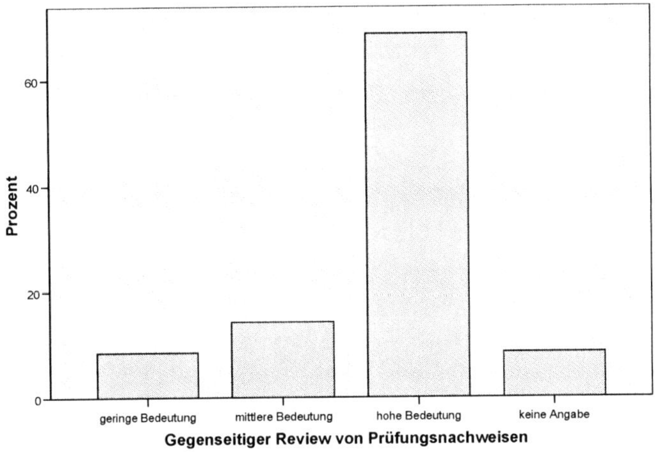

Abbildung 30: Gegenseitiger Review

Jedenfalls intensiver Diskussions- und Kommunikationsbedarf in einem Joint Audit wird von 65,7 % der Befragten gesehen. 31,4 % hingegen sprechen sich für einen intensiven Diskussions- und Kommunikationsbedarf in Einzelfällen aus.

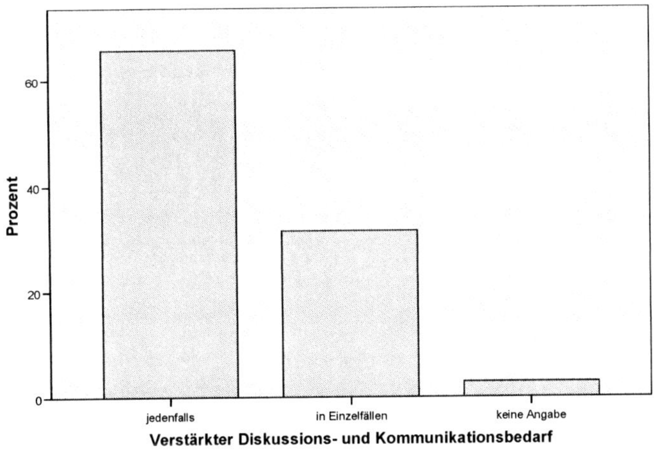

Abbildung 31: Diskussions- und Kommunikationsbedarf

In einem Joint Audit sollte eine mehrjährige Prüfungsplanung mit wechselnder Zuordnung der Prüfungsgebiete erfolgen, diese Anforderungen werden zwar von 31,4 % der Befragten als sinnvoll erachtet, aber von den meisten Befragten, nämlich 37,1 %, als für die Praxis nicht realistisch gesehen.

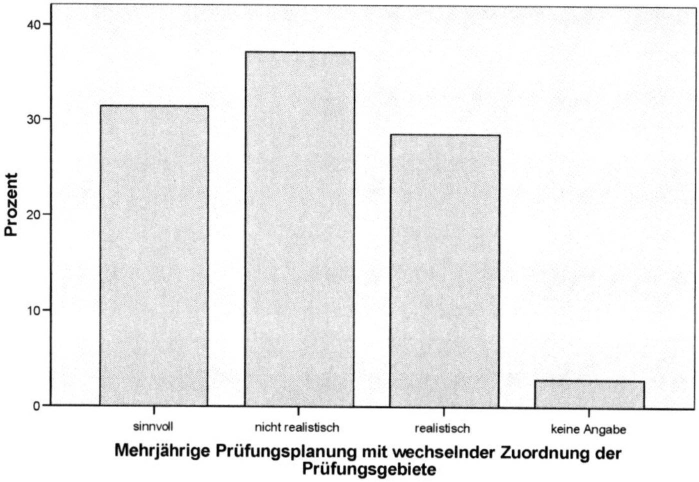

Abbildung 32: Mehrjährige Prüfungsplanung

4.4.1.5. Thesenbeurteilung der Befragten

Die abschließenden Thesen des Fragebogens waren als *„Einstellungs- oder Meinungsfragen*[314]*"* definiert, d.h. die Befragten hatten die Fragen negativ (trifft nicht zu) oder positiv (trifft sicher zu) zu beurteilen. Das Ergebnis der abschließenden Thesenbeurteilung ergibt folgende Häufigkeitsverteilung:

[314] Dazu Schnell 2005, S 326.

Ein Joint Audit verursacht im Vergleich zu einer klassischen Jahresabschlussprüfung höhere Kosten.

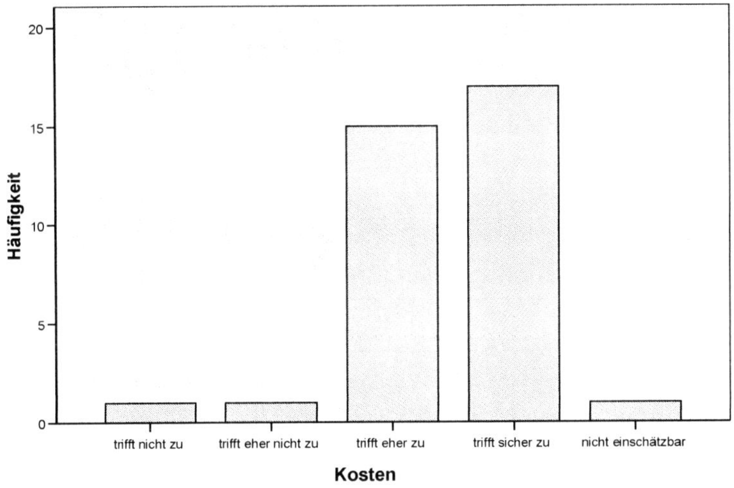

Abbildung 33: Kosten

Der gegenseitige Review des Prüfungsprozesses in einem Joint Audit verbessert die Zuverlässigkeit des Prüfungsurteils.

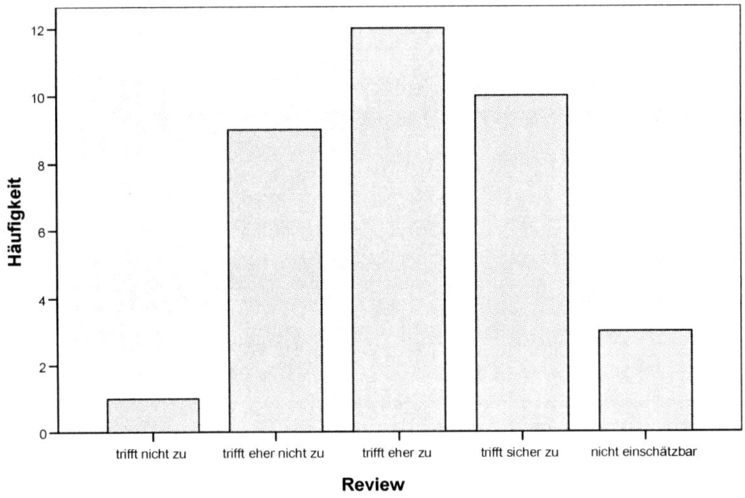

Abbildung 34: Review

Der Austausch von Prüfungsergebnissen und die Kommunikation unter den Prüfern verbessert die Zuverlässigkeit des Prüfungsurteils.

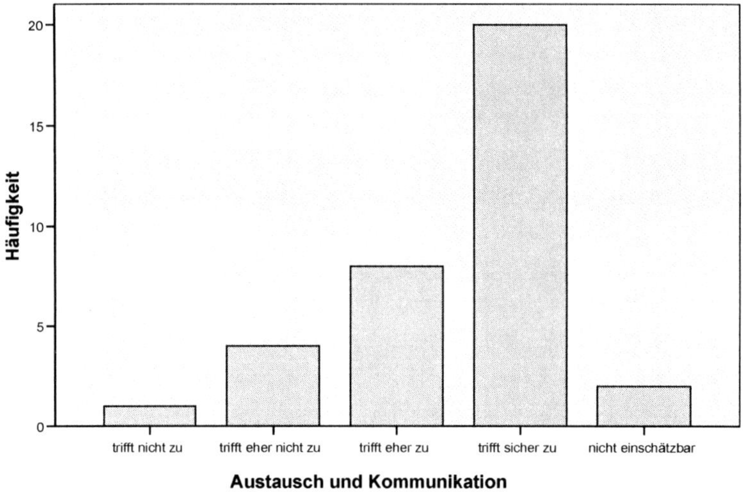

Abbildung 35: Austausch und Kommunikation

Die Wirkung eines Joint Audit's ist bei komplexen Prüffeldern am Größten, in dem ein besseres Judgement über diese Prüffelder erfolgt.

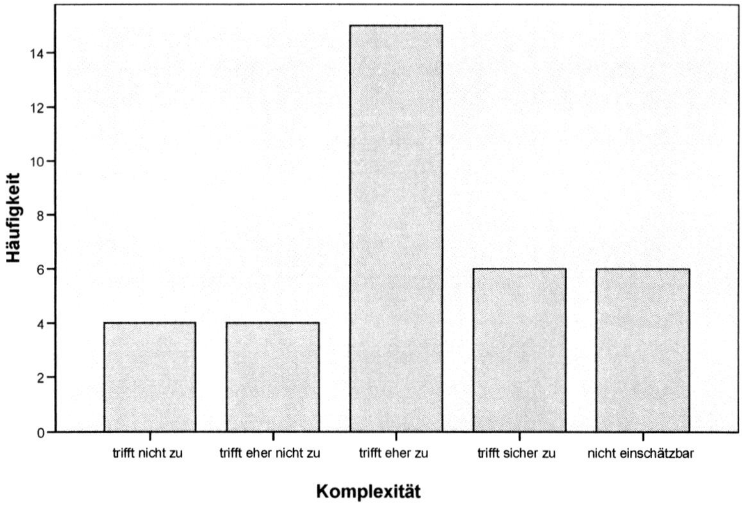

Abbildung 36: Komplexität

Ein Joint Audit ist eine sinnvolle Qualitätssicherungsmaßnahme.

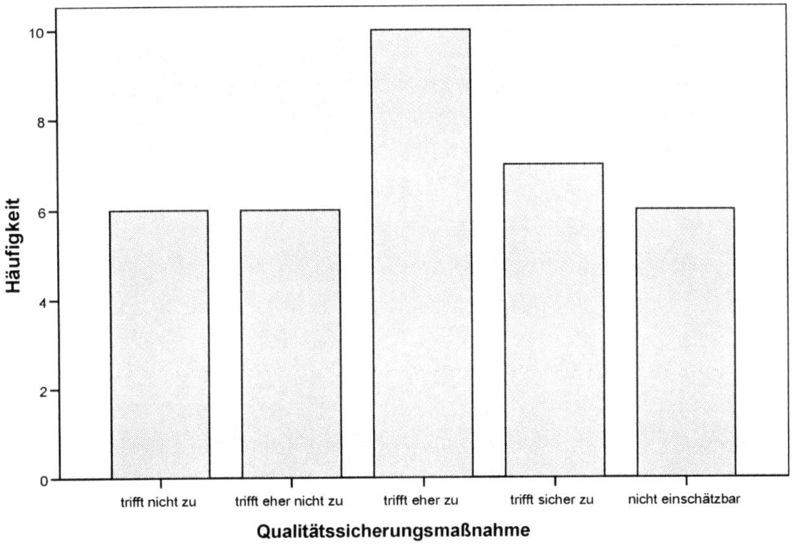

Abbildung 37: Qualitätssicherungsmaßnahme

Ziel der deskriptiven Analyse war eine komprimierte Zusammenfassung der erhobenen Daten. Ein erster Überblick zeigt bereits, dass die Ergebnisse der zwei Untersuchungsformen unterschiedlich ausgefallen sind und dass eine Untersuchungsform eine größere Streuung der Urteile aufweist.

Zusammengefasst kann als Ergebnis der deskriptiven Analyse festgehalten werden, dass die meisten Testpersonen männlichen Geschlechts waren und einer großen Prüfungsgesellschaft angehörten. Durchschnittlich haben die Testpersonen 16 Jahre Prüfungserfahrung. Über 50% der Testpersonen haben bereits Erfahrung in der Durchführung mit Joint Audit's, wobei diese überwiegend als neutral bezeichnet wurde.

Die grobe Ergebnisdarstellung der Befragung vermittelt einen ersten Eindruck über die Erfahrungen und/oder Wahrnehmungen der Befragten in Bezug auf Joint Audit's, wobei etwas später mit Hilfe von Kreuztabellen analysiert werden soll, ob eine tendenziell andere Häufigkeitsverteilung in der Beantwortung der Fragen erkennbar ist, wenn Prüfer bereits als Joint Audit Prüfer tätig waren und somit schon Erfahrungen in der Durchführung mit Joint Audit's haben, welche die Beantwortung der Fragen beeinflussen kann.

4.4.2. Statistische Analyse

Die Auswertung der Ergebnisse der empirischen Untersuchung sowie die Prüfung der in Kapitel 3 aufgestellten Hypothesen erfolgt mit den zu Beginn dieses Kapitels vorgestellten Testverfahren.

4.4.2.1. Test auf Normalverteilung

Zum Teil setzten die angewandten statistischen Tests die Normalverteilung der metrischen Daten in der Grundgesamtheit voraus, daher muss diese vor Anwendung solcher Test's überprüft werden. Anhand des Kolmogorov-Smirnov-Anpassungstest wird die metrische Variable „Prüfungserfahrung der Testpersonen" auf ihre Verteilung geprüft.

Kolmogorov-Smirnov-Anpassungstest

		Prüfungserfahrung in Jahren
N		35
Parameter der Normalverteilung[(a,b)]	Mittelwert	15,89
	Standardabweichung	9,228
Extremste Differenzen	Absolut	,124
	Positiv	,124
	Negativ	-,081
Kolmogorov-Smirnov-Z		,732
Asymptotische Signifikanz (2-seitig)		,658

a Die zu testende Verteilung ist eine Normalverteilung.

b Aus den Daten berechnet.

Die metrische Variable der Untersuchung entspricht in der Grundgesamtheit einer Normalverteilung. Es können daher jene Tests, die eine Normalverteilung der Werte in der Grundgesamtheit voraussetzen, angewendet werden. Die Durchführung von t-Tests bei unabhängigen Stichproben und die einfaktorielle ANOVA im Rahmen der folgenden statistischen Analyse sind daher möglich.

4.4.2.2. Hypothesentests

Die Prüfung der in Kapitel 3 aufgestellten Hypothesen erfolgt mit den zu Beginn dieses Kapitels vorgestellten Testverfahren.

4.4.2.2.1. Test der Hypothese I

Betrachtet man die jüngsten Qualitätssicherungsmaßnahmen zur Verbesserung der Abschlussprüfung und zur Erhöhung der Zuverlässigkeit des Prüfungsurteils, so ist wahrzunehmen, dass die Kontrolle von Prüfungsaktivitäten zunehmend an Bedeutung gewinnt, eine Überwachung im operativen Prüfungsprozess jedoch nicht Gegenstand der Diskussion ist.

In diesem Zusammenhang streichen Befürworter eines Joint Audit's immer wieder die positive Wirkung der gegenseitigen Überwachung der Prüfungsaktivitäten auf das Prüfungsurteil in einem Joint Audit hervor.

Es wird daher folgend geprüft, ob die gegenseitige Überwachung der Prüfungsaktivitäten, welche in Form der „Joint“ Erhebungsform berücksichtigt wurde, eine Auswirkung auf das Ergebnis hatte.

Hypothese I:	*Je höher die gegenseitige Überwachung im Prüfungsprozess, desto einheitlicher das Prüfungsurteil.*

Bevor nunmehr der Mann-Whitney U-Test zur Prüfung der Hypothese Gegenstand der Betrachtung ist, wird folgend die Beurteilung der Aussage *„Der gegenseitige Review des Prüfungsprozesses in einem Joint Audit verbessert die Zuverlässigkeit des Prüfungsurteils.“* jener Befragten dargestellt, die bereits Erfahrung in der Durchführung von Joint Audit's haben.

		Häufigkeit	Prozent	Gültige Prozente
Gültig	trifft nicht zu	1	5,3	5,3
	trifft eher nicht zu	4	21,1	21,1
	trifft eher zu	**7**	**36,8**	**36,8**
	trifft sicher zu	**5**	**26,3**	**26,3**
	nicht einschätzbar	2	10,5	10,5
	Gesamt	19	100,0	100,0

Tabelle 11: Häufigkeitsverteilung der Revieweinschätzung der Joint Audit erfahrenen Prüfer

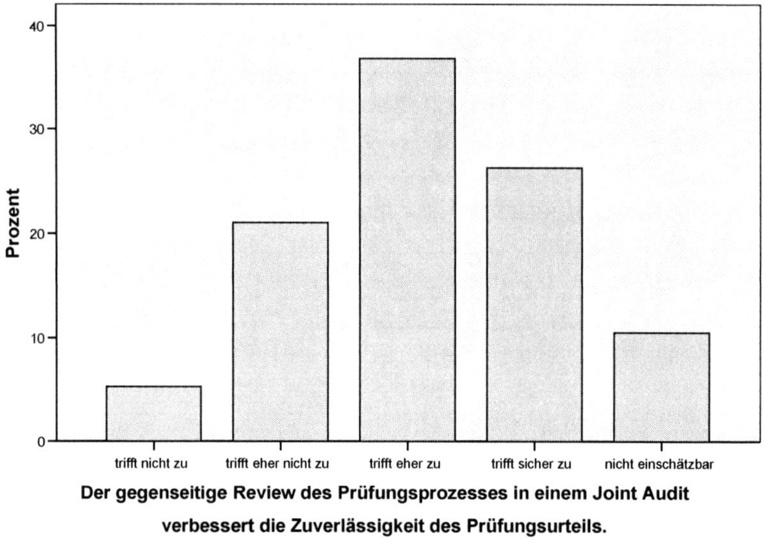

Abbildung 38: Revieweinschätzung der Joint Audit erfahrenen Prüfer

Aus der Abbildung ist ersichtlich, dass über 63 % der Befragten, die bereits ein Joint Audit praktiziert haben, den gegenseitigen Review des Prüfungsprozesses positiv für die Erhöhung der Zuverlässigkeit des Prüfungsurteils sehen.

Folgend wird geprüft, ob die Testpersonen der „Joint" Erhebungsform ein anderes Urteil abgegeben haben bzw. ob die Verteilung der Urteile in beiden Untersuchungsformen die Selbe ist. Wegen der kleineren Stichprobe und der ordinalskalierten Variable eignet sich hierfür der Mann-Whitney U-Test. Da die beiden Gruppen als zwei unabhängige Stichproben aus Grundgesamtheiten interpretiert werden, lassen sich folgende Hypothesen gegenüberstellen.

H_0 Die Urteile besitzen in beiden Untersuchungsformen die gleiche Rangverteilung.

H_1 Die Urteile sind in den beiden Untersuchungsformen nicht gleich verteilt, da die Rangverteilung in einer Untersuchungsform größer ist.

Ränge

	Untersuchungsform	N	Mittlerer Rang	Rangsumme
alle Urteile der zwei Untersuchungsformen	Single	23	14,00	322,00
	Joint	12	25,67	308,00
	Gesamt	35		

Statistik für Test[b]

	alle Urteile der zwei Untersuchungsformen
Mann-Whitney-U	46,000
Wilcoxon-W	322,000
Z	-3,348
Asymptotische Signifikanz (2-seitig)	**,001**
Exakte Signifikanz [2*(1-seitig Sig.)]	,001[a]

[a] Nicht für Bindungen korrigiert.

[b] Gruppenvariable: Form der Untersuchung

Aus der Tabelle ist ersichtlich, dass es 35 gültige Fälle gibt mit 23 „Single“ und 12 „Joint“ Untersuchungen. Die „Rangsumme“ gibt die Rangziffernsumme und der „Mittlere Rang“ die durchschnittliche Rangziffernsumme für jede Untersuchungsform an. „Wilcoxon-W“ = 322,000 ist die kleinste der Rangziffernsummen. „Mann-Whitney-U“ ist die Prüfgröße des Tests. Da für große Stichproben die Verteilung der Prüfgröße U durch eine Standardnormalverteilung approximiert werden kann, wird mit Z = -3,348 der empirische Wert der Standardnormalverteilung angegeben. Dem Z-Wert entspricht die zweiseitige Wahrscheinlichkeit von 0,01. Da diese Wahrscheinlichkeit kleiner ist als ein für den Test angenommenes 5-% Signifikanzniveau ($\alpha = 0,05$) wird die H_0 Hypothese einer gleichen Verteilung abgelehnt und die H_1 Hypothese kann als statistisch signifikant angenommen werden.

Die Verteilung der Urteile in den beiden Untersuchungsformen ist demnach verschieden.

Diese unterschiedliche Rangverteilung ist gut aus den Stichprobenverteilungen der Urteile der beiden Untersuchungsformen ersichtlich. Die erste Abbildung zeigt die Verteilung der Urteile der Testpersonen der „Single“ Untersuchung. In Abbildung 2 sind die persönlichen Urteile der Testpersonen aus der „Joint" Untersuchung ersichtlich und Abbildung 3 spiegelt die Verteilung der gemeinsamen Urteile der „Joint" Untersuchung wieder.

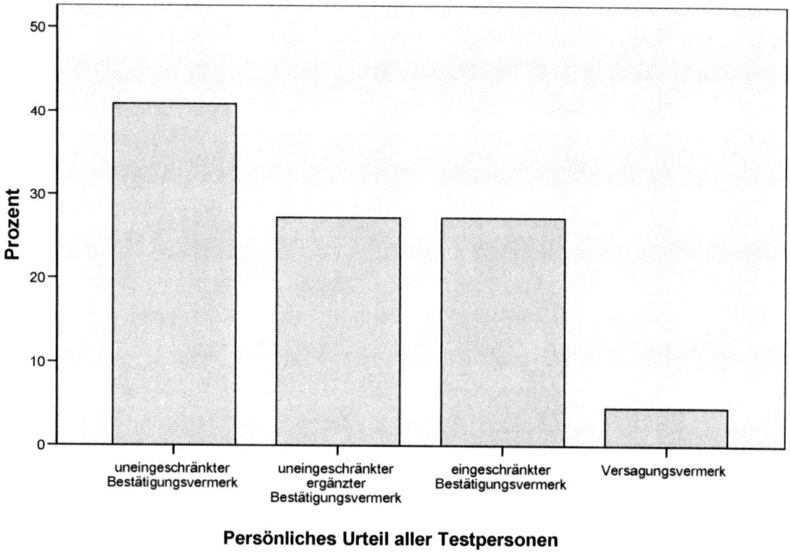

Abbildung 39: Persönliches Urteil aller Testpersonen

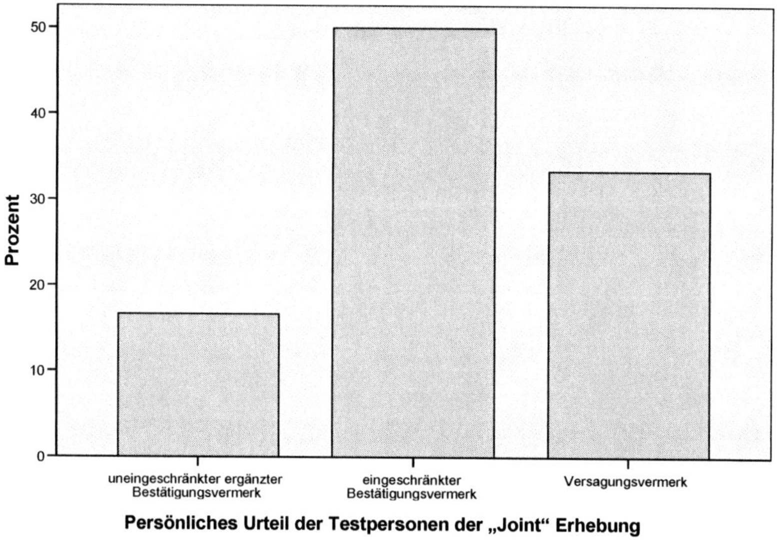

Abbildung 40: Persönliches Urteil der Testpersonen der „Joint" Erhebung

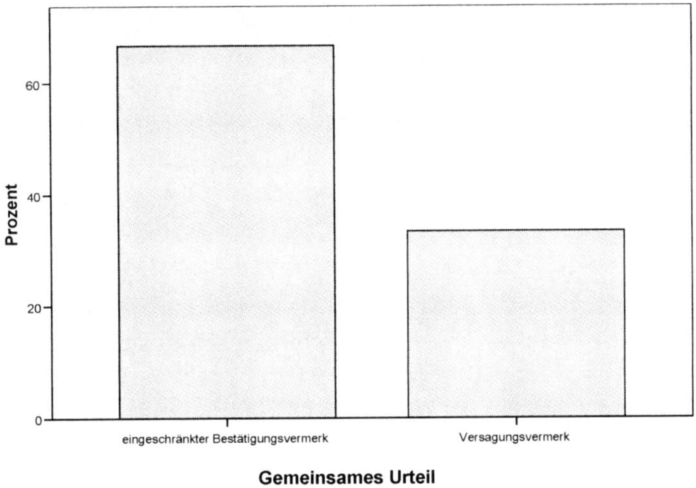

Abbildung 41: Gemeinsames Urteil

Betrachtet man nunmehr eine geringere Streuung an Urteilsformen als positiv, so hat die Überprüfung der Hypothese ergeben, dass der gegenseitige Review, welcher in der Erhebungsform „Joint" berücksichtigt wurde, das Prüfungsurteil verbessert, da sich die Vielfalt der Urteile reduziert.

Mit Hilfe des Kruskal-Wallis Test's soll in weiterer Folge getestet werden, ob die Urteile der zwei Untersuchungsformen im gemeinsamen Prüfungsurteil die gleiche zentrale Tendenz der Rangverteilung haben.

H_0 Die Urteile der zwei Untersuchungen haben im gemeinsamen Urteil die gleiche Rangverteilung.

H_1 Die Urteile der zwei Untersuchungen haben keine gleiche Rangverteilung im gemeinsamen Urteil.

Ränge

	gemeinsames Urteil	N	Mittlerer Rang
alle Urteile der zwei Untersuchungsformen	eingeschränkter Bestätigungsvermerk	8	4,50
	Versagungsvermerk	4	10,50
	Gesamt	12	

Statistik für Test[a,b]

	alle Urteile der zwei Untersuchungsformen
Chi-Quadrat	11,000
df	1
Asymptotische Signifikanz	**,001**

[a] Kruskal-Wallis-Test

[b] Gruppenvariable: gemeinsames Prüfungsurteil

Der „Mittlere Rang“ gibt wieder die durchschnittliche Rangziffern und „N“ die Fallzahlen des gemeinsamen Urteils an. Der Wert der approximativ chi-quadrat-verteilten Prüfgröße ist mit 11,000 größer als ein aus einer Chi-Quadrat-Tabelle für k-1=2 Freiheitsgraden bei einer Irrtumswahrscheinlichkeit von $\alpha = 0{,}05$ entnehmbarer kritischer Wert von 5,99. Demnach wird die H_0 Hypothese einer gleichen Verteilung abgelehnt und die H_1 Hypothese kann als statistisch signifikant angenommen werden.

Diese wiederum unterschiedliche Rangverteilung ist ebenso aus der oben dargestellten graphischen Stichprobenverteilung gut ersichtlich.

Der Chi-Quadrat-Unabhängigkeitstest soll nunmehr abschließend prüfen, ob es zwischen den persönlichen Urteilen und dem gemeinsamen Urteil der Testpersonen der „Joint“ Erhebung einen Zusammenhang gibt.

H_0 Es besteht kein Zusammenhang zwischen dem persönlichen Urteil und dem gemeinsamen Urteil.

H_1 Es besteht ein Zusammenhang zwischen dem persönlichen Urteil und dem gemeinsamen Urteil.

		gemeinsames Urteil		Gesamt
		eingeschränkter Bestätigungs-vermerk	Versagungs-vermerk	
persönliches Urteil aller Testpersonen	uneingeschränkter ergänzter Bestäti-gungsvermerk	Anzahl	1	1	2
		% von persön-liches Urteil jeder Testper-son	50,0%	50,0%	100,0%
		% von gemein-sames Prü-fungsurteil	12,5%	25,0%	16,7%
		% der Gesamt-zahl	8,3%	8,3%	16,7%
	eingeschränkter Bes-tätigungsvermerk	Anzahl	6	0	6
		% von persön-liches Urteil jeder Testper-son	100,0%	,0%	100,0%
		% von gemein-sames Prü-fungsurteil	75,0%	,0%	50,0%
		% der Gesamt-zahl	50,0%	,0%	50,0%
	Versagungsvermerk	Anzahl	1	3	4
		% von persön-liches Urteil jeder Testper-son	25,0%	75,0%	100,0%
		% von gemein-sames Prü-fungsurteil	12,5%	75,0%	33,3%
		% der Gesamt-zahl	8,3%	25,0%	33,3%
Gesamt		Anzahl	8	4	12
		% von persön-liches Urteil jeder Testper-son	66,7%	33,3%	100,0%
		% von gemein-sames Prü-fungsurteil	100,0%	100,0%	100,0%
		% der Gesamt-zahl	66,7%	33,3%	100,0%

Tabelle 12: Kreuztabelle persönliches Urteil – gemeinsames Urteil

Chi-Quadrat-Tests

	Wert	df	Asymptotische Signifikanz (2-seitig)
Chi-Quadrat nach Pearson	**6,375[a]**	**2**	**,041**
Likelihood-Quotient	8,005	2	,018
Zusammenhang linear-mit-linear	1,294	1	,255
Anzahl der gültigen Fälle	12		

[a] 6 Zellen (100,0%) haben eine erwartete Häufigkeit kleiner 5. Die minimale erwartete Häufigkeit ist ,67.

Für die Prüfgröße χ^2 wurde der Wert 6,375 ermittelt. Die Tabelle hat 2 Freiheitsgrade. Die asymptotische Signifikanz gibt an, wie wahrscheinlich ein solcher Chi-Quadrat-Wert in einer Tabelle mit 2 Freiheitsgraden bei Geltung von H_0 ist. Die Nullhypothese wird vorläufig abgelehnt, da die H_1 Hypothese als statistisch signifikant angenommen werden kann, da zwischen den Einzelurteilen der Testpersonen und dem gemeinsamen Urteil ein Zusammenhang besteht.

Zusammenfassend kann festgehalten werden, dass die eben dargestellten Ergebnisse die Hypothese I stützen, da im Rahmen der Untersuchung der gegenseitige Review des Prüfungsprozesses in der „Joint“ Erhebung die Zuverlässigkeit des Prüfungsurteils verbessert hat, indem ein „besseres“[315] Urteil das Ergebnis ist.

Unter Punkt 3.3, den theoretischen Überlegungen zur Wirkung eines Joint Audit's auf die Prüfungsqualität, wurde ausgeführt, dass ein Urteil dann als „besser“ klassifiziert werden kann, wenn es von möglichst vielen Prüfern, die den gleichen Sachverhalt beurteilen, erteilt wurde, da die Erwartungen der Stakeholder in diesem Fall am Ehesten erfüllt werden.

Abschließend wurde geprüft, ob sich die persönlichen Urteile der Testpersonen im gemeinsamen Urteil wiederfinden, d.h. ob es wie angenommen einen Zusammenhang zwischen dem persönlichen Urteil und dem gemeinsamen Urteil gibt. Auch in diesem Fall konnte die H_1 „Es besteht ein Zusammenhang zwischen dem persönlichen Urteil und dem gemeinsamen Urteil“ als statistisch signifikant angenommen werden.

[315] Dazu Davis et al.2000.

4.4.2.2.2. Test der Hypothese II

Neben dem positiven Effekt der gegenseitigen Überwachung und Kontrolle der Prüfungsaktivitäten, sehen Befürworter eines Joint Audit's auch die Kommunikation unter den Prüfern und den Austausch von Prüfungsergebnissen als positiven Effekt hin zu einem zuverlässigeren Urteil. Weshalb die Prüfung der folgenden Hypothese Aufschluss darüber geben soll, ob der Austausch von Prüfungsergebnissen und die Kommunikation unter den Prüfern die Zuverlässigkeit des Prüfungsurteils erhöht, indem ein besseres Urteil erteilt wird.

Es wird folgend geprüft, ob die Kommunikation unter den Prüfern und der Austausch über Prüfungsergebnisse, welche in Form der „Joint" Erhebungsform berücksichtigt wurde, eine Auswirkung auf das Ergebnis hatte.

Hypothese II:	*Je intensiver die Kommunikation und der Austausch von Prüfungsergebnissen, desto einheitlicher das Prüfungsurteil.*

Bevor der Mann-Whitney U-Test und der Chi-Quadrat-Unabhängigkeitstest zur Prüfung der Hypothese Gegenstand der Betrachtung sind, wird folgend die Beurteilung der Aussage „*Der Austausch von Prüfungsergebnissen und die Kommunikation unter den Prüfern verbessert die Zuverlässigkeit des Prüfungsurteils.*" jener Befragten dargestellt, die bereits Erfahrung in der Durchführung von Joint Audit's haben.

		Häufigkeit	Prozent	Gültige Prozente
Gültig	trifft nicht zu	1	5,3	5,3
	trifft eher nicht zu	3	15,8	15,8
	trifft eher zu	3	15,8	15,8
	trifft sicher zu	**10**	**52,6**	**52,6**
	nicht einschätzbar	2	10,5	10,5
	Gesamt	19	100,0	100,0

Tabelle 13: Häufigkeitsverteilung der Austausch- und Kommunikationseinschätzung der Joint Audit erfahrenen Prüfer

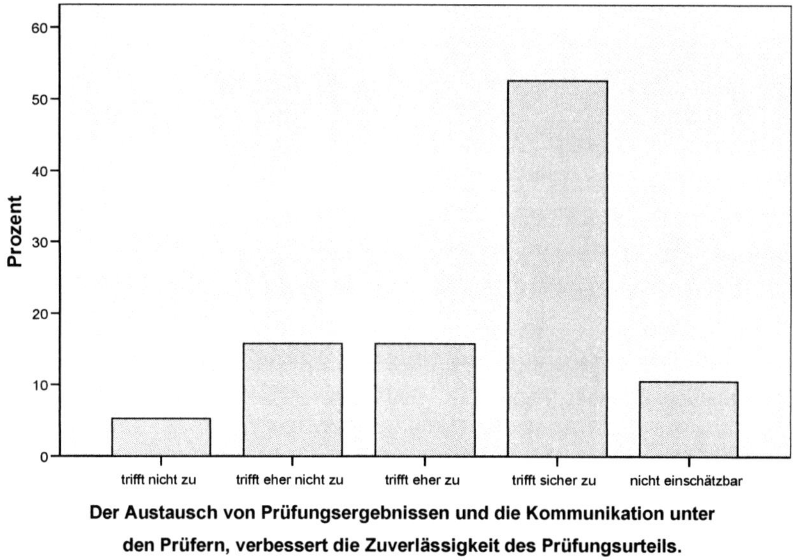

Abbildung 42: Austausch- und Kommunikationseinschätzung der Joint Audit erfahrenen Prüfer

Der Graphik kann entnommen werden, dass über 50 % jener Befragten, die bereits ein Joint Audit durchgeführt haben, die Frage, ob der Austausch von Prüfungsergebnissen und die Kommunikation unter den Prüfern als Erhöhung der Zuverlässigkeit des Urteils gesehen werden können, mit zutreffend beantwortet haben.

Bereits der Test der Hypothese I hat ergeben, dass die Rangverteilung der Urteile in der „Joint“ Untersuchung von der Rangverteilung der „Single“ Untersuchung unterschiedlich ist. Derselbe Test kann nunmehr zum Test der Hypothese II angewandt werden. Da nicht nur die gegenseitige Überwachung bzw. der gegenseitige Review, sondern auch der Austausch der Prüfungsergebnisse und die Kommunikation in der Untersuchungsform „Joint“ berücksichtigt wurden.

Es wiederholt sich somit der Mann-Whitney U-Test zum Test der Hypothese II, welcher prüft, ob der gegenseitige Austausch von Prüfungsergebnissen und die Kommunikation, welche in der Untersuchungsform „Joint“ berücksichtigt wurden, zu einem besseren Urteil als in Form der „Single“ Untersuchung führt.

Folgend wird daher wie im Rahmen der Hypothese I geprüft, ob die Testpersonen der „Joint“ Erhebungsform – welche untereinander kommuniziert und sich über die Prüfungsergebnisse ausgetauscht haben - ein anderes Urteil abgegeben haben bzw. ob die Verteilung der Urteile in beiden Untersuchungsformen dieselbe ist.

H_0 Die Urteile besitzen in beiden Untersuchungsformen die gleiche Rangverteilung.

H_1 Die Urteile sind in den beiden Untersuchungsformen nicht gleich verteilt, da die Rangverteilung in einer Untersuchungsform größer ist.

Ränge

	Untersuchungsform	N	Mittlerer Rang	Rangsumme
alle Urteile der zwei Untersuchungsformen	Single	23	14,00	322,00
	Joint	12	25,67	308,00
	Gesamt	35		

Statistik für Test[b]

	alle Urteile der zwei Untersuchungsformen
Mann-Whitney-U	46,000
Wilcoxon-W	322,000
Z	-3,348
Asymptotische Signifikanz (2-seitig)	**,001**
Exakte Signifikanz [2*(1-seitig Sig.)]	,001[a]

[a] Nicht für Bindungen korrigiert.

[b] Gruppenvariable: Form der Untersuchung

Aus der Tabelle ist ersichtlich, dass es 35 gültige Fälle gibt mit 23 Single und 12 Joint Untersuchungen. Die „Rangsumme“ gibt die Rangziffernsumme und der „Mittlere Rang“ die durchschnittliche Rangziffernsumme für jede Untersuchungsform an. „Wilcoxon-W“ = 322,000 ist die kleinste der Rangziffernsummen. „Mann-Whitney-U“ ist die Prüfgröße des Tests. Da für große Stichproben die Verteilung der Prüfgröße U durch eine Standardnormalverteilung approximiert werden kann, wird mit Z = -3,348 der empirische Wert der Standardnormalverteilung angegeben. Dem Z-Wert entspricht die zweiseitige Wahrscheinlichkeit von 0,01. Da diese Wahrscheinlichkeit kleiner ist als ein für den Test angenommenes 5-% Signifikanzniveau ($\alpha = 0,05$) wird die H_0 Hypothese einer gleichen Verteilung abgelehnt und die H_1 Hypothese kann als statistisch signifikant angenommen werden.

Die Verteilung der Urteile in den beiden Untersuchungsformen ist demnach verschieden.

Der Chi-Quadrat-Unabhängigkeitstest soll nunmehr testen, ob es zwischen dem gemeinsamen Urteil und der Höhe des benötigten Abstimmungsaufwands einen Zusammenhang gibt. Hierfür folgen zwei unterschiedliche Berechnungen. Zum einen wird der Chi-Quadrat-Unabhängigkeitstest für die von den Testpersonen selbst eingeschätzte Höhe des Abstimmungsaufwandes im Zusammenhang mit dem gemeinsamen Urteil durchgeführt und zum anderen erfolgt eine Analyse des gemeinsamen Urteils im Zusammenhang mit dem beobachteten Abstimmungsaufwand.

H_0 Es besteht kein Zusammenhang zwischen dem gemeinsamen Urteil und dem Abstimmungsaufwand.

H_1 Es besteht ein Zusammenhang zwischen dem gemeinsamen Urteil und dem Abstimmungsaufwand.

			persönliche Einschätzung des benötigten Abstimmungsaufwands um zu einem gemeinsamen Urteil zu kommen					Gesamt
			2	3	4	5	6	
gemeinsames Urteil	eingeschränkter Bestätigungsvermerk	Anzahl	2	0	4	0	2	8
		% von gemeinsames Prüfungsurteil	25,0%	,0%	50,0%	,0%	25,0 %	100,0 %
		% von Persönliche Einschätzung des Abstimmungsaufwandes	100,0 %	,0%	100,0 %	,0%	100,0%	66,7%
		% der Gesamtzahl	16,7%	,0%	33,3%	,0%	16,7 %	66,7%
	Versagungsvermerk	Anzahl	0	2	0	2	0	4
		% von gemeinsames Prüfungsurteil	,0%	50,0%	,0%	50,0%	,0%	100,0 %
		% von Persönliche Einschätzung des Abstimmungsaufwandes	,0%	100,0%	,0%	100,0%	,0%	33,3%
		% der Gesamtzahl	,0%	16,7%	,0%	16,7%	,0%	33,3%
Gesamt		Anzahl	2	2	4	2	2	12
		% von gemeinsames Prüfungsurteil	16,7%	16,7%	33,3%	16,7%	16,7 %	100,0 %
		% von Persönliche Einschätzung des Abstimmungsaufwandes	100,0 %	100,0%	100,0 %	100,0%	100,0%	100,0 %
		% der Gesamtzahl	16,7%	16,7%	33,3%	16,7%	16,7 %	100,0 %

Tabelle 14: Kreuztabelle gemeinsames Urteil – Abstimmungsaufwand

Chi-Quadrat-Tests

	Wert	df	Asymptotische Signifikanz (2-seitig)
Chi-Quadrat nach Pearson	**12,000[a]**	**4**	**,017**
Likelihood-Quotient	15,276	4	,004
Zusammenhang linear-mit-linear	,000	1	1,000
Anzahl der gültigen Fälle	12		

[a] 10 Zellen (100,0%) haben eine erwartete Häufigkeit kleiner 5. Die minimale erwartete Häufigkeit ist ,67.

Für die Prüfgröße χ^2 wurde der Wert 12,000 ermittelt. Die Tabelle hat 4 Freiheitsgrade. Die asymptotische Signifikanz gibt an, wie wahrscheinlich ein solcher Chi-Quadrat-Wert in einer Tabelle mit 4 Freiheitsgraden bei Geltung von H_0 ist. Die Nullhypothese wird vorläufig abgelehnt, da die H_1 Hypothese als statistisch signifikant angenommen werden kann, da zwischen dem gemeinsamen Urteil und dem angegebenen Abstimmungsaufwand ein Zusammenhang besteht.

			beobachtete Einschätzung des benötigten Abstimmungsaufwands um zu einem gemeinsamen Urteil zu kommen					Gesamt
			2	3	4	5	9	
gemeinsames Urteil	eingeschränkter Bestätigungsvermerk	Anzahl	2	0	2	4	0	8
		% von gemeinsames Prüfungsurteil	25,0%	,0%	25,0%	50,0%	,0%	100,0%
		% von Beobachtete Einschätzung des Abstimmungsaufwandes	100,0%	,0%	100,0 %	100,0 %	,0%	66,7%
		% der Gesamtzahl	16,7%	,0%	16,7%	33,3%	,0%	66,7%
	Versagungsvermerk	Anzahl	0	2	0	0	2	4
		% von gemeinsames Prüfungsurteil	,0%	50,0%	,0%	,0%	50,0%	100,0%
		% von Beobachtete Einschätzung des Abstimmungsaufwandes	,0%	100,0 %	,0%	,0%	100,0 %	33,3%
		% der Gesamtzahl	,0%	16,7%	,0%	,0%	16,7%	33,3%
Gesamt		Anzahl	2	2	2	4	2	12
		% von gemeinsames Prüfungsurteil	16,7%	16,7%	16,7%	33,3%	16,7%	100,0%
		% von Beobachtete Einschätzung des Abstimmungsaufwandes	100,0%	100,0 %	100,0 %	100,0 %	100,0 %	100,0%
		% der Gesamtzahl	16,7%	16,7%	16,7%	33,3%	16,7%	100,0%

Tabelle 15: Kreuztabelle gemeinsames Urteil – Abstimmungsaufwand 2

Chi-Quadrat-Tests

	Wert	df	Asymptotische Signifikanz (2-seitig)
Chi-Quadrat nach Pearson	**12,000[a]**	**4**	**,017**
Likelihood-Quotient	15,276	4	,004
Zusammenhang linear-mit-linear	2,000	1	,157
Anzahl der gültigen Fälle	12		

[a] 10 Zellen (100,0%) haben eine erwartete Häufigkeit kleiner 5. Die minimale erwartete Häufigkeit ist ,67.

Für die Prüfgröße χ^2 wurde der Wert 12,000 ermittelt. Die Tabelle hat 4 Freiheitsgrade. Die asymptotische Signifikanz gibt an, wie wahrscheinlich ein solcher Chi-Quadrat-Wert in einer Tabelle mit 4 Freiheitsgraden bei Geltung von H_0 ist. Die Nullhypothese wird vorläufig abgelehnt, da die H_1 Hypothese als statistisch signifikant angenommen werden kann, da zwischen dem gemeinsamen Urteil und dem angegebenen Abstimmungsaufwand ein Zusammenhang besteht.

Beide Testergebnisse zeigen, dass ein Zusammenhang zwischen dem gemeinsamen Urteil und der Höhe des Abstimmungsaufwands besteht. Die H_1 kann in beiden Fällen als statistisch signifikant angenommen werden. Beide Tests ergeben den gleichen statistischen Wert, doch ist anzumerken, dass jedenfalls der zweite Test mit der Variable „beobachtete Abstimmungsaufwand" aussagekräftiger ist, da dieser als jedenfalls objektiver für die Untersuchung anzunehmen ist.

Zusammenfassend kann festgehalten werden, dass jene Befragte, die bereits ein Joint Audit durchgeführt haben, überwiegend der Meinung sind, dass der Austausch von Prüfungsergebnissen und die Kommunikation unter den Prüfern die Zuverlässigkeit des Prüfungsurteils verbessert. Auch der Hypothesentest hat ergeben, dass im Falle eines Austauschs von Prüfungsergebnissen und einer Kommunikation unter den Prüfern die Vielfalt der Urteilsformen reduziert wird. Unterstellt man wiederum, dass eine geringere Spannbreite an Urteilsformen positiv ist, stützt dies die Hypothese II. Abschließend wurde noch mit Hilfe des Chi-Quadrat-Unabhängigkeitstests aufgezeigt, dass es einen Zusammenhang zwischen der Höhe des Abstimmungsaufwands und dem gemeinsamen Urteil gibt.

4.4.2.2.3. Test der Hypothese III

Berücksichtigt man, dass ein Joint Audit bislang nur dann als sinnvoll erachtet wurde, wenn der Abschlussprüfer bestimmte Spezialkenntnisse in Anspruch nehmen musste, so lässt dies die Schlussfolgerung zu, dass die Wirkung eines Joint Audit's dann am Größten sein muss, wenn es sich um die Beurteilung von sehr spezifischen oder komplexen Prüffeldern handelt.

Es wird folgend daher geprüft, ob die Wirkung eines Joint Audit's bei komplexen Prüffeldern am Größten ist, in dem ein besseres Judgement über diese Prüffelder erfolgt.

Hypothese III:	*Je komplexer ein Prüffeld, desto positiver ist die Wirkung des Joint Audit's auf das Ergebnis (die Qualität) der Beurteilung des Prüffeldes.*

Bevor die Prüfung der Hypothese Gegenstand der Betrachtung ist, wird wiederum wie bei den vorangegangenen Hypothesentests die Beurteilung der Aussage „*Die Wirkung eines Joint Audit's ist bei komplexen Prüffeldern am Größten, in dem ein besseres Judgement über diese Prüffelder erfolgt.*" jener Befragten dargestellt, die bereits Erfahrung in der Durchführung von Joint Audit's haben.

		Häufigkeit	Prozent	Gültige Prozente
Gültig	trifft nicht zu	4	21,1	21,1
	trifft eher nicht zu	3	15,8	15,8
	trifft eher zu	**6**	**31,6**	**31,6**
	trifft sicher zu	2	10,5	10,5
	nicht einschätzbar	4	21,1	21,1
	Gesamt	19	100,0	100,0

Tabelle 16: Häufigkeitsverteilung der Wirkungseinschätzung der Joint Audit erfahrenen Prüfer

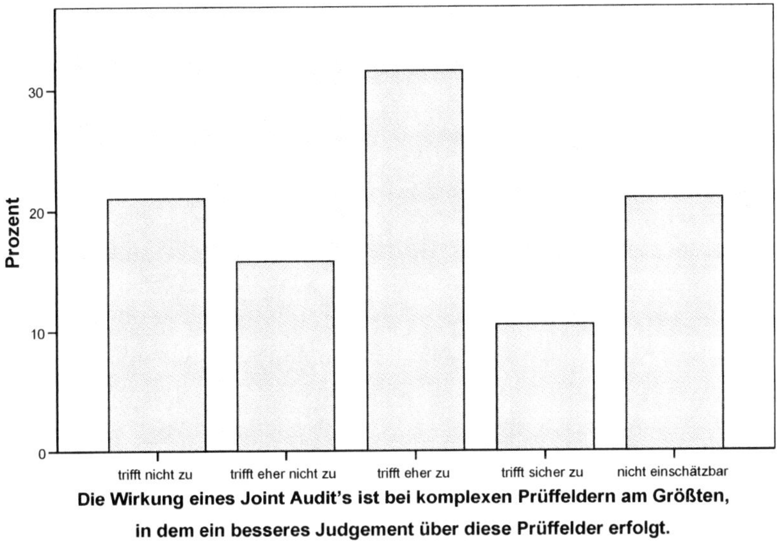

Abbildung 43: Wirkungseinschätzung der Joint Audit erfahrenen Prüfer

Erstmalig ist keine eindeutige Tendenz der Erfahrungswerte der Befragten mit Joint Audit's im Zusammenhang mit der Komplexität der Prüffelder ersichtlich. Es kann jedoch festgehalten werden, dass knapp 1/3 der Befragten einen eher positiven Einfluss des Joint Audit's auf die Beurteilung eines Prüffeldes angegeben haben. Doch sind es auch über 20 %, die einen negativen Einfluss sehen.

Die Interviews mit Joint Audit erfahrenen Prüfern haben gezeigt, dass komplexe Prüffelder oft als sehr prüfungsintensive Felder, aufgrund eines erhöhten Wissensstands eines Prüfers, gesehen werden. Da aus diesem Umstand oft die Tatsache resultiert, dass eine lange Diskussion über diese Prüffelder ausbricht kann dies uU als nicht positiv für den Prüfungsprozess erachtet werden.

Im Rahmen der fallstudienbasierten Untersuchung sollten die Testpersonen drei Aspekte anführen, welche sie am Ehesten mit einem zweiten Prüfer diskutiert hätten, damit Rückschlüsse auf die Bedeutung der Komplexität der Prüffelder gezogen werden können.

Die Fallzusammenfassung und die Analyse der Mehrfachantworten – wie in der nachfolgenden Tabelle zusammengefasst – hat ergeben, dass die Aspekte

- Risikoeinschätzung,
- Prüffeld Forderungen und
- Prüffeld Rückstellungen

am Ehesten diskutiert worden wären. Vor allem das Prüffeld Forderungen und das Prüffeld Rückstellungen zählen jedenfalls zu den Komplexesten der fallstudienbasierten Untersuchung.

	Fälle					
	Gültig		Fehlend		Gesamt	
	N	Prozent	N	Prozent	N	Prozent
Diskussionsaspekt[a]	34	97,1%	1	2,9%	35	100,0%

[a] Dichotomie-Gruppe tabellarisch dargestellt bei Wert 1.

		Antworten		Prozent der Fälle
		N	Prozent	
Diskussionsaspekt[a]	Unternehmenswachstum	11	10,8%	32,4%
	Beteiligung	8	7,8%	23,5%
	Umsatzerlöse	6	5,9%	17,6%
	EGT	1	1,0%	2,9%
	Bilanzgewinn	3	2,9%	8,8%
	Prüfungsplanung	5	4,9%	14,7%
	Risikoeinschätzung	**12**	**11,8%**	**35,3%**
	Wesentlichkeitsfestlegung	11	10,8%	32,4%
	Prüffeld Forderungen	**15**	**14,7%**	**44,1%**
	Prüffeld Umsatzerlöse	6	5,9%	17,6%
	Prüffeld Rückstellungen	**19**	**18,6%**	**55,9%**
	Going Concern Feststellung	1	1,0%	2,9%
	Vollständigkeitserklärung	4	3,9%	11,8%
Gesamt		102	100,0%	300,0%

[a] Dichotomie-Gruppe tabellarisch dargestellt bei Wert 1.

Tabelle 17: Fallzusammenfassung der Mehrfachantworten

Mit Hilfe des Kruskal-Wallis Test's soll in weiterer Folge getestet werden, ob die Urteilsbegründungen der zwei Untersuchungsformen in der Begründung des gemeinsamen Prüfungsurteils die gleiche zentrale Tendenz der Rangverteilung haben.

H_0 Die Begründung der Urteile der zwei Untersuchungen haben in der Begründung des gemeinsamen Urteils die gleiche Rangverteilung.

H_1 Die Begründung der Urteile der zwei Untersuchungen haben in der Begründung des gemeinsamen Urteils nicht die gleiche Rangverteilung

Ränge

	Begründung für das gemeinsame Urteil	N	Mittlerer Rang
Begründung der Urteile (beider Untersuchungen)	Rückstellung	4	2,50
	Datum der Vollständigkeitserklärung	2	5,50
	Forderungen / Umsatzerlöse	2	7,50
	Überschreitung der festgelegten Wesentlichkeitsgrenze	4	10,50
	Gesamt	12	

Statistik für Test[a,b]

	Begründung der Urteile (beider Untersuchungen)
Chi-Quadrat	11,000
df	3
Asymptotische Signifikanz	**,012**

[a] Kruskal-Wallis-Test

[b] Gruppenvariable: Begründung für das Gemeinsame Urteil

Der „Mittlere Rang" gibt wieder die durchschnittlichen Rangziffern und „N" die Fallzahlen des gemeinsamen Urteils an. Der Wert der approximativ chi-quadrat-verteilten Prüfgröße ist mit 11,000 größer als ein aus einer Chi-Quadrat-Tabelle für k-1=3 Freiheitsgraden bei einer Irrtumswahrscheinlichkeit von α= 0,05 entnehmbaren kritischen Wert von 7,81. Demnach wird die H_0 Hypothese einer gleichen Verteilung abgelehnt und die H_1 Hypothese kann als statistisch signifikant angenommen werden.

Diese unterschiedliche Rangverteilung ist gut aus den Stichprobenverteilungen der Urteilsbegründung der beiden Untersuchungsformen ersichtlich. Die erste Abbildung zeigt die Verteilung der Urteilsbegründungen der Testpersonen der „Single" Untersuchung. In Abbildung 2 sind die Urteilsbegründungen des persönlichen Urteils der Testpersonen aus der „Joint" Untersuchung ersichtlich und Abbildung 3 spiegelt die Verteilung der Begründung für das gemeinsame Urteil der „Joint" Untersuchung wider.

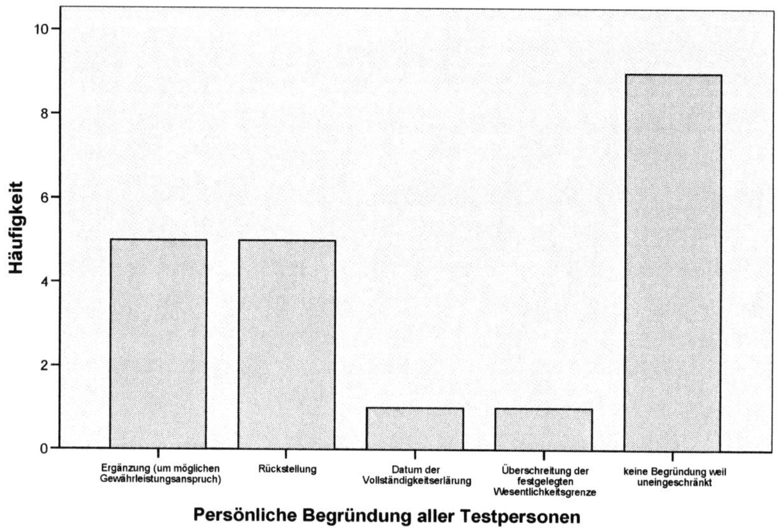

Abbildung 44: Persönliche Begründung aller Testpersonen

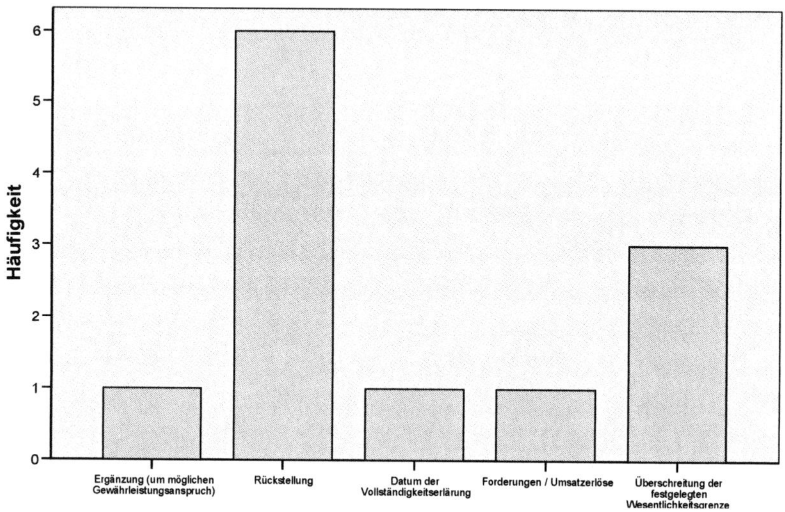

Abbildung 45: Persönliche Begründung der Testpersonen der „Joint" Erhebung

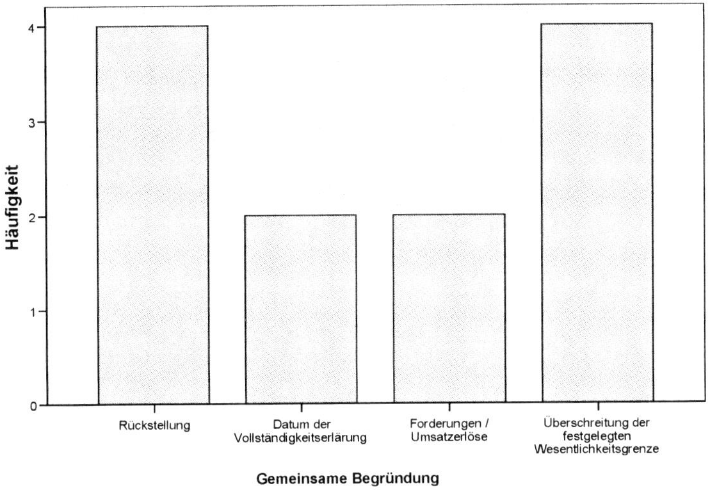

Abbildung 46: Gemeinsame Begründung

Wie im Ergebnis des Urteils gibt es in den zwei Untersuchungsformen keine gleiche Rangverteilung der Begründungen, was zT aber auch auf die geringere Vielfalt der Urteilsform zurückzuführen ist.

Zusammenfassend kann auch diese Hypothese als gestützt betrachtet werden. Da vor allem die Begründung der Urteile auf die Prüfungsergebnisse von sehr komplexen Prüffeldern zurückzuführen ist und auch die Fallzusammenfassung der Mehrfachantworten ergeben hat, dass im Falle einer gemeinsamen Beurteilung jedenfalls die komplexesten Prüffelder von den Testpersonen diskutiert worden wären. Wobei unterstellt werden kann, dass diese am wenigsten klare bzw. aussagekräftige oder bestätigende Prüfungsergebnisse ergeben haben.

4.4.2.3. Auswertung der Erfahrungskomponente

Die Variable Prüfungserfahrung und Joint Audit Erfahrung wurde mit Hilfe des Fragebogens erhoben. Die folgenden Ausführungen sollen den Zusammenhang dieser Variablen sowie deren Wirkung auf die Ergebnisse der Befragung aufzeigen.

4.4.2.3.1. Joint Audit Erfahrung

Mit Hilfe der Kreuztabelle soll analysiert werden, ob eine tendenziell andere Häufigkeitsverteilung in der Beantwortung der Fragen erkennbar ist, wenn Prüfer bereits als Joint Audit Prüfer tätig waren und somit schon Erfahrungen in der Durchführung mit Joint Audit's haben, welche die Beantwortung der Frage beeinflussen können.

Eine weitgehende Absicherung von zufallsbedingten Ergebnissen wird mit Hilfe eines Signifikanztests herbeigeführt. Der Chi-Quadrat-Unabhängigkeitstest prüft, ob es Zusammenhänge zwischen der Variable „Joint Audit Erfahrung" und einer anderen Variable (Spaltenvariable) gibt.

H_0 Es besteht kein Zusammenhang zwischen der Beantwortung der Frage (Variable der jeweiligen Spalte) und der Joint Audit Erfahrung der Befragten.

H_1 Es besteht ein Zusammenhang zwischen der Beantwortung der Frage (Variable der jeweiligen Spalte) und der Joint Audit Erfahrung der Befragten.

Die nur zT unterschiedlichen Häufigkeiten und die nicht statistisch signifikanten Ergebnisse der Antworten von bereits Joint Audit erfahrenen Befragten und jenen, die es (noch) nicht sind, weisen darauf hin, dass die Beantwortung der Fragen nicht von der jeweiligen Joint Audit Erfahrung abhängt. Die Nullhypothese wird daher vorläufig beibehalten.[316] Weshalb die unterschiedlichen Häufigkeitsverteilungen folgend im Rahmen von Tendenzaussagen[317] aufgezeigt werden.

Dass ein Joint Audit den Prüfungsprozess beeinflusst, sehen jene Befragten eher, die bereits ein Joint Audit durchgeführt haben. Wohingegen eine Beeinflussung des Prüfungsurteils von beiden Gruppen eher nicht gesehen wird.

[316] Mit Ausnahme der Frage „Diskussions- und Kommunikationsbedarf" welche statistisch signifikante Ergebnisse gebracht hat und in diesem Fall die Alternativhypothese angenommen wird.

[317] Es wird keine statistische Tendenz berechnet sondern eine Neigung der Antworten in eine gewisse Richtung aufgezeigt.

		Ein Joint Audit beeinflusst den Prüfungsprozess.				
		nie	in Sonder-situationen	in der Regel	immer	Gesamt
Erfahrung als Joint Audit Prüfer	ja	1	0	11	7	19
	nein	3	3	7	3	16
Gesamt		4	3	18	10	35

Tabelle 18: Kreuztabelle Erfahrung als Joint Audit Prüfer – Prüfungsprozessbeurteilung

		Ein Joint Audit beeinflusst das Prüfungsurteil.				
		nie	in Sonder-situationen	in der Regel	immer	Gesamt
Erfahrung als Joint Audit Prüfer	ja	6	12	0	1	19
	nein	2	13	1	0	16
Gesamt		8	25	1	1	35

Tabelle 19: Kreuztabelle Erfahrung als Joint Audit Prüfer – Prüfungsurteilbeurteilung

Der Abstimmungsaufwand zwischen den Prüfern in einem Joint Audit wird von den Befragten, die bereits Erfahrung haben, tendenziell höher eingestuft. Wird dieser von einem Viertel der „nicht erfahrenen" noch als gering wahrgenommen, so haben ihn über die Hälfte der „erfahrenen" als hoch definiert.

		Abstimmungsaufwand zwischen den Prüfern in einem Joint Audit.			
		gering	mittel	hoch	Gesamt
Erfahrung als Joint Audit Prüfer	ja	1	7	11	19
	nein	4	3	9	16
Gesamt		5	10	20	35

Tabelle 20: Kreuztabelle Erfahrung als Joint Audit Prüfer – Abstimmungsaufwand

Die Konsequenzen des Joint Audit's für die Gesamtdurchsicht der Prüfung sehen die „erfahrenen" Befragten tendenziell negativer als die „unerfahrenen". Sind knapp 50 % der Letzteren noch davon überzeugt, dass ein Joint Audit uU zu einer Verbesserung der Gesamtdurchsicht führen kann, sehen diese Verbesserung nur 10 % der „erfahrenen" Befragten so.

		Konsequenzen des Joint Audit für die Gesamtdurchsicht der Prüfung.				Gesamt
		verbessert	neutral	verschlechtert	keine Angabe	
Erfahrung als Joint Audit Prüfer	ja	2	12	4	1	19
	nein	6	6	1	3	16
Gesamt		8	18	5	4	35

Tabelle 21: Kreuztabelle Erfahrung als Joint Audit Prüfer – Gesamtdurchsicht

Die Erfahrung von Joint Audit Befragten zeigt, dass die Gefahr von „Trittbrettfahrern" in Einzelfällen durchaus gesehen wird.

		Gefahr von "Trittbrettfahrern" in einem Joint Audit				Gesamt
		jedenfalls	in Einzelfällen	keinesfalls	keine Angabe	
Erfahrung als Joint Audit Prüfer	ja	2	13	3	1	19
	nein	2	4	5	5	16
Gesamt		4	17	8	6	35

Tabelle 22: Kreuztabelle Erfahrung als Joint Audit Prüfer – Trittbrettfahrer

Dass die Prüferzusammensetzung eine Auswirkung auf das Prüfungsurteil hat, wird von fast 50% der Joint Audit erfahrenen Befragten nicht gesehen.

		Die Zusammensetzung der Prüfer hat eine Auswirkung auf das Prüfungsurteil.				Gesamt
		jedenfalls	in Einzelfällen	keinesfalls	keine Angabe	
Erfahrung als Joint Audit Prüfer	ja	2	6	10	1	19
	nein	4	3	7	2	16
Gesamt		6	9	17	3	35

Tabelle 23: Kreuztabelle Erfahrung als Joint Audit Prüfer – Beurteilung der Prüferzusammensetzung

Keinesfalls erhöht sehen 40 % der „erfahrenen" Befragten die Unabhängigkeit vom Mandanten in einem Joint Audit. Nahezu genauso viele sprechen sich hingegen für eine jedenfalls erhöhte Unabhängigkeit aus.

		Die Unabhängigkeit vom Mandanten ist in einem Joint Audit höher.				Gesamt
		jedenfalls	in Einzelfällen	keinesfalls	keine Angabe	
Erfahrung als Joint Audit Prüfer	ja	7	2	8	2	19
	nein	3	4	8	1	16
Gesamt		10	6	16	3	35

Tabelle 24: Kreuztabelle Erfahrung als Joint Audit Prüfer – Unabhängigkeitsbeurteilung

Dem gegenseitigen Review von Prüfungsnachweisen in einem Joint Audit wird vom Großteil derjenigen, die bereits ein Joint Audit praktiziert haben, große Bedeutung beigemessen.

		Höhe der Bedeutung des gegenseitigen Review's von Prüfungsnachweisen in einem Joint Audit.				Gesamt
		geringe Bedeutung	mittlere Bedeutung	hohe Bedeutung	keine Angabe	
Erfahrung als Joint Audit Prüfer	**ja**	1	3	15	0	19
	nein	2	2	9	3	16
Gesamt		3	5	24	3	35

Tabelle 25: Kreuztabelle Erfahrung als Joint Audit Prüfer – Reviewbedeutung

Dass ein Joint Audit im Vergleich zu einer klassischen Jahresabschlussprüfung höhere Kosten verursacht, wird von fast allen, die bereits ein Joint Audit durchgeführt haben, angegeben.

		Ein Joint Audit verursacht im Vergleich zu einer klassischen Jahresabschlussprüfung höhere Kosten.					Gesamt
		trifft nicht zu	trifft eher nicht zu	trifft eher zu	trifft sicher zu	nicht einschätzbar	
Erfahrung als Joint Audit Prüfer	**ja**	1	1	7	10	0	19
	nein	0	0	8	7	1	16
Gesamt		1	1	15	17	1	35

Tabelle 26: Kreuztabelle Erfahrung als Joint Audit Prüfer – Kosten

Ganz unterschiedlich wird hingegen die Aussage, dass der gegenseitige Review des Prüfungsprozesses in einem Joint Audit die Zuverlässigkeit des Prüfungsurteils verbessert, gesehen. Stimmt der überwiegende Teil der „erfahrenen“ Befragten dieser Aussage noch zu, wird sie doch auch von einigen nicht in diesem Sinne wahrgenommen. Selbiges gilt für den Austausch von Prüfungsergebnissen und der Kommunikation unter den Prüfern.

		Der gegenseitige Review des Prüfungsprozesses in einem Joint Audit verbessert die Zuverlässigkeit des Prüfungsurteils.					Gesamt
		trifft nicht zu	trifft eher nicht zu	trifft eher zu	trifft sicher zu	nicht einschätzbar	
Erfahrung als Joint Audit Prüfer	**ja**	1	4	7	5	2	19
	nein	0	5	5	5	1	16
Gesamt		1	9	12	10	3	35

Tabelle 27: Kreuztabelle Erfahrung als Joint Audit Prüfer – Review

		Der Austausch von Prüfungsergebnissen und die Kommunikation unter den Prüfern verbessert die Zuverlässigkeit des Prüfungsurteils.					Gesamt
		trifft nicht zu	trifft eher nicht zu	trifft eher zu	trifft sicher zu	nicht einschätzbar	
Erfahrung als Joint Audit Prüfer	ja	1	3	3	10	2	19
	nein	0	1	5	10	0	16
Gesamt		1	4	8	20	2	35

Tabelle 28: Kreuztabelle Erfahrung als Joint Audit Prüfer – Austausch und Kommunikation

Auch, dass die Wirkung eines Joint Audit's bei komplexen Prüffeldern am Größten ist, da ein besseres Judgement über diese Prüffelder erfolgt, wird von den erfahrenen Prüfern als sehr differenziert gesehen. Für ungefähr die Hälfte trifft diese Aussage eher bis sicher zu, während einige eher einen negativen Einfluss wahrnehmen.

		Die Wirkung eines Joint Audit's ist bei komplexen Prüffeldern am Größten, in dem ein besseres Judgement über diese Prüffelder erfolgt.					Gesamt
		trifft nicht zu	trifft eher nicht zu	trifft eher zu	trifft sicher zu	nicht einschätzbar	
Erfahrung als Joint Audit Prüfer	ja	4	3	6	2	4	19
	nein	0	1	9	4	2	16
Gesamt		4	4	15	6	6	35

Tabelle 29: Kreuztabelle Erfahrung als Joint Audit Prüfer – Komplexität

Jene Befragten, die bereits ein Joint Audit durchgeführt haben, würden ein Joint Audit tendenziell nicht als Qualitätssicherungsmaßnahme sehen.

		Ein Joint Audit ist eine sinnvolle Qualitätssicherungsmaßnahme.					Gesamt
		trifft nicht zu	trifft eher nicht zu	trifft eher zu	trifft sicher zu	nicht einschätzbar	
Erfahrung als Joint Audit Prüfer	ja	6	2	3	4	4	19
	nein	0	4	7	3	2	16
Gesamt		6	6	10	7	6	35

Tabelle 30: Kreuztabelle Erfahrung als Joint Audit Prüfer – Qualitätssicherungsmaßnahme

Die bislang dargestellten Ergebnisse haben gezeigt, dass es keine Abhängigkeit zwischen der Joint Audit Erfahrung der Befragten und der Beantwortung der Fragen gibt, dass die Beantwortung der Fragen zT jedoch tendenziell unterschiedlich ist. Dass z.B. ein Joint Audit den

Prüfungsprozess beeinflusst, sehen jene Befragten eher, die bereits ein Joint Audit durchgeführt haben, als Joint Audit unerfahrene Befragte. Auch dem gegenseitigen Review von Prüfungsnachweisen messen Joint Audit erfahrene Befragte eine größere Bedeutung bei.

Die Beantwortung der Frage, ob ein Joint Audit verstärkten Diskussion- und Kommunikationsbedarf zwischen den Prüfern erfordert, ist hingegen nicht unabhängig von der Joint Audit Erfahrung der Befragten.

		verstärkter Diskussions- und Kommunikationsbedarf in einem Joint Audit			
		jedenfalls	in Einzelfällen	keine Angabe	Gesamt
Erfahrung als Joint Audit Prüfer	**ja**	16	3	0	19
	nein	7	8	1	16
Gesamt		23	11	1	35

Tabelle 31: Kreuztabelle Erfahrung als Joint Audit Prüfer – Diskussions- und Kommunikationsaufwand

Chi-Quadrat-Tests

	Wert	df	Asymptotische Signifikanz (2-seitig)
Chi-Quadrat nach Pearson	**6,586(a)**	**2**	**,037**
Likelihood-Quotient	7,105	2	,029
Zusammenhang linear-mit-linear	5,752	1	,016
Anzahl der gültigen Fälle	35		

a 2 Zellen (33,3%) haben eine erwartete Häufigkeit kleiner 5. Die minimale erwartete Häufigkeit ist ,46.

Für die Prüfgröße χ^2 wurde der Wert 6,586 ermittelt. Die Tabelle hat 2 Freiheitsgrade. Die asymptotische Signifikanz gibt an, wie wahrscheinlich ein solcher Chi-Quadrat-Wert in einer Tabelle mit 2 Freiheitsgraden bei Geltung von H_0 ist. H_1[318] kann als statistisch signifikant angenommen werden, da zwischen der Joint Audit Erfahrung und der Einschätzung des Diskussions- und Kommunikationsaufwandes ein Zusammenhang besteht.

Das Ergebnis zeigt, dass jene Befragten, die bereits ein Joint Audit durchgeführt haben, jedenfalls verstärkten Diskussions- und Kommunikationsbedarf zwischen den Prüfern in einem

318 Es besteht ein Zusammenhang zwischen der Beantwortung der Frage (verstärkter Diskussions- und Kommunikationsbedarf) und der Joint Audit Erfahrung der Befragten.

Joint Audit sehen. Wohingegen diejenigen Befragten, die noch kein Joint Audit durchgeführt haben, diesen überwiegend nur im Einzelfall sehen.

Zusammenfassend kann, wie bereits einleitend angeführt, festgehalten werden, dass zwar zT eine andere Häufigkeitsverteilung in der Beantwortung der Fragen erkennbar ist, wenn Befragte bereits Erfahrungen in der Durchführung mit Joint Audit's haben, dass es aber, mit Ausnahme der Variable „Diskussions- und Kommunikationsbedarf" keine Abhängigkeit zwischen der Beantwortung der Fragen und der persönlichen Joint Audit Erfahrung gibt.

Dieses statistisch signifikante Ergebnis ist vor allem im Zusammenhang mit dem Testergebnissen der Hypothese II interessant, da die Prüfung dieser bereits ergeben hat, dass der Austausch der Prüfungsergebnisse und die Kommunikation unter den Prüfern die Zuverlässigkeit des Prüfungsurteils verbessert. Berücksichtigt man nun, dass jene Befragten, die bereits ein Joint Audit durchgeführt haben, tendenziell jedenfalls einen erhöhten Diskussions- und Kommunikationsbedarf in einem Joint Audit wahrnehmen, und unterstellt man, dass dieser positiv für den Prüfungsprozess ist, lässt dies die Schlussfolgerung zu, dass durch die Diskussion und Kommunikation zweier Prüfer ein besseres Prüfungsurteil herbeigeführt werden kann.

Als abschließende Betrachtung der Joint Audit Erfahrung wird aufgezeigt, dass der Chi-Quadrat-Unabhängigkeitstest für die Joint Audit Erfahrung im Bezug auf die Prüfungserfahrung und die Größe der Prüfungsgesellschaft sowie der Mann-Whitney U-Test im Bezug auf die Joint Audit Erfahrung und die Größe der Prüfungsgesellschaft keine zufallsbedingten Ergebnisse ergeben hat und die Nullhypothese in diesen Fällen daher vorläufig nicht beibehalten wird.

H_0 Es besteht kein Zusammenhang zwischen der Joint Audit Erfahrung der Befragten und der Prüfungserfahrung.

H_1 Es besteht ein Zusammenhang zwischen der Joint Audit Erfahrung der Befragten und der Prüfungserfahrung.

			Prüfungserfahrung kategorisiert			Gesamt
			1,00	2,00	3,00	
Erfahrung als Joint Audit Prüfer	ja	Anzahl	0	10	9	19
		Erwartete Anzahl	2,7	7,6	8,7	19,0
		% von Erfahrung als Joint Audit Prüfer	,0%	52,6%	47,4%	100,0%
		% von Prüfungserfahrung kategorisiert	,0%	71,4%	56,3%	54,3%
		% der Gesamtzahl	,0%	28,6%	25,7%	54,3%
	nein	Anzahl	5	4	7	16
		Erwartete Anzahl	2,3	6,4	7,3	16,0
		% von Erfahrung als Joint Audit Prüfer	31,3%	25,0%	43,8%	100,0%
		% von Prüfungserfahrung kategorisiert	100,0%	28,6%	43,8%	45,7%
		% der Gesamtzahl	14,3%	11,4%	20,0%	45,7%
Gesamt		Anzahl	5	14	16	35
		Erwartete Anzahl	5,0	14,0	16,0	35,0
		% von Erfahrung als Joint Audit Prüfer	14,3%	40,0%	45,7%	100,0%
		% von Prüfungserfahrung kategorisiert	100,0%	100,0%	100,0%	100,0%
		% der Gesamtzahl	14,3%	40,0%	45,7%	100,0%

Tabelle 32: Kreuztabelle Erfahrung als Joint Audit Prüfer – Prüfungserfahrung kategorisiert

Chi-Quadrat-Tests

	Wert	df	Asymptotische Signifikanz (2-seitig)
Chi-Quadrat nach Pearson	**7,620[a]**	**2**	**,022**
Likelihood-Quotient	9,581	2	,008
Zusammenhang linear-mit-linear	2,047	1	,153
Anzahl der gültigen Fälle	35		

[a] 2 Zellen (33,3%) haben eine erwartete Häufigkeit kleiner 5. Die minimale erwartete Häufigkeit ist 2,29.

Für die Prüfgröße χ^2 wurde der Wert 7,620 ermittelt. Die Tabelle hat 2 Freiheitsgrade. Die asymptotische Signifikanz gibt an, wie wahrscheinlich ein solcher Chi-Quadrat-Wert in einer Tabelle mit 2 Freiheitsgraden bei Geltung von H_0 ist. H_1 kann als statistisch signifikant angenommen werden. Es besteht somit ein Zusammenhang zwischen der Joint Audit Erfahrung und der Dauer der Prüfungserfahrung der Befragten. Womit die Annahme bestätigt wird, dass

Prüfer mit zunehmender Prüfungserfahrung auch zunehmend im Bereich Joint Audit Prüfungen aktiv werden.

In diesem Zusammenhang kann der t-Test noch prüfen, ob es Unterschiede in den Mittelwerten der Prüfungserfahrung der Joint Audit erfahrenen und unerfahrenen Testpersonen gibt.

H_0 Die Mittelwerte in den beiden Gruppen unterscheiden sich nicht ($\mu_1 = \mu_2$).

H_1 Die Mittelwerte in den beiden Gruppen sind unterschiedlich ($\mu_i \neq \mu_{i'}$).

Gruppenstatistiken

	Erfahrung als Joint Audit Prüfer	N	Mittelwert	Standardabweichung	Standardfehler des Mittelwertes
Prüfungserfahrung in Jahren	ja	19	16,79	7,786	1,786
	nein	16	14,81	10,864	2,716

Test bei unabhängigen Stichproben

		Levene-Test der Varianzgleichheit		T-Test für die Mittelwertgleichheit						
									95% Konfidenzintervall der Differenz	
		F	Signifikanz	T	df	Sig. (2-seitig)	Mittlere Differenz	Standardfehler der Differenz	Untere	Obere
Prüfungserfahrung in Jahren	Varianzen sind gleich	2,404	,131	,626	33	,536	1,977	3,160	-4,451	8,405
	Varianzen sind nicht gleich			,608	26,630	,548	1,977	3,251	-4,697	8,651

Wobei das Ergebnis dieses mal zeigt, dass die H_0 Hypothese „Die Mittelwerte in den beiden Gruppen unterscheiden sich nicht ($\mu_1 = \mu_2$)“ vorläufig beibehalten wird.

Ebenfalls ein signifikantes Ergebnis ergibt die Analyse, ob es einen Zusammenhang zwischen der Joint Audit Erfahrung der Befragten und der Größe der Prüfungsgesellschaft gibt.

H_0 Es besteht kein Zusammenhang zwischen der Joint Audit Erfahrung der Befragten und der Größe der Prüfungsgesellschaft.

H_1 Es besteht ein Zusammenhang zwischen der Joint Audit Erfahrung der Befragten und der Größe der Prüfungsgesellschaft.

			Größe der Prüfungsgesellschaft				Gesamt
			Einzelpraxis / kleine Ges.	mittelgroße Ges.	große Ges.	Big 4 Ges.	
Erfahrung als Joint Audit Prüfer	**ja**	Anzahl	1	2	9	7	19
		Erwartete Anzahl	5,4	1,6	7,1	4,9	19,0
		% von Erfahrung als Joint Audit Prüfer	5,3%	10,5%	47,4%	36,8%	100,0%
		% von Größe der Prüfungsgesellschaft	10,0%	66,7%	69,2%	77,8%	54,3%
		% der Gesamtzahl	2,9%	5,7%	25,7%	20,0%	54,3%
	nein	Anzahl	9	1	4	2	16
		Erwartete Anzahl	4,6	1,4	5,9	4,1	16,0
		% von Erfahrung als Joint Audit Prüfer	56,3%	6,3%	25,0%	12,5%	100,0%
		% von Größe der Prüfungsgesellschaft	90,0%	33,3%	30,8%	22,2%	45,7%
		% der Gesamtzahl	25,7%	2,9%	11,4%	5,7%	45,7%
Gesamt		Anzahl	10	3	13	9	35
		Erwartete Anzahl	10,0	3,0	13,0	9,0	35,0
		% von Erfahrung als Joint Audit Prüfer	28,6%	8,6%	37,1%	25,7%	100,0%
		% von Größe der Prüfungsgesellschaft	100,0%	100,0%	100,0%	100,0%	100,0%
		% der Gesamtzahl	28,6%	8,6%	37,1%	25,7%	100,0%

Tabelle 33: Kreuztabelle Erfahrung als Joint Audit Prüfer – Größe der Prüfungsgesellschaft

Chi-Quadrat-Tests

	Wert	df	Asymptotische Signifikanz (2-seitig)
Chi-Quadrat nach Pearson	**11,260[a]**	**3**	**,010**
Likelihood-Quotient	12,359	3	,006
Zusammenhang linear-mit-linear	9,479	1	,002
Anzahl der gültigen Fälle	35		

[a] 5 Zellen (62,5%) haben eine erwartete Häufigkeit kleiner 5. Die minimale erwartete Häufigkeit ist 1,37.

Für die Prüfgröße χ^2 wurde der Wert 11,260 ermittelt. Die Tabelle hat 3 Freiheitsgrade. Die asymptotische Signifikanz gibt an, wie wahrscheinlich ein solcher Chi-Quadrat-Wert in einer Tabelle mit 3 Freiheitsgraden bei Geltung von H_0 ist. H_1 kann somit als statistisch signifikant angenommen werden. Es besteht somit ein Zusammenhang zwischen der Joint Audit Erfahrung der Befragten und der Größe der Prüfungsgesellschaft

Mit Hilfe des Mann-Whitney U-Test's soll nunmehr abschließend herausgefunden werden, ob die Verteilung der Joint Audit erfahrenen/unerfahrenen Testpersonen in den Prüfungsgesellschaften dieselbe ist.

H_0 Die Gesellschaftsgröße besitzt in beiden Gruppen die gleiche Rangverteilung.

H_1 Die Gesellschaftsgröße besitzt nicht die gleiche Verteilung in beiden Gruppen, da die Rangverteilung in einer Untersuchungsform größer ist.

Ränge

	Erfahrung als Joint Audit Prüfer	N	Mittlerer Rang	Rangsumme
Größe der Wirtschaftsprüfungsgesellschaft	ja	19	22,45	426,50
	nein	16	12,72	203,50
	Gesamt	35		
3 Gesellschaftsgrößen (kleine, mittelgroße und große)	ja	19	22,18	421,50
	nein	16	13,03	208,50
	Gesamt	35		
2 Gesellschaftsgrößen (kleine- und mittelgroße und große)	ja	19	21,74	413,00
	nein	16	13,56	217,00
	Gesamt	35		
2 Gesellschaftsgrößen (Nicht Big-4 und Big-4)	ja	19	19,95	379,00
	nein	16	15,69	251,00
	Gesamt	35		

Statistik für Test[(b)]

	Größe der Wirtschaftsprüfungsgesellschaft[319]	3 Gesellschaftsgrößen (kleine, mittelgroße und große)[320]	2 Gesellschaftsgrößen (kleine- und mittelgroße und große)[321]	2 Gesellschaftsgrößen (Nicht Big-4 und Big-4)
Mann-Whitney-U	67,500	72,500	81,000	115,000
Wilcoxon-W	203,500	208,500	217,000	251,000
Z	-2,936	-3,085	-2,808	-1,618
Asymptotische Signifikanz (2-seitig)	**,003**	**,002**	**,005**	,106
Exakte Signifikanz [2*(1-seitig Sig.)]	,004[(a)]	,007[(a)]	,018[(a)]	,230(a)

[a] Nicht für Bindungen korrigiert.

[b] Gruppenvariable: Erfahrung als Joint Audit Prüfer

Aus der Tabelle ist ersichtlich, dass es 35 gültige Fälle gibt mit 19 Joint Audit erfahrenen und 16 unerfahrenen Testpersonen. Die „Rangsumme" gibt die Rangziffernsumme und der „Mittlere Rang" die durchschnittliche Rangziffernsumme für jede Untersuchungsform an. „Wilcoxon-W" ist die kleinste der Rangziffernsummen. „Mann-Whitney-U" ist die Prüfgröße des Tests. Da für große Stichproben die Verteilung der Prüfgröße U durch eine Standardnormalverteilung approximiert werden kann, wird mit Z der empirische Wert der Standardnormalverteilung angegeben. Dem Z-Wert entspricht die zweiseitige Wahrscheinlichkeit von 0,003, 0,002 bzw. 0,005. Da diese Wahrscheinlichkeit kleiner ist als ein für den Test angenommenes

[319] Fall 1.
[320] Fall 2.
[321] Fall 3.

5-% Signifikanzniveau ($\alpha = 0{,}05$) wird die H_0 Hypothese einer gleichen Verteilung in den Fällen 1, 2 und 3 abgelehnt und die H_1 Hypothese kann als statistisch signifikant angenommen werden. In den Fällen 1, 2 und 3 besitzt die Gesellschaftsgröße nicht die gleiche Verteilung in beiden Gruppen, da die Rangverteilung in einer Untersuchungsform größer ist.

Abschließend soll der Frage nachgegangen werden, ob die Beantwortung der Fragen von der Prüfungserfahrung[322] der Befragten abhängig ist. Es soll analysiert werden, ob es einen Zusammenhang zwischen den Ergebnissen der Befragung und der Prüfungserfahrung der Befragten gibt.

4.4.2.3.2. Prüfungserfahrung

Eine weitgehende Absicherung von zufallsbedingten Ergebnissen wird wieder mit Hilfe eines Signifikanztests herbeigeführt. Der Chi-Quadrat-Unabhängigkeitstest prüft, ob es Zusammenhänge zwischen der Variable „Prüfungserfahrung" und einer anderen Variable gibt.

H_0 Es besteht kein Zusammenhang zwischen der Beantwortung der Frage (Variable der jeweiligen Spalte) und der Dauer der Prüfungserfahrung der Befragten.

H_1 Es besteht ein Zusammenhang zwischen der Beantwortung der Frage (Variable der jeweiligen Spalte) und der Dauer der Prüfungserfahrung der Befragten.

Ähnlich wie bei der Untersuchung, ob es einen Zusammenhang zwischen den Variablen und der Variable „Joint Audit Erfahrung" gibt, weisen die Verteilungen nur wenig unterschiedliche Häufigkeiten auf. Die Erfahrung der Befragten war überwiegend nicht von der Beantwortung der Fragen abhängig. Die Nullhypothese wird daher in den folgenden Ausführungen vorläufig beibehalten.[323]

Weshalb wieder die unterschiedlichen Häufigkeitsverteilungen nachstehend im Rahmen von Tendenzaussagen[324] aufgezeigt werden.

---

322 Wie bereits im Rahmen der deskriptiven Statistik ausgeführt, wurde die metrische Variable Prüfungserfahrung der Befragten für die statistische Analyse in kurze (bis 5 Jahre), mittlere (6 bis 15 Jahre) und lange (ab 16 Jahren) Prüfungserfahrung kategorisiert.

323 Mit Ausnahme der Fragen „Wahrscheinlichkeit eines anderen Urteils" sowie „Review der Prüfungsnachweise eines anderen Prüfers" welche statistisch signifikante Ergebnisse gebracht haben und in diesem Fall die Alternativhypothese angenommen wird.

324 Es wird wiederum keine statistische Tendenz berechnet sondern eine Neigung der Antworten in eine gewisse Richtung aufgezeigt.

Bevor die Analyse der Antworten der Befragung dargestellt wird, wird auf den Zusammenhang zwischen der Dauer der Prüfungserfahrung und der Größe der Prüfungsgesellschaft eingegangen, wobei die meisten Befragten lange Prüfungserfahrung haben.

Tendenziell sind jene Befragten, die bereits längere Prüfungserfahrung haben, eher in großen und Big-4 Gesellschaften tätig, als Befragte, die erst kurze Prüfungserfahrung haben.

			Größe der Prüfungsgesellschaft				Gesamt
			Einzelpraxis / kleine Ges.	mittel-große Ges.	große Ges.	Big 4 Ges.	
Prüfungs-erfahrung kategorisiert	**1,00**[325]	Anzahl	**4**	**0**	**0**	**1**	**5**
		Erwartete Anzahl	1,4	,4	1,9	1,3	5,0
		% von Prüfungser-fahrung kategori-siert	80,0%	,0%	,0%	20,0%	100,0%
		% von Größe der Prüfungsgesell-schaft	40,0%	,0%	,0%	11,1%	14,3%
		% der Gesamtzahl	11,4%	,0%	,0%	2,9%	14,3%
	2,00[326]	Anzahl	**3**	**2**	**6**	**3**	**14**
		Erwartete Anzahl	4,0	1,2	5,2	3,6	14,0
		% von Prüfungser-fahrung kategori-siert	21,4%	14,3%	42,9%	21,4%	100,0%
		% von Größe der Prüfungsgesell-schaft	30,0%	66,7%	46,2%	33,3%	40,0%
		% der Gesamtzahl	8,6%	5,7%	17,1%	8,6%	40,0%
	3,00[327]	Anzahl	**3**	**1**	**7**	**5**	**16**
		Erwartete Anzahl	4,6	1,4	5,9	4,1	16,0
		% von Prüfungser-fahrung kategori-siert	18,8%	6,3%	43,8%	31,3%	100,0%
		% von Größe der Prüfungsgesell-schaft	30,0%	33,3%	53,8%	55,6%	45,7%
		% der Gesamtzahl	8,6%	2,9%	20,0%	14,3%	45,7%
Gesamt		Anzahl	10	3	13	9	35
		Erwartete Anzahl	10,0	3,0	13,0	9,0	35,0
		% von Prüfungser-fahrung kategori-siert	28,6%	8,6%	37,1%	25,7%	100,0%
		% von Größe der Prüfungsgesell-schaft	100,0%	100,0%	100,0 %	100,0 %	100,0%
		% der Gesamtzahl	28,6%	8,6%	37,1%	25,7%	100,0%

Tabelle 34: Kreuztabelle kategorisierte Prüfungserfahrung - Größe der Prüfungsgesellschaft 2

325 Kurze Prüfungserfahrung.
326 Mittlere Prüfungserfahrung.
327 Lange Prüfungserfahrung.

Dass ein Joint Audit den Prüfungsprozess sehr wohl, das Prüfungsurteil hingegen eher nicht beeinflusst, wird unabhängig von der Dauer der Prüfungserfahrung tendenziell von den Befragten gleich gesehen.[328]

			Ein Joint Audit beeinflusst den Prüfungsprozess.				Gesamt
			nie	in Sondersituationen	in der Regel	immer	
Prüfungserfahrung kategorisiert	**1,00**	Anzahl	**0**	**1**	**4**	**0**	**5**
		Erwartete Anzahl	,6	,4	2,6	1,4	5,0
		% von Prüfungserfahrung kategorisiert	,0%	20,0%	80,0%	,0%	100,0%
		% von Ein Joint Audit beeinflusst den Prüfungsprozess	,0%	33,3%	22,2%	,0%	14,3%
		% der Gesamtzahl	,0%	2,9%	11,4%	,0%	14,3%
	2,00	Anzahl	**1**	**1**	**8**	**4**	**14**
		Erwartete Anzahl	1,6	1,2	7,2	4,0	14,0
		% von Prüfungserfahrung kategorisiert	7,1%	7,1%	57,1%	28,6%	100,0%
		% von Ein Joint Audit beeinflusst den Prüfungsprozess	25,0%	33,3%	44,4%	40,0%	40,0%
		% der Gesamtzahl	2,9%	2,9%	22,9%	11,4%	40,0%
	3,00	Anzahl	**3**	**1**	**6**	**6**	**16**
		Erwartete Anzahl	1,8	1,4	8,2	4,6	16,0
		% von Prüfungserfahrung kategorisiert	18,8%	6,3%	37,5%	37,5%	100,0%
		% von Ein Joint Audit beeinflusst den Prüfungsprozess	75,0%	33,3%	33,3%	60,0%	45,7%
		% der Gesamtzahl	8,6%	2,9%	17,1%	17,1%	45,7%
Gesamt		Anzahl	4	3	18	10	35
		Erwartete Anzahl	4,0	3,0	18,0	10,0	35,0
		% von Prüfungserfahrung kategorisiert	11,4%	8,6%	51,4%	28,6%	100,0%
		% von Ein Joint Audit beeinflusst den Prüfungsprozess	100,0 %	100,0%	100,0%	100,0 %	100,0%
		% der Gesamtzahl	11,4%	8,6%	51,4%	28,6%	100,0%

Tabelle 35: Kreuztabelle kategorisierte Prüfungserfahrung - Prozessbeeinflussung

[328] Nahezu identische Ergebnisse wurden bei der Untersuchung der Auswirkung der Joint Audit Erfahrung auf die Beantwortung der Fragen erzielt.

		Ein Joint Audit beeinflusst das Prüfungsurteil.				Gesamt
		nie	in Sondersituationen	in der Regel	immer	
Prüfungserfahrung kategorisiert	**1,00**	Anzahl	**1**	**4**	**0**	**0**	**5**
		Erwartete Anzahl	1,1	3,6	,1	,1	5,0
		% von Prüfungserfahrung kategorisiert	20,0%	80,0%	,0%	,0%	100,0%
		% von Ein Joint Audit beeinflusst das Prüfungsurteil	12,5%	16,0%	,0%	,0%	14,3%
		% der Gesamtzahl	2,9%	11,4%	,0%	,0%	14,3%
	2,00	Anzahl	**3**	**11**	**0**	**0**	**14**
		Erwartete Anzahl	3,2	10,0	,4	,4	14,0
		% von Prüfungserfahrung kategorisiert	21,4%	78,6%	,0%	,0%	100,0%
		% von Ein Joint Audit beeinflusst das Prüfungsurteil	37,5%	44,0%	,0%	,0%	40,0%
		% der Gesamtzahl	8,6%	31,4%	,0%	,0%	40,0%
	3,00	Anzahl	**4**	**10**	**1**	**1**	**16**
		Erwartete Anzahl	3,7	11,4	,5	,5	16,0
		% von Prüfungserfahrung kategorisiert	25,0%	62,5%	6,3%	6,3%	100,0%
		% von Ein Joint Audit beeinflusst das Prüfungsurteil	50,0%	40,0%	100,0%	100,0 %	45,7%
		% der Gesamtzahl	11,4%	28,6%	2,9%	2,9%	45,7%
Gesamt		Anzahl	8	25	1	1	35
		Erwartete Anzahl	8,0	25,0	1,0	1,0	35,0
		% von Prüfungserfahrung kategorisiert	22,9%	71,4%	2,9%	2,9%	100,0%
		% von Ein Joint Audit beeinflusst das Prüfungsurteil	100,0 %	100,0%	100,0%	100,0 %	100,0%
		% der Gesamtzahl	22,9%	71,4%	2,9%	2,9%	100,0%

Tabelle 36: Kreuztabelle kategorisierte Prüfungserfahrung - Urteilsbeeinflussung

Die Dauer der Prüfungserfahrung hat ebenso keine Auswirkung darauf, ob Befragte mit gewissem Erfahrungsstand eher dazu neigen würden, aufgrund eines Joint Audit's weitere Prüfungsaktivitäten zu setzen. Die Befragten würden weitere Prüfungsaktivitäten tendenziell in Einzelfällen in Betracht ziehen.

		Weitere Prüfungsaktivitäten aufgrund eines Joint Audit's.			Gesamt
		nie	in Einzelfällen	öfter	
Prüfungs-erfahrung kategorisiert	**1,00**	Anzahl	**1**	**2**	**2**	**5**
		Erwartete Anzahl	1,0	2,3	1,7	5,0
		% von Prüfungserfahrung kategorisiert	20,0 %	40,0%	40,0%	100,0%
		% von Weitere Prüfungs-aktivitäten aufgrund eines Joint Audit's	14,3 %	12,5%	16,7%	14,3%
		% der Gesamtzahl	2,9%	5,7%	5,7%	14,3%
	2,00	Anzahl	**1**	**8**	**5**	**14**
		Erwartete Anzahl	2,8	6,4	4,8	14,0
		% von Prüfungserfahrung kategorisiert	7,1%	57,1%	35,7%	100,0%
		% von Weitere Prüfungs-aktivitäten aufgrund eines Joint Audit's	14,3 %	50,0%	41,7%	40,0%
		% der Gesamtzahl	2,9%	22,9%	14,3%	40,0%
	3,00	**Anzahl**	**5**	**6**	**5**	**16**
		Erwartete Anzahl	3,2	7,3	5,5	16,0
		% von Prüfungserfahrung kategorisiert	31,3 %	37,5%	31,3%	100,0%
		% von Weitere Prüfungs-aktivitäten aufgrund eines Joint Audit's	71,4 %	37,5%	41,7%	45,7%
		% der Gesamtzahl	14,3 %	17,1%	14,3%	45,7%
Gesamt		Anzahl	7	16	12	35
		Erwartete Anzahl	7,0	16,0	12,0	35,0
		% von Prüfungserfahrung kategorisiert	20,0 %	45,7%	34,3%	100,0%
		% von Weitere Prüfungs-aktivitäten aufgrund eines Joint Audit's	100,0 %	100,0%	100,0%	100,0%
		% der Gesamtzahl	20,0 %	45,7%	34,3%	100,0%

Tabelle 37: Kreuztabelle kategorisierte Prüfungserfahrung – weitere Prüfungsaktivitäten

Während jene Befragten mit kürzester Prüfungserfahrung den Abstimmungsaufwand noch am Ehesten als hoch definierten, haben jene Befragten mit mittlerer Erfahrungsdauer diesen eher als mittel oder hoch angegeben. Überdurchschnittlich hoch wird der Abstimmungsaufwand von jenen Befragten beurteilt, die viel Prüfungserfahrung haben.

			Abstimmungsaufwand			Gesamt
			gering	mittel	hoch	
Prüfungserfahrung kategorisiert	**1,00**	Anzahl	**1**	**0**	**4**	**5**
		Erwartete Anzahl	,7	1,4	2,9	5,0
		% von Prüfungserfahrung kategorisiert	20,0%	,0%	80,0%	100,0%
		% von Abstimmungsaufwand	20,0%	,0%	20,0%	14,3%
		% der Gesamtzahl	2,9%	,0%	11,4%	14,3%
	2,00	Anzahl	**2**	**6**	**6**	**14**
		Erwartete Anzahl	2,0	4,0	8,0	14,0
		% von Prüfungserfahrung kategorisiert	14,3%	42,9%	42,9%	100,0%
		% von Abstimmungsaufwand	40,0%	60,0%	30,0%	40,0%
		% der Gesamtzahl	5,7%	17,1%	17,1%	40,0%
	3,00	Anzahl	**2**	**4**	**10**	**16**
		Erwartete Anzahl	2,3	4,6	9,1	16,0
		% von Prüfungserfahrung kategorisiert	12,5%	25,0%	62,5%	100,0%
		% von Abstimmungsaufwand	40,0%	40,0%	50,0%	45,7%
		% der Gesamtzahl	5,7%	11,4%	28,6%	45,7%
Gesamt		Anzahl	5	10	20	35
		Erwartete Anzahl	5,0	10,0	20,0	35,0
		% von Prüfungserfahrung kategorisiert	14,3%	28,6%	57,1%	100,0%
		% von Abstimmungsaufwand	100,0%	100,0%	100,0%	100,0%
		% der Gesamtzahl	14,3%	28,6%	57,1%	100,0%

Tabelle 38: Kreuztabelle kategorisierte Prüfungserfahrung - Abstimmungsaufwand

Hinsichtlich der Gesamtdurchsicht für die Prüfung sind keine tendenziell unterschiedlichen Ergebnisse aufgrund der Dauer der Prüfungserfahrung erkennbar. Selbiges gilt für die Einschätzung der Unabhängigkeit vom Mandanten in einem Joint Audit.

			Gesamtdurchsicht				Gesamt
			verbessert	neutral	verschlechtert	keine Angabe	
Prüfungs-erfahrung kategorisiert	**1,00**	Anzahl	**2**	**2**	**1**	**0**	**5**
		Erwartete Anzahl	1,1	2,6	,7	,6	5,0
		% von Prüfungserfahrung kategorisiert	40,0%	40,0%	20,0%	,0%	100,0%
		% von Gesamtdurchsicht	25,0%	11,1%	20,0%	,0%	14,3%
		% der Gesamtzahl	5,7%	5,7%	2,9%	,0%	14,3%
	2,00	Anzahl	**3**	**6**	**2**	**3**	**14**
		Erwartete Anzahl	3,2	7,2	2,0	1,6	14,0
		% von Prüfungserfahrung kategorisiert	21,4%	42,9%	14,3%	21,4%	100,0%
		% von Gesamtdurchsicht	37,5%	33,3%	40,0%	75,0%	40,0%
		% der Gesamtzahl	8,6%	17,1%	5,7%	8,6%	40,0%
	3,00	Anzahl	**3**	**10**	**2**	**1**	**16**
		Erwartete Anzahl	3,7	8,2	2,3	1,8	16,0
		% von Prüfungserfahrung kategorisiert	18,8%	62,5%	12,5%	6,3%	100,0%
		% von Gesamtdurchsicht	37,5%	55,6%	40,0%	25,0%	45,7%
		% der Gesamtzahl	8,6%	28,6%	5,7%	2,9%	45,7%
Gesamt		Anzahl	8	18	5	4	35
		Erwartete Anzahl	8,0	18,0	5,0	4,0	35,0
		% von Prüfungserfahrung kategorisiert	22,9%	51,4%	14,3%	11,4%	100,0%
		% von Gesamtdurchsicht	100,0%	100,0 %	100,0%	100,0%	100,0%
		% der Gesamtzahl	22,9%	51,4%	14,3%	11,4%	100,0%

Tabelle 39: Kreuztabelle kategorisierte Prüfungserfahrung - Gesamtdurchsicht

		Unabhängigkeit				Gesamt
		jedenfalls	in Einzelfällen	keinesfalls	keine Angabe	
Prüfungserfahrung kategorisiert	**1,00**	Anzahl	**1**	**1**	**2**	**1**	**5**
		Erwartete Anzahl	1,4	,9	2,3	,4	5,0
		% von Prüfungserfahrung kategorisiert	20,0%	20,0%	40,0%	20,0%	100,0 %
		% von Unabhängigkeit	10,0%	16,7%	12,5%	33,3%	14,3 %
		% der Gesamtzahl	2,9%	2,9%	5,7%	2,9%	14,3 %
	2,00	Anzahl	**5**	**2**	**5**	**2**	**14**
		Erwartete Anzahl	4,0	2,4	6,4	1,2	14,0
		% von Prüfungserfahrung kategorisiert	35,7%	14,3%	35,7%	14,3%	100,0 %
		% von Unabhängigkeit	50,0%	33,3%	31,3%	66,7%	40,0 %
		% der Gesamtzahl	14,3%	5,7%	14,3%	5,7%	40,0 %
	3,00	Anzahl	**4**	**3**	**9**	**0**	**16**
		Erwartete Anzahl	4,6	2,7	7,3	1,4	16,0
		% von Prüfungserfahrung kategorisiert	25,0%	18,8%	56,3%	,0%	100,0 %
		% von Unabhängigkeit	40,0%	50,0%	56,3%	,0%	45,7 %
		% der Gesamtzahl	11,4%	8,6%	25,7%	,0%	45,7 %
Gesamt		Anzahl	10	6	16	3	35
		Erwartete Anzahl	10,0	6,0	16,0	3,0	35,0
		% von Prüfungserfahrung kategorisiert	28,6%	17,1%	45,7%	8,6%	100,0 %
		% von Unabhängigkeit	100,0%	100,0%	100,0%	100,0%	100,0 %
		% der Gesamtzahl	28,6%	17,1%	45,7%	8,6%	100,0 %

Tabelle 40: Kreuztabelle kategorisierte Prüfungserfahrung - Unabhängigkeit

Eine mehrjährige Prüfungsplanung mit wechselnder Zuordnung der Prüfungsgebiete wird von den Befragten mit mittlerer Prüfungserfahrung als durchaus sinnvoll gesehen, wohingegen jene Befragte mit kurzer Prüfungserfahrung eine mehrjährige Prüfungsplanung als eher nicht realistisch beurteilen. Am Ehesten realistisch wird eine mehrjährige Prüfungsplanung von jenen Befragten gesehen, die die längste Prüfungserfahrung haben.

		mehrjährige Prüfungsplanung mit wechselnder Zuordnung der Prüfungsgebiete				Gesamt
		sinnvoll	nicht realistisch	realistisch	keine Angabe	
Prüfungserfahrung kategorisiert	**1,00**	Anzahl	**0**	**4**	**1**	**0**	**5**
		Erwartete Anzahl	1,6	1,9	1,4	,1	5,0
		% von Prüfungserfahrung kategorisiert	,0%	80,0%	20,0%	,0%	100,0%
		% von Mehrjährige Prüfungsplanung mit wechselnder Zuordnung der Prüfungsgebiete	,0%	30,8%	10,0%	,0%	14,3%
		% der Gesamtzahl	,0%	11,4%	2,9%	,0%	14,3%
	2,00	Anzahl	**7**	**4**	**2**	**1**	**14**
		Erwartete Anzahl	4,4	5,2	4,0	,4	14,0
		% von Prüfungserfahrung kategorisiert	50,0%	28,6%	14,3%	7,1%	100,0%
		% von Mehrjährige Prüfungsplanung mit wechselnder Zuordnung der Prüfungsgebiete	63,6%	30,8%	20,0%	100,0%	40,0%
		% der Gesamtzahl	20,0%	11,4%	5,7%	2,9%	40,0%
	3,00	Anzahl	**4**	**5**	**7**	**0**	**16**
		Erwartete Anzahl	5,0	5,9	4,6	,5	16,0
		% von Prüfungserfahrung kategorisiert	25,0%	31,3%	43,8%	,0%	100,0%
		% von Mehrjährige Prüfungsplanung mit wechselnder Zuordnung der Prüfungsgebiete	36,4%	38,5%	70,0%	,0%	45,7%
		% der Gesamtzahl	11,4%	14,3%	20,0%	,0%	45,7%
Gesamt		Anzahl	11	13	10	1	35
		Erwartete Anzahl	11,0	13,0	10,0	1,0	35,0
		% von Prüfungserfahrung kategorisiert	31,4%	37,1%	28,6%	2,9%	100,0%
		% von Mehrjährige Prüfungsplanung mit wechselnder Zuordnung der Prüfungsgebiete	100,0%	100,0%	100,0%	100,0%	100,0%
		% der Gesamtzahl	31,4%	37,1%	28,6%	2,9%	100,0%

Tabelle 41: Kreuztabelle kategorisierte Prüfungserfahrung - Prüfungsplanung

Der Austausch von Prüfungsergebnissen und die Kommunikation unter den Prüfern in einem Joint Audit werden unabhängig von der Prüfungserfahrung tendenziell als Verbesserung des Prüfungsurteils gesehen. Betrachtet man die nachfolgende Tabelle, sieht man, dass nur lang prüfungserfahrene Befragte (25 %) dieser Aussage zT auch widersprechen und sie als eher nicht zutreffend beurteilen.

Selbiges gilt für die Auswirkung des Joint Audit's auf die Beurteilung von komplexen Prüffeldern. Tendenziell haben die Befragten angegeben, dass die Wirkung eines Joint Audit's bei der Beurteilung von komplexen Prüffeldern am Größten ist. Wobei dieses Ergebnis von jenen Befragten mit kurzer und mittlerer Prüfungserfahrung geprägt wird, denn 43 % der lang prüfungserfahrenen Befragten konnten dieser Aussage nicht (eher nicht) zustimmen.

			Der Austausch von Prüfungsergebnissen und die Kommunikation unter den Prüfern verbessert die Zuverlässigkeit des Prüfungsurteils.					Gesamt
			trifft nicht zu	trifft eher nicht zu	trifft eher zu	trifft sicher zu	nicht einschätzbar	
Prüfungserfahrung kategorisiert	**1,00**	Anzahl	**0**	**0**	**1**	**4**	**0**	**5**
		Erwartete Anzahl	,1	,6	1,1	2,9	,3	5,0
		% von Prüfungserfahrung kategorisiert	,0%	,0%	20,0%	80,0%	,0%	100,0%
		% von Der Austausch von Prüfungsergebnissen und die Kommunikation unter den Prüfern verbessert die Zuverlässigkeit des Prüfungsurteils	,0%	,0%	12,5%	20,0%	,0%	14,3%
		% der Gesamtzahl	,0%	,0%	2,9%	11,4%	,0%	14,3%
	2,00	Anzahl	**1**	**0**	**4**	**8**	**1**	**14**
		Erwartete Anzahl	,4	1,6	3,2	8,0	,8	14,0
		% von Prüfungserfahrung kategorisiert	7,1%	,0%	28,6%	57,1%	7,1%	100,0%
		% von Der Austausch von Prüfungsergebnissen und die Kommunikation unter den Prüfern verbessert die Zuverlässigkeit des Prüfungsurteils	100,0 %	,0%	50,0%	40,0%	50,0%	40,0%
		% der Gesamtzahl	2,9%	,0%	11,4%	22,9%	2,9%	40,0%
	3,00	Anzahl	**0**	**4**	**3**	**8**	**1**	**16**
		Erwartete Anzahl	,5	1,8	3,7	9,1	,9	16,0
		% von Prüfungserfahrung kategorisiert	,0%	25,0%	18,8%	50,0%	6,3%	100,0%
		% von Der Austausch von Prüfungsergebnissen und die Kommunikation unter den Prüfern verbessert die Zuverläs-	,0%	100,0 %	37,5%	40,0%	50,0%	45,7%

		sigkeit des Prüfungsurteils						
		% der Gesamtzahl	,0%	11,4%	8,6%	22,9%	2,9%	45,7%
Gesamt		Anzahl	1	4	8	20	2	35
		Erwartete Anzahl	1,0	4,0	8,0	20,0	2,0	35,0
		% von Prüfungserfahrung kategorisiert	2,9%	11,4%	22,9%	57,1%	5,7%	100,0%
		% von Der Austausch von Prüfungsergebnissen und die Kommunikation unter den Prüfern verbessert die Zuverlässigkeit des Prüfungsurteils	100,0 %	100,0 %	100,0 %	100,0 %	100,0 %	100,0%
		% der Gesamtzahl	2,9%	11,4%	22,9%	57,1%	5,7%	100,0%

Tabelle 42: Kreuztabelle kategorisierte Prüfungserfahrung – Austausch und Kommunikation

			Die Wirkung eines Joint Audit's ist bei komplexen Prüffeldern am Größten, in dem ein besseres Judgement über diese Prüffelder erfolgt.					Gesamt
			trifft nicht zu	trifft eher nicht zu	trifft eher zu	trifft sicher zu	nicht ein-schätz bar	
Prüfungs-erfahrung kategorisiert	**1,00**	Anzahl	**0**	**0**	**2**	**2**	**1**	**5**
		Erwartete Anzahl	,6	,6	2,1	,9	,9	5,0
		% von Prüfungserfah-rung kategorisiert	,0%	,0%	40,0%	40,0%	20,0%	100,0%
		% von Die Wirkung eines Joint Audit's ist bei komplexen Prüffel-dern am Größten	,0%	,0%	13,3%	33,3%	16,7%	14,3%
		% der Gesamtzahl	,0%	,0%	5,7%	5,7%	2,9%	14,3%
	2,00	Anzahl	**1**	**0**	**8**	**1**	**4**	**14**
		Erwartete Anzahl	1,6	1,6	6,0	2,4	2,4	14,0
		% von Prüfungserfah-rung kategorisiert	7,1%	,0%	57,1%	7,1%	28,6%	100,0%
		% von Die Wirkung eines Joint Audit's ist bei komplexen Prüffel-dern am Größten	25,0%	,0%	53,3%	16,7%	66,7%	40,0%
		% der Gesamtzahl	2,9%	,0%	22,9%	2,9%	11,4%	40,0%
	3,00	Anzahl	**3**	**4**	**5**	**3**	**1**	**16**
		Erwartete Anzahl	1,8	1,8	6,9	2,7	2,7	16,0
		% von Prüfungserfah-rung kategorisiert	18,8%	25,0%	31,3%	18,8%	6,3%	100,0%
		% von Die Wirkung eines Joint Audit's ist bei komplexen Prüffel-dern am Größten	75,0%	100,0 %	33,3%	50,0%	16,7%	45,7%
		% der Gesamtzahl	8,6%	11,4%	14,3%	8,6%	2,9%	45,7%
Gesamt		Anzahl	4	4	15	6	6	35
		Erwartete Anzahl	4,0	4,0	15,0	6,0	6,0	35,0
		% von Prüfungserfah-rung kategorisiert	11,4%	11,4%	42,9%	17,1%	17,1%	100,0%
		% von Die Wirkung eines Joint Audit's ist bei komplexen Prüffel-dern am Größten	100,0 %	100,0 %	100,0 %	100,0 %	100,0 %	100,0%
		% der Gesamtzahl	11,4%	11,4%	42,9%	17,1%	17,1%	100,0%

Tabelle 43: Kreuztabelle kategorisierte Prüfungserfahrung – Komplexität

Am Ehesten als sinnvolle Qualitätssicherungsmaßnahme wird ein Joint Audit von erst kurz prüfungserfahrenen Befragten gesehen. Die mittleren erfahrenen Befragten sehen dies zT schon etwas kritischer, knapp 15 % stimmen dieser Aussage nicht zu. Bei den lange prüfungserfahrenen Befragten sind bereits 50% der Meinung, dass ein Joint Audit keine sinnvolle Qualitätssicherungsmaßnahme zur Verbesserung der Abschlussprüfung ist.

			Ein Joint Audit ist eine sinnvolle Qualitätssicherungsmaßnahme.					Gesamt
			trifft nicht zu	trifft eher nicht zu	trifft eher zu	trifft sicher zu	nicht einschätzbar	
Prüfungserfahrung kategorisiert	**1,00**	Anzahl	**0**	**1**	**3**	**1**	**0**	**5**
		Erwartete Anzahl	,9	,9	1,4	1,0	,9	5,0
		% von Prüfungserfahrung kategorisiert	,0%	20,0%	60,0%	20,0%	,0%	100,0 %
		% von Ein Joint Audit ist eine sinnvolle Qualitätssicherungsmaßnahme	,0%	16,7%	30,0%	14,3%	,0%	14,3%
		% der Gesamtzahl	,0%	2,9%	8,6%	2,9%	,0%	14,3%
	2,00	Anzahl	**2**	**1**	**5**	**2**	**4**	**14**
		Erwartete Anzahl	2,4	2,4	4,0	2,8	2,4	14,0
		% von Prüfungserfahrung kategorisiert	14,3%	7,1%	35,7%	14,3%	28,6%	100,0 %
		% von Ein Joint Audit ist eine sinnvolle Qualitätssicherungsmaßnahme	33,3%	16,7%	50,0%	28,6%	66,7%	40,0%
		% der Gesamtzahl	5,7%	2,9%	14,3%	5,7%	11,4%	40,0%
	3,00	Anzahl	**4**	**4**	**2**	**4**	**2**	**16**
		Erwartete Anzahl	2,7	2,7	4,6	3,2	2,7	16,0
		% von Prüfungserfahrung kategorisiert	25,0%	25,0%	12,5%	25,0%	12,5%	100,0 %
		% von Ein Joint Audit ist eine sinnvolle Qualitätssicherungsmaßnahme	66,7%	66,7%	20,0%	57,1%	33,3%	45,7%
		% der Gesamtzahl	11,4%	11,4%	5,7%	11,4%	5,7%	45,7%
Gesamt		Anzahl	6	6	10	7	6	35
		Erwartete Anzahl	6,0	6,0	10,0	7,0	6,0	35,0
		% von Prüfungserfahrung kategorisiert	17,1%	17,1%	28,6%	20,0%	17,1%	100,0 %
		% von Ein Joint Audit ist eine sinnvolle Qualitätssicherungsmaßnahme	100,0 %	100,0 %	100,0 %	100,0 %	100,0%	100,0 %
		% der Gesamtzahl	17,1%	17,1%	28,6%	20,0%	17,1%	100,0 %

Tabelle 44: Kreuztabelle kategorisierte Prüfungserfahrung – Qualitätssicherung

Die bislang dargestellten Ergebnisse haben gezeigt, dass es keine Abhängigkeit zwischen der Prüfungserfahrung der Befragten und der Beantwortung der Fragen gibt, und die Nullhypothese - dass kein Zusammenhang zwischen der Beantwortung der Fragen und der Prüfungserfahrung der Befragten besteht - daher vorläufig beibehalten wird.

Jedoch sind die Ergebnisse der prüfungserfahrenen Befragten zT tendenziell anders als die Ergebnisse jener Befragten, die noch weniger Prüfungserfahrung haben. So wurde der Abstimmungsaufwand in einem Joint Audit von prüfungserfahrenen Befragten eher als gering eingeschätzt, wohingegen dieser von weniger erfahrenen Befragten tendenziell höher gesehen wird.

Die anschließenden Ergebnisse zeigen, dass zT auch ein Zusammenhang zwischen der Beantwortung der Fragen und der Dauer der Prüfungserfahrung der Befragten besteht und in diesem Fall aufgrund der signifikanten Ergebnisse die Alternativhypothese H_1 als weitgehend gesichert angenommen werden kann.

Die Einschätzung der Wahrscheinlichkeit, dass bei einem Joint Audit ein anderes Urteil entstehen könnte, wird mit zunehmender Prüfungserfahrung immer geringer. Kurz und mittel prüfungserfahrene Befragte würden diese Wahrscheinlichkeit überwiegend noch im Einzelfall sehen, wohingegen lang prüfungserfahrene Befragte diese Möglichkeit als gering einschätzen.

			Wahrscheinlichkeit eines anderen Urteils			Gesamt
			gering	in Einzelfällen	öfter	
Prüfungserfahrung kategorisiert	**1,00**	Anzahl	**1**	**4**	**0**	**5**
		Erwartete Anzahl	2,0	2,6	,4	5,0
		% von Prüfungserfahrung kategorisiert	20,0%	80,0%	,0%	100,0%
		% von Wahrscheinlichkeit eines anderen Urteils	7,1%	22,2%	,0%	14,3%
		% der Gesamtzahl	2,9%	11,4%	,0%	14,3%
	2,00	Anzahl	**4**	**10**	**0**	**14**
		Erwartete Anzahl	5,6	7,2	1,2	14,0
		% von Prüfungserfahrung kategorisiert	28,6%	71,4%	,0%	100,0%
		% von Wahrscheinlichkeit eines anderen Urteils	28,6%	55,6%	,0%	40,0%
		% der Gesamtzahl	11,4%	28,6%	,0%	40,0%
	3,00	Anzahl	**9**	**4**	**3**	**16**
		Erwartete Anzahl	6,4	8,2	1,4	16,0
		% von Prüfungserfahrung kategorisiert	56,3%	25,0%	18,8%	100,0%
		% von Wahrscheinlichkeit eines anderen Urteils	64,3%	22,2%	100,0 %	45,7%
		% der Gesamtzahl	25,7%	11,4%	8,6%	45,7%
Gesamt		Anzahl	14	18	3	35
		Erwartete Anzahl	14,0	18,0	3,0	35,0
		% von Prüfungserfahrung kategorisiert	40,0%	51,4%	8,6%	100,0%
		% von Wahrscheinlichkeit eines anderen Urteils	100,0 %	100,0%	100,0 %	100,0%
		% der Gesamtzahl	40,0%	51,4%	8,6%	100,0%

Tabelle 45: Kreuztabelle kategorisierte Prüfungserfahrung – Einschätzung der Wahrscheinlichkeit eines anderen Urteils

Chi-Quadrat-Tests

	Wert	df	Asymptotische Signifikanz (2-seitig)
Chi-Quadrat nach Pearson	**9,631[a]**	**4**	**,047**
Likelihood-Quotient	11,089	4	,026
Zusammenhang linear-mit-linear	,341	1	,559
Anzahl der gültigen Fälle	35		

[a] 5 Zellen (55,6%) haben eine erwartete Häufigkeit kleiner 5. Die minimale erwartete Häufigkeit ist ,43.

Für die Prüfgröße χ^2 wurde der Wert 9,531 ermittelt. Die Tabelle hat 4 Freiheitsgrade. Die asymptotische Signifikanz gibt an, wie wahrscheinlich ein solcher Chi-Quadrat-Wert in einer Tabelle mit 4 Freiheitsgraden bei Geltung von H_0 ist. Die H_1 kann daher als statistisch signifikant angenommen werden. Es besteht somit ein Zusammenhang zwischen der Einschätzung der Wahrscheinlichkeit, dass es in einem Joint Audit zu einem anderen Urteil kommen kann, und der Prüfungserfahrung der Befragten.

Die Prüfungsnachweise, die im Falle eines Joint Audit's von einem anderen Prüfer erarbeitet wurden, hätten kurz und mittel erfahrene Prüfer vor Urteilsbildung tendenziell nur in Einzelfällen einem Review unterzogen. Wohingegen lang erfahrene Befragten, einen Review der Prüfungsnachweise idR oder jedenfalls erwägen würden.

			Review der Prüfungsnachweise des anderen Prüfers vor Urteilsbildung.				Gesamt
			nie	in Einzelfällen	in der Regel schon	jedenfalls	
Prüfungserfahrung kategorisiert	**1,00**	Anzahl	**1**	**4**	**0**	**0**	**5**
		Erwartete Anzahl	,3	2,5	1,5	,7	5,0
		% von Prüfungserfahrung kategorisiert	20,0%	80,0%	,0%	,0%	100,0%
		% von Review der Prüfungsnachweise des anderen Prüfers vor Urteilsbildung	50,0%	23,5%	,0%	,0%	14,7%
		% der Gesamtzahl	2,9%	11,8%	,0%	,0%	14,7%
	2,00	Anzahl	**0**	**10**	**2**	**1**	**13**
		Erwartete Anzahl	,8	6,5	3,8	1,9	13,0
		% von Prüfungserfahrung kategorisiert	,0%	76,9%	15,4%	7,7%	100,0%
		% von Review der Prüfungsnachweise des anderen Prüfers vor Urteilsbildung	,0%	58,8%	20,0%	20,0%	38,2%
		% der Gesamtzahl	,0%	29,4%	5,9%	2,9%	38,2%
	3,00	Anzahl	**1**	**3**	**8**	**4**	**16**
		Erwartete Anzahl	,9	8,0	4,7	2,4	16,0
		% von Prüfungserfahrung kategorisiert	6,3%	18,8%	50,0%	25,0%	100,0%

		% von Review der Prüfungs-nachweise des anderen Prüfers vor Urteilsbil-dung	50,0%	17,6%	80,0%	80,0%	47,1%
		% der Gesamt-zahl	2,9%	8,8%	23,5%	11,8%	47,1%
Gesamt		Anzahl	2	17	10	5	34
		Erwartete Anzahl	2,0	17,0	10,0	5,0	34,0
		% von Prüfungs-erfahrung katego-risiert	5,9%	50,0%	29,4%	14,7%	100,0%
		% von Review der Prüfungs-nachweise des anderen Prüfers vor Urteilsbil-dung	100,0 %	100,0%	100,0%	100,0%	100,0%
		% der Gesamt-zahl	5,9%	50,0%	29,4%	14,7%	100,0%

Tabelle 46: Kreuztabelle kategorisierte Prüfungserfahrung – Review der Prüfungsnachweise

Chi-Quadrat-Tests

	Wert	df	Asymptotische Signifikanz (2-seitig)
Chi-Quadrat nach Pear-son	**15,341[a]**	**6**	**,018**
Likelihood-Quotient	17,906	6	,006
Zusammenhang linear-mit-linear	8,720	1	,003
Anzahl der gültigen Fälle	34		

[a] 10 Zellen (83,3%) haben eine erwartete Häufigkeit kleiner 5. Die minimale erwartete Häufigkeit ist ,29.

Für die Prüfgröße χ^2 wurde der Wert 15,341 ermittelt. Die Tabelle hat 6 Freiheitsgrade. Die asymptotische Signifikanz gibt an, wie wahrscheinlich ein solcher Chi-Quadrat-Wert in einer Tabelle mit 6 Freiheitsgraden bei Geltung von H_0 ist. Die H_1 kann daher als statistisch signifikant angenommen werden. Es besteht somit ein Zusammenhang zwischen der Durchführung eines Reviews der Prüfungsnachweise in einem Joint Audit und der Prüfungserfahrung der Befragten.

Berücksichtigt man dieses Ergebnis in Zusammenhang mit dem Test der Hypothese I, kann zusammenfassend festgehalten werden, dass bereits die Prüfung der Hypothese I ergeben hat, dass die gegenseitige Überwachung und/oder der gegenseitige Review im Prüfungsprozess die Zuverlässigkeit des Prüfungsurteils erhöhen. Nunmehr kann weiters festgehalten werden, dass mit steigender Prüfungserfahrung auch die Reviewtätigkeit steigt. Unterstellt man, dass die Erfahrung zeigt, dass ein Review positiv für den Prüfungsprozess ist, stützt dies wiederum das Ergebnis der Hypothese I.

Zusammenfassend kann festgehalten werden, dass ähnlich wie bei der Ergebnisbetrachtung der Variable Joint Audit Erfahrung zT zwar eine andere Häufigkeitsverteilung in der Beantwortung der Fragen erkennbar ist, wenn Befragte bereits lange prüfungserfahren sind, dass es aber, mit Ausnahme der Variablen „Urteilswahrscheinlichkeit und Review der Prüfungsnachweise" keine Abhängigkeit zwischen der Beantwortung der Fragen und der persönlichen Prüfungserfahrung gibt.

5. Zusammenfassung und Ausblick

Ziel der vorliegenden Arbeit war es, zu untersuchen, inwieweit eine Qualitäts- bzw. Urteilsveränderung durch ein Joint Audit herbeigeführt werden kann. Damit sollte ein bislang wissenschaftlich kaum bearbeitetes Feld aus betriebswirtschaftlicher Sicht untersucht werden.

Die Entwicklung des Berufsstands des Wirtschaftsprüfers war in den vergangenen Jahren geprägt von regulatorischen Eingriffen, die vor allem auf spektakuläre Unternehmenszusammenbrüche zurückzuführen sind (z.B. Enron). Neben zahlreichen neuen gesetzlichen Vorschriften gibt es auch in der wissenschaftlichen Literatur eine Vielzahl von Beiträgen und Vorschlägen zur Verbesserung der Abschlussprüfung, insbesondere der Erhöhung der Zuverlässigkeit des Prüfungsurteils. Deshalb stand am Beginn der Arbeit eine Darstellung der neuesten Qualitätssicherungsmaßnahmen in der Abschlussprüfung sowie der Formalisierungs- und Vereinheitlichungsmaßnahmen zum Prüfungsprozess, zum Prüfungsurteil und der Prüfungsqualität.

Basierend auf diesen Darstellungen wurde eine Eingliederung des Joint Audit's in die aktuellen Normensetzungsaktivitäten vorgenommen.

Die Ausführungen haben gezeigt, dass sowohl in der Fachliteratur, als auch in den jüngsten regulativen Maßnahmen und der damit verbundenen ständigen Diskussion zur Verbesserung der Abschlussprüfung und der Steigerung der Zuverlässigkeit des Prüfungsurteils eine Qualitätsverbesserung durch ein Joint Audit kaum angesprochen wird. Dies dürfte zT auch auf den Mangel an entsprechenden empirischen Ergebnissen zurückzuführen sein.

Die Ausführungen haben auch gezeigt, dass durch die Neuerungen einerseits ein massiver direkter Eingriff in die Tätigkeit des Prüfers erfolgt ist; bspw. durch die Formalisierung des Prüfungsvorgehens insbesondere der Weiterentwicklung der Ausgestaltung des risikoorientierten Prüfungsansatzes, durch detaillierte Prüfungsvorgaben oder durch die Vereinheitlichung des Prüfungsurteils auf internationaler Ebene. Andererseits ist aber auch eine indirekte Beeinflussung der prüferischen Tätigkeit durch rückblickende Qualitätsbeurteilungsmaßnahmen, wie der externen Qualitätskontrolle oder der öffentlichen Aufsicht und der damit verbundenen Beurteilung der internen Qualitätssicherung, erfolgt.

In diesem Zusammenhang heben Befürworter eines Joint Audit's immer wieder die positive Wirkung des Austausches von Prüfungsergebnissen und der Kommunikation unter den Prüfern auf den Prüfungsprozess und die positive Wirkung der gegenseitigen Kontrollen und Überwachungsaktivitäten auf das Prüfungsergebnis hervor. Dies sind Aspekte, die durch die jüngsten Qualitätssicherungsmaßnahmen wesentlich verbessert werden sollen, jedoch zT erst rückwirkend beurteilt werden. So sehen die neuen Regelungen zwar die externe Qualitätskontrolle vor, doch ist eine begleitende Kontrolle bereits in der Prüfungsdurchführung nicht Gegenstand der bisherigen Diskussionen.

Damit die Wirkung eines Joint Audit's als Qualitätsveränderungsmaßnahme aufgezeigt werden kann, wurde im nächsten Teil der Arbeit der Entscheidungsfindungsprozess des Abschlussprüfers dargestellt, um erste Aussagen zur Wirkung eines Joint Audit's auf die Prüfungsqualität zu ermöglichen. Mit Hilfe der Kenntnisse des Entscheidungsverhaltens der Prüfer und den Auswirkungen einer Gruppenentscheidung auf den Entscheidungsfindungsprozess sowie den Argumenten für ein Joint Audit konnten diese theoretischen Überlegungen konkretisiert werden.

Für die nunmehr folgende Hypothesengenerierung war vor allem die Kenntnis wichtig, dass das für gesetzliche Prüfungen relevante System überindividueller Verhaltensnormen nicht so detaillierte und präzisierte Vorschriften enthält, dass das Entscheidungsverhalten von verschiedenen Prüfern, die die gleiche konkrete Prüfung durchführen müssen, identisch sein muss.

Dies bedeutet, dass, obwohl es für die Beurteilung eines Sachverhalts bestimmte Prüfungsstandards gibt, es trotzdem dazu kommen kann, dass das Prüfungsurteil aufgrund des überindividuellen Verhaltens der Prüfer (z.B. andere Auffassung des pflichtgemäßen Ermessens) unterschiedlich ausfällt, obwohl alle gesetzlichen Regelungen und andere Normen für die Durchführung der Prüfung eingehalten wurden. Aus dieser Erkenntnis eröffneten sich zwei Fragen für die Untersuchung:

- Unter welchen Bedingungen wird von Prüfern welche von mehreren Entscheidungen (Urteilen) gewählt? und
- Welche Entscheidung ist die „bessere“ Entscheidung? Bzw. welches Urteil ist das „bessere“ Urteil?

Für die Beantwortung dieser Fragen wurde vorerst erörtert, wie die Ausnutzung der Entscheidungsfreiräume von Prüfern beeinflusst werden kann (z.B. durch die Durchführung eines Joint Audit's) und wann ein Urteil als „besseres" Urteil bezeichnet werden kann. Als besseres Urteil wurde dann ein Urteil definiert, das von möglichst vielen Prüfern, die den gleichen Sachverhalt beurteilen, erteilt wird und die Streuung der Urteilsformen somit gering ist. Den Erwartungen der Stakeholder kann in diesem Fall, trotz dem Ausnutzen von individuellen Handlungsspielräumen im prüferischen Vorgehen, am Ehesten entsprochen werden.

Damit nunmehr Hypothesen für die empirische Untersuchung zur Wirkung eines Joint Audit's generiert werden konnten, war eine Auseinandersetzung mit erwarteten Wirkungen eines Joint Audit's erforderlich. Da es kaum Beiträge in der Theorie zum Joint Audit gibt, erfolgte eine Ausarbeitung der denkmöglichen Vor- und Nachteile sowie der damit verbundenen erwarteten Wirkungen überwiegend anhand der Beiträge von Befürwortern und Gegnern eines Joint Audit's.

Aus diesen Überlegungen ließ sich ableiten, dass der gegenseitige Review des Prüfungsprozesses sowie der Austausch von Prüfungsergebnissen und die Kommunikation unter den Prüfern in einem Joint Audit die Zuverlässigkeit des Prüfungsurteils erhöhen sollen. Daraus wurden folgende empirisch testbare Hypothesen aufgestellt:

Hypothese I: Je höher die gegenseitige Überwachung im Prüfungsprozess, desto einheitlicher das Prüfungsurteil.

Hypothese II: Je intensiver die Kommunikation und der Austausch von Prüfungsergebnissen, desto einheitlicher das Prüfungsurteil.

Berücksichtigt man, dass ein Joint Audit bislang nur dann als sinnvoll erachtet wurde, wenn der Abschlussprüfer bestimmte Spezialkenntnisse in Anspruch nehmen musste, so ließ dies die Schlussfolgerung zu, dass die Wirkung eines Joint Audit's prüffeldbezogen dann am Größten ist, wenn es sich um die Beurteilung von sehr spezifischen oder komplexen Prüffeldern handelt. Für die empirische Untersuchung wurde daher weitere folgende Hypothese aufgestellt:

Hypothese III: Je komplexer ein Prüffeld, desto positiver ist die Wirkung des Joint Audit's auf das Ergebnis (die Qualität) der Beurteilung des Prüffeldes.

Da Daten über die Wirkung von Joint Audit's nicht in der Weise vorliegen, dass mit Hilfe einer Inhaltsanalyse eine systematische und qualitative Beschreibung von Häufigkeiten bestimmter Elemente möglich wäre bzw. eine Prüfung der Hypothesen ermöglicht hätte, wurde auf eine Sekundärdatenanalyse verzichtet und auf die Methode der Primärdatenerhebung zurückgegriffen.

Im Hinblick auf das Untersuchungsziel schienen die mündliche Befragung anhand eines standardisierten Fragebogens und die Methode der fallstudienbasierten Untersuchung am Besten geeignet. Auch wenn diese Methoden keine breite Datenbasis erwarten ließen und somit nur ein geringer Allgemeinheitsgrad der gegenwärtig verfügbaren Ergebnisse aus der empirischen Untersuchung besteht, waren interessante Forschungsergebnisse zu erwarten.

Die fallstudienbasierte Untersuchung wurde in zwei unterschiedlichen Erhebungsformen durchgeführt. Während die Testpersonen in der Erhebungsform „Single" alleine die dargestellten Informationen der Fallstudie zu beurteilen hatten, mussten sich im Rahmen der Erhebungsform „Joint" zwei Testpersonen nach jeweiliger persönlicher Beurteilung gemeinsam auf ein Urteil einigen.

Im Rahmen der Durchführung der empirischen Untersuchung erhielten die Testpersonen neben der zu beurteilenden Fallstudie auch einen Fragebogen, der die Erfahrungen und/oder Wahrnehmungen der Testpersonen im Bezug auf Joint Audit's aufnehmen sollte.

Im Anschluss an die Erhebung der Daten erfolgte die Datenanalyse, welche sich in deskriptive und statistische Auswertung unterteilte. Während die deskriptive Analyse vorrangig einen ersten Überblick über die erhobenen Daten vermitteln sollte, war Ziel der statistischen Analyse die Prüfung der aufgestellten Hypothesen. Für diese Prüfung wurden entsprechende statistische Verfahren verwendet. Für die aufgestellten Hypothesen hat die Teststatistik stützende Ergebnisse ergeben.

Zusammenfassend kann festgehalten werden, dass sich nach den Ergebnissen der Untersuchung der gegenseitige Review des Prüfungsprozesses sowie der Austausch von Prüfungsergebnissen und die Kommunikation unter den Prüfern im Rahmen eines Joint Audit's positiv auf das Urteil auswirken. Die Auswertung hat gezeigt, dass die Verteilung der Urteile in beiden Untersuchungsformen signifikant nicht dieselbe ist und die Streuung der Urteilsformen in der „Joint“ Erhebung geringer ist. Auch die Analyse der Antworten derjenigen Befragten, die bereits ein Joint Audit durchgeführt haben, hat gezeigt, dass diese überwiegend der Meinung sind, dass der Austausch von Prüfungsergebnissen und die Kommunikation unter den Prüfern das Prüfungsurteil verbessert.

Auch die Hypothese III kann als gestützt betrachtet werden, da vor allem die Begründungen der Urteile auf die Prüfungsergebnisse von sehr komplexen Prüffeldern zurückzuführen sind, und auch die Fallzusammenfassung der Mehrfachantworten ergeben hat, dass im Falle einer gemeinsamen Beurteilung jedenfalls die komplexesten Prüffelder von den Testpersonen diskutiert worden wären.

Abschließend wurde noch geprüft, ob es einen Zusammenhang zwischen der Erfahrung mit Joint Audit’s bzw. der allgemeinen Prüfungserfahrung der Befragten und den Antworten gegeben hat. Dabei wurden kaum statistisch signifikante Ergebnisse festgestellt. Nur tendenziell waren andere Häufigkeitsverteilungen in den Antworten erkennbar.

Es ist nunmehr die Frage berechtigt, ob ein Joint Audit prinzipiell der klassischen Abschlussprüfung vorzuziehen ist.

Ziel der vorliegenden Arbeit war es festzustellen, ob ein Joint Audit eine Wirkung auf das Urteil hat. Dabei wurden Ausschnitte aus dem Prüfungsprozess und der Urteilsbildung mit einer Fallstudie untersucht. Als Ergebnis der Untersuchung kann festgehalten werden, dass zum einen eine Wirkung und zum anderen eine positive Wirkung auf die Urteilsbildung festgestellt wurde, da eine deutliche Beschränkung auf weniger Urteilsvarianten erfolgte, woraus man grundsätzlich den Schluss ziehen kann, dass es zu einer verbesserten Urteilsbildung in einem Joint Audit gekommen ist. Auch die Befragung hat ergeben, dass jedenfalls eine Wirkung, tendenziell eher eine positive, wahrgenommen wird.

Es ist zu berücksichtigen, dass die Untersuchung Faktoren wie strategisches Verhalten, Risikoneigung oder Teamfähigkeit sowie Führungsstil der jeweiligen Prüfer nicht berücksichtigt hat. Faktoren, deren Bedeutung in einer gemeinsamen Entscheidungsfindungssituation nicht unterschätzt werden dürfen. Hier wird künftiger Forschungsbedarf gesehen. So können weitere Forschungsaktivitäten die prüferindividuellen Aspekte mit einbeziehen und somit die konkrete Wirkung im Einzelfall untersuchen.

Literaturverzeichnis

Anderson, D., Stokes, D., Zimmer, I., (Anderson 1993): Corporate Takeovers and Auditor Switching, in: A Journal of Practice and Theory 1993, Heft 1/1993, S 65-73.

Ashton, R.H., Ashton, A.H., (Ashton 1995): Judgement and decision-making research in accounting and auditing, Cambridge 1995.

Ashton, R.H., Ashton, A.H., (Ashton 1995a): Perspectives on judgment and decision-making research in accounting and auditing – overview, in: Ashton, R.H., Ashton, A.H. (Hrsg.), Judgement and decision-making research in accounting and auditing, Cambridge 1995, S 3-29.

Atteslander, P., (Atteslander 2006): Methoden der empirischen Sozialforschung, 11. Auflage, Berlin 2006.

Ayers, S., Kaplan, E., (Ayers 2003): Review Partners' Reactions to Contact Partner Risk Judgments of Prospective Clients, in: Auditing: A Journal of Practice and Theory 2003, Heft 1/2003, S 29-45.

Backhaus, K., Erichson, B., Plinke, W., Weiber, R., (Backhaus 2003): Multivariate Analysemethoden – Eine anwendungsorientierte Einführung, 10. Auflage, Heidelberg 2003.

Baetge, J., (Baetge 1983): Überwachungstheorie, kybernetische, in: Coenenberg, A.G., v.Wysocki, K. (Hrsg.), Handwörterbuch der Revision, Stuttgart 1983, Sp 1562-1569.

Baetge, J., (Baetge 1985): Eine Zielvorschrift für Rationalisierungsansätze bei der Prüfung, in: BFuP 1985, Heft 4/1985, S 277-290.

Baetge, J., (Baetge 1992): Überwachungstheorie, kybernetische, in: Coenenberg, A.G., v.Wysocki, K. (Hrsg.), Handwörterbuch der Revision, 2. Auflage, Stuttgart 1992, Sp 2038-2054.

Baetge, J., Matena, S., (Baetge 2003): Normative Überlegungen zur Ausgestaltung der Abschlussprüfung im Lichte aktueller Unternehmensrisiken, in: Wollmert, P., Schönbrunn, N., Jung, U., Siebert, H., Henke, M. (Hrsg.), Wirtschaftsprüfung und Unternehmensüberwachung – Festschrift für Wolfgang Lück, Düsseldorf 2003, S 179-204.

Ballwieser, W., (Ballwieser 2003): Moderation der Podiums- und Publikumsdiskussion: Vertrauenskrise in der Wirtschaftsprüfung, in: Richter, M. (Hrsg.), Entwicklungen der Wirtschaftsprüfung, Bielefeld 2003, S 277-318.

Benston, G.J., Hartgraves, A.L, (Benston 2002): Enron: What Happened and What We Can Learn form It, in: Journal of Accounting & Public Policy 2002, Vol. 2/2002, S 105-128.

Bertl, R., Fraberger, F., (Bertl 2001): Die Abschlussprüfung durch mehrere Prüfer, in: RWZ 2001, Heft 8/2001, S 246-247.

Bertl, R., Mayer, L., (Bertl 2001a): Maßnahmen zur Verbesserung der Qualität der Jahresabschlussprüfung, in: RWZ 2001, Heft 11/2001, S 338-341.

Bertl., R., Mandl, D., (Bertl 2004): Handbuch zum Rechnungslegungsgesetz – RLG, Prüfung und Offenlegung, Band II, 12. Lieferung Wien 2006.

Bigus, J., (Bigus 2007): Die Sorgfaltsanreize des Wirtschaftsprüfers bei beschränkter Haftung, in: zfbf 2007, Heft 2/2007, S 61-86.

Bonner, S.E., Libby, R., Nelson, M.W., (Bonner 1996): Using Decision Aids to Improve Auditors' Conditional Probability Judgments, in: The Accounting Review 1996, Heft 2/1996, S 221-240.

Bortz, J., (Bortz 2005): Statistik für Human- und Sozialwissenschaftler, 6. Auflage, Heidelberg 2005.

Brinkmann, R., Spieß, A., (Brinkmann 2006): Abschlussprüfung nach International Standards on Auditing – Überblick über aktuelle Entwicklungen durch die 8. EU-Richtlinie und das Clarity-Project des IAASB sowie Auswirkungen auf die IDW-Prüfungsstandards (TEIL I), in: Kor 2006, Heft 6/2006, S 395-409.

Brinkmann, R., Spieß, A., (Brinkmann 2006a): Abschlussprüfung nach International Standards on Auditing – Überblick über aktuelle Entwicklungen durch die 8. EU-Richtlinie und das Clarity-Project des IAASB sowie Auswirkungen auf die IDW-Prüfungsstandards (TEIL II), in: Kor 2006, Heft 11/2006, S 668-685.

Brogyanyi, A., Nowotny, Ch., Gelter, M., (Brogyanyi 2001): Corporate Governance und die Stellung des Wirtschaftsprüfers, in: Institut der Wirtschaftsprüfer (Hrsg.), Wirtschaftsprüfer Jahrbuch 2001, Wien 2001, S 175-209.

Bruhns, M., (Bruhns 2000): Dienstleistungsqualität: Konzepte, Methoden, Erfahrungen, Wiesbaden 2000.

Bundeskanzleramt, Bundesministerium für Justiz (BMJ 2005): BGBl. I Nr. 59/2005 vom 04.07.2005: Bundesgesetz, mit dem das AktG, das GmbHG, das SE-Gesetz, das HGB, das BWG, das VAG, das PKG, das GenRG, das GenRevRÄG und das GGG entsprechend der Entschließung des NR vom 29. Jänner 2004 zur Stärkung des Vertrauens in die österreichische Wirtschaft geändert werden (Gesellschaftsrechtsänderungsgesetz 2005 - GesRÄG 2005), Wien 2005.

Bundeskanzleramt, Bundesministerium für Wirtschaft und Arbeit (BMWA 2005): BGBl. I Nr. 84/2005 vom 10.08.2005: Bundesgesetz, mit dem das Bundesgesetz über die Qualitätssicherung bei Abschlussprüfungen (Abschlussprüfungs-Qualitätssicherungsgesetz - A-QSG) erlassen und das WTBG geändert wird, Wien 2005.

Bussmann, K.F., (Bussmann 1960): Betreuung und Prüfung der Unternehmungen, Wiesbaden 1960.

Choo, F., (Choo 1989): Expert-novice differences in judgment/decision making research, in: Journal of Accounting Literature 1989, Vol. 8/1989, S 106-136.

Choo, F., Trotman, K.T., (Choo 1991): The relationship between knowledge structures and judgments for experienced and inexperienced auditors, in: The Accounting Review 1991, Heft 6/1991, S 464-485.

Coenenberg, A.G., v.Wysocki, K., (Coenenberg 1983): Handwörterbuch der Revision, Stuttgart 1983.

Coenenberg, A.G., v.Wysocki, K., (Coenenberg 1992): Handwörterbuch der Revision, 2. Auflage, Stuttgart 1992.

Copley, D., Doucet, M., (Copley 1993): The impact of competition on the quality of governmental audits, in: Auditing: A Journal of Practice & Theory 1993, Heft 1/1993, S 88-98.

Davis, E.B., Kennedy, S.J., Maines, L.A, (Davis et al. 2000) : The Relation between Consensus and Accuracy in Low-to-Moderate Accuracy Tasks : An Auditing Example, in : Auditing : A Journal of Practice & Theory 2000, Vol.19/2000, S 101-121.

DeAngelo, L.E., (DeAngelo 1981): Auditor Size and Audit Quality, in: Journal of Accounting and Economics 1981, Heft 3/1981, S 183-199.

DeAngelo, L.E., (DeAngelo 1981a): Auditor independence, “low balling”, and disclosure regulation, in: Journal of Accounting and Economics 1981, Heft 2/1981, S 113-127.

DeFond, M.L., Raghunandan, K., Subramanyam, K.R., (DeFond 2002): Do Non-Audit Service Fees Impair Auditor Independence? Evidence form Going Concern Audit Opinions, in: Journal of Accounting Research 2002, Heft 4/2004, S 1247-1274.

Dehn, W., (Dehn 2002): Die Haftung des Abschlussprüfers nach § 275 HGB (nF), in: ÖBA 2002, Heft 5/2002, S 377-393.

Deussen, R., (Deussen 2007): Externe Qualitätskontrolle nach § 57 WPO – Qualitätssicherung in der Abschlussprüfung: Grundlagen, Vorbereitung, Durchführung, Hagen 2007.

Doralt, W., (Doralt 2006): Abschlussprüfung neu: Unabhängigkeit geschwächt und Haftung reduziert!, in: ÖBA 2006, Heft 3/2006, S 173-176.

Doralt, W., (Doralt 2006a): Die Haftungshöchstgrenze bei der Haftung des Abschlussprüfers gegenüber Dritten, in: RdW 2006, Heft 11/2006, S 687-690.

Dörner, D., (Dörner 1991): Entwicklungstendenzen in der Qualitätssicherung von Abschlussprüfungen, in: WPg 1991, Heft 19u20/1991, S 566-571.

Duller, Ch., (Duller 2006): Einführung in die Statistik mit Excel und SPSS – Ein anwendungsorientiertes Lehr- und Arbeitsbuch, Heidelberg 2006.

Egner, H., (Egner 1970): Zum wissenschaftlichen Programm der betriebswirtschaftlichen Prüfungslehre, in: zfbf 1970, Heft ?/1970, S 771-789.

Egner, H., (Egner 1980): Betriebswirtschaftliche Prüfungslehre – Eine Einführung, Berlin/New York 1980.

Egner, H., (Egner 1992): Prüfungstheorie, verhaltensorientierter Ansatz (Syllogistischer Ansatz), in: Coenenberg, A.G., v.Wysocki, K. (Hrsg.), Handwörterbuch der Revision, 2. Auflage, Stuttgart 1992, Sp 1566-1578.

Europäische Kommission, (Europäische Kommission 1978): ABl L 222 vom 14.08.1978: Vierte Richtlinie 78/660/EWG des Rates vom 25. Juli 1978 aufgrund von Artikel 54 Absatz 3 Buchstabe g) des Vertrages über den Jahresabschluss von Gesellschaften bestimmter Rechtsformen, Brüssel 1978.

Europäische Kommission, (Europäische Kommission 1983): ABl L 193 vom 18.07.1983: Siebente Richtlinie 83/349/EWG des Rates vom 13. Juni 1983 aufgrund von Artikel 54 Absatz 3 Buchstabe g) des Vertrages über den konsolidierten Abschluss, Brüssel 1983.

Europäische Kommission, (Europäische Kommission 1984): ABl L 126 vom 12.05.1984: Achte Richtlinie 84/253/EWG des Rates vom 10. April 1984 aufgrund von Artikel 54 Absatz 3 Buchstabe g) des Vertrages über die Zulassung der mit der Pflichtprüfung der Rechnungslegungsunterlagen beauftragten Personen, Brüssel 1984.

Europäische Kommission, (Europäische Kommission 1996): ABl C 321 vom 28.10.1996: Grünbuch der Kommission – Rolle, Stellung Haftung des Abschlussprüfers in der Europäischen Union, Brüssel 1996.

Europäische Kommission, (Europäische Kommission 1998): ABl C 143 vom 08.05.1998: Mitteilung der Kommission „Die Abschlussprüfung in der Europäischen Union: Künftiges Vorgehen“, Brüssel 1998.

Europäische Kommission, (Europäische Kommission 2000): ABl L 91 vom 31.03.2001: Empfehlung 2001/256/EG der Kommission vom 15. November 2000 Mindestanforderungen an Qualitätssicherungssysteme für die Abschlussprüfung in der EU, Brüssel 2000.

Europäische Kommission, (Europäische Kommission 2002): ABl L 191 vom 19.07.2002: Empfehlung 2002/590 der Kommission vom 16. Mai 2002 Unabhängigkeit des Abschlussprüfers in der EU – Grundprinzipien - K (2002) 1873, Brüssel 2002.

Europäische Kommission, (Europäische Kommission 2003): ABl C 236/2 vom 02.10.2003: Mitteilung der Kommission an den Rat und das Europäische Parlament - Stärkung der Abschlussprüfung in der EU, Brüssel 2003.

Europäische Kommission, (Europäische Kommission 2003a): KOM/2003/0284 vom 21.05.2003: Mitteilung der Kommission an den Rat und das Europäische Parlament – Modernisierung des Gesellschaftsrechts und Verbesserung der Corporate Governance in der Europäischen Union - Aktionsplan, Brüssel 2003.

Europäische Kommission, (Europäische Kommission 2003b): ABl L 178 vom 17. Juli 2003: Richtlinie 2003/51/EG des Europäischen Parlaments und des Rates zur Änderung der Richtlinien 78/660/EWG, 83/349/EWG, 86/635/EWG und 91/674/EWG über den Jahresabschluss und den konsolidierten Abschluss von Gesellschaften bestimmter Rechtsformen, von Banken und anderen Finanzinstituten sowie von Versicherungsunternehmen, Brüssel 2006.

Europäische Kommission, (Europäische Kommission 2006): ABl L 157 vom 9. Juni 2006: Richtlinie 2006/43/EG des Europäischen Parlaments und des Rates über Abschlussprüfung von Jahresabschlüssen und konsolidierten Abschlüssen, zur Änderung der Richtlinien 78/660/EWG und 83/349/EWG des Rates und zur Aufhebung der Richtlinie 84/253/EWG des Rates, Brüssel 2006.

Europäische Kommission, (Europäische Kommission 2007): Europäische Gruppe aus Vertretern der Aufsichtsgremien für Abschlussprüfer (EGAOB), abrufbar im Internet unter URL: http://ec.europa.eu/internal_market/auditing/ egaob/index_de.htm, (Stand vom 08.Mai 2007), Brüssel 2007.

Ewert, R., (Ewert 1999): Abschlussprüfung, Dritthaftung und Prüfungsgrundsätze – Ergebnisse einer ökonomischen Analyse, in: BFuP 1999, Heft 1/1999, S 94-106.

Ewert, R., Feess, E., Nell, M., (Ewert 2000): Prüfungsqualität, Dritthaftung und Versicherung, in: BFuP 2000, Heft 6/2000, S 572-593.

Fahrmeir, L., Künsler, R., Pigeot, I., Tutz, G., (Fahrmeir 2004): Statistik – Der Weg zur Datenanalyse, 5. Auflage, Heidelberg 2004.

Fattinger, S., Hörmann, F., Kutschera, A., (Fattinger 2000): Organisation der Fortbildungsverpflichtung, in: Institut der Wirtschaftsprüfer (Hrsg.), Wirtschaftsprüfer Jahrbuch 2000, Wien 2000, S 181-203.

Fédération des Experts Comptables Européens, (FEE 1996): The Role, Position and Liability of the Statutory Auditor in the European Union, Appendices, abrufbar im Internet unter URL: www.fee.be, (Stand vom 08.Mai 2007), Brüssel 1996.

Fédération des Experts Comptables Européens, (FEE 2001): Proposal on International Standards on Auditing in the EU, abrufbar im Internet unter URL: www.fee.be, (Stand vom 08.Mai 2007), Brüssel 2001.

Felix, W.L.Jr., Kinney, W.R.Jr., (Felix 1982): Research in the Auditor's Opinion Formulation Process: State of the Art, in: The Accounting Review 1982, Heft 2/1982, S 245-271.

Ferlings, J., Poll, J., Schneiß, U., (Ferlings 2007): Aktuelle Entwicklungen im Bereich nationaler und internationaler Prüfungs- und Qualitätssicherungsstandards – unter besonderer Berücksichtigung der Prüfung von KMU (Teil 1), in: WPg 2007, Heft 3/2007, S 101-113.

Ferlings, J., Poll, J., Schneiß, U., (Ferlings 2007a): Aktuelle Entwicklungen im Bereich nationaler und internationaler Prüfungs- und Qualitätssicherungsstandards – unter besonderer Berücksichtigung der Prüfung von KMU (Teil 2), in: WPg 2007, Heft 4/2007, S 145-153.

Financial Reporting Council, (FRC 2006): The Drivers of Audit Quality, presented at the: Paris Roundtable Meeting of the International Forum of Independent Audit Regulators, Paris 2006.

Fischer-Winkelmann, W.F., (Fischer-Winkelmann 1971): Methodologie der Betriebswirtschaftslehre, München 1971.

Fischer-Winkelmann, W.F., (Fischer-Winkelmann 1975): Entscheidungsorientierte Prüfungslehre, Berlin 1975.

Fischer-Winkelmann, W.F., (Fischer-Winkelmann 1976): Bestimmungsgrößen des Entscheidungsverhaltens bei Unternehmensprüfungen, in: Arbeitspapiere des Fachbereichs Wirtschaftswissenschaft der Gesamthochschule Wuppertal, Wuppertal 1976.

Fischer-Winkelmann, W.F., (Fischer-Winkelmann 1978): Bestimmungsgrößen des Entscheidungsverhaltnes bei Unternehmensprüfungen, in: ZfB 1978, Heft 9/1978, S 741-763.

Fischer-Winkelmann, W.F., (Fischer-Winkelmann 1992): Prüfungstheorie, empirisch-kognitiver Ansatz, in: Coenenberg, A.G., v.Wysocki, K. (Hrsg.), Handwörterbuch der Revision, 2. Auflage, Stuttgart 1992, Sp 1532-1544.

Fölsing, P., (Fölsing 2006): Das Haftungsrisiko des Abschlussprüfers im Prüfungs-Beratungs-Konflikt, Frankfurt am Main 2006.

Francis, J.R., Wilson, E.R., (Francis 1988): Auditor Changes: A Joint Test of Theories Relating to Agency Costs and Auditor Differentiation, in: The Accounting Review 1988, Heft 4/1988, S 663-682.

Francis, J.R., (Francis 2004): What do we know about audit quality?, in: The British Accounting Review 2004, Heft 36/2004, S 345-368.

Francis, J.R., Richard, Ch., Vanstraelen, A., (Francis 2006): Assessing France's Joint Audit Requirement: Are Two Heads Better than One?, presented at: International Symposium on Audit Research 2006, Sydney 2006.

Gelter, M., (Gelter 2003): BGH zur Unabhängigkeit des Abschlussprüfers im Fall HypoVereinsBank, in: RdW 2003, Heft 7/2003, S 354-357.

Gelter, M., (Gelter 2004): Die Unabhängigkeit des Abschlussprüfers – Österreichische und US-amerikanische Normen im Lichte einer ökonomischen Betrachtung, Wien 2004.

Gelter, M., (Gelter 2004a): Unabhängigkeit, Prüferbestellung und Audit Committee: Ein Vergleich zwischen Österreich und den USA, in: RWZ 2004, Heft 2/2004, S 54-62.

Gelter, M., (Gelter 2005): Zur ökonomischen Analyse der begrenzten Haftung des Abschlussprüfers, in: WPg 2005, Heft 9/2005, S 486-499.

Gibbins, M., Swieringa, R.J., (Gibbins 1995): Twenty years of judgment research in accounting an auditing, in: Ashton, R.H., Ashton, A.H. (Hrsg.), Judgement and decision-making research in accounting and auditing, Cambridge 1995, S 231-250.

Gröhs, B., Bramerdorfer, N., (Gröhs 2004): „Vertrauen in die Abschlussprüfung": Was kann der Gesetzgeber dazu beitragen?, in: Ecolex-Script 2004, Heft 4/2004, S 1-9.

Haberer, T., (Haberer 2003): Zur Unabhängigkeit des Abschlussprüfers – national und international, Reformbedarf in Österreich? - Aktuelle Entwicklungen, in: SWK 2003, Heft 26/2003, T 167-171.

Haller, A., (Haller 1992): Empirische Forschung im Prüfungswesen, in: Coenenberg, A.G., v.Wysocki, K. (Hrsg.), Handwörterbuch der Revision, 2. Auflage, Stuttgart 1992, Sp 413-426.

Haller, A., Reitbauer, S., (Haller 2003): Obligatorische externe Rotation – ein gewagter Weg zur Sicherung der Unabhängigkeit des Abschlussprüfers, in: RWZ 2003, Heft 5/2003, S 147-154.

Haller, A., (Haller 2005): Wirtschaftsprüfung und Corporate Governance in Österreich, Wien 2005.

Haunschildt, J., Grün, O., (Haunschildt 1993): Ergebnisse empirischer betriebswirtschaftlicher Forschung: zu einer Realtheorie der Unternehmung - Festschrift für Eberhard Witte, Stuttgart 1993.

Hirokawa, R.Y., Polle M.S., (Hirokawa 1996): Communication and Group Decision Making, 2. Auflage, Thousand Oaks/London/New Delhi 1996.

Holzer, P., Fröhlich, Ch., (Holzer 2001): Die Unabhängigkeit des Abschlussprüfers – neue Bestimmungen der SEC, in: RWZ 2001, Heft 7/2001, S 214-220.

Huber, H., (Huber 1978): Entwicklungstendenzen des Treuhandwesen, in: Lechner, K., (Hrsg.), Treuhandwesen – Prüfung Begutachtung Beratung, Wien 1978, S 73-104.

Hübler, O., (Hübler 2005): Einführung in die empirische Wirtschaftsforschung, München/Hannover 2005.

Institut der Wirtschaftsprüfer in Deutschland e.V., (IDW 1999): IDW Prüfungsstandard: Zur Durchführung von Gemeinschaftsprüfungen (Joint Audits) (IDW PS 208), in: WPg 1999, Heft 17/1999, S 707-710.

Institut der Wirtschaftsprüfer in Deutschland e.V., (IDW 2000): Wirtschaftsprüfer Handbuch 2000, Band 1, 12. Auflage, Düsseldorf 2000.

Institut der Wirtschaftsprüfer in Deutschland e.V., Naumann, K., (IDW 2002a): Stärkung des Vertrauens in die Abschlussprüfung, in: Frankfurter Allgemeinen Zeitung vom 26. August 2002, Frankfurt 2002.

Institut der Wirtschaftsprüfer in Deutschland e.V., (IDW 2002b): Position des IDW zu den in der Diskussion befindlichen Vorschlägen zur Stärkung der Abschlussprüfung nach dem Enron-Zusammenbruch, in: RWZ 2002, Heft 7/2002, S 219-223.

Institut der Wirtschaftsprüfer in Deutschland e.V., (IDW 2002c): Presseinformation des IDW zur Stärkung der Abschlussprüfung: IDW zur aktuellen Reformdebatte vom 6. (bzw. 10.) Mai 2002, abrufbar im Internet unter URL: www.idw.de, (Stand vom 8. Mai 2007), Düsseldorf 2002.

Institut der Wirtschaftsprüfer in Deutschland e.V., (IDW 2005): IDW Stellungnahme: Exposure Draft of the Proposed International Standard on Auditing 705 „Modifications to the Opinion in the Independent Auditor's Report" and the Proposed International Standard on Auditing 706 „Emphasis of Matter Paragraphs and Other Matters Paragraphs in the Independent Auditor's Report", in: WPg 2005, Heft 16/2005, S 930-939.

Institut der Wirtschaftsprüfer in Deutschland e.V., (IDW 2006): IDW Praxishandbuch zur Qualitätssicherung – Mit Arbeitshilfen zur internen Qualitätssicherung und zum risikoorientierten Prüfungsvorgehen bei der Prüfung kleinerer und mittlerer Unternehmen, Düsseldorf 2006.

Institut der Wirtschaftsprüfer, (IWP 2000): Wirtschaftsprüfer Jahrbuch 2000, Wien 2002.

Institut der Wirtschaftsprüfer, (IWP 2001): Wirtschaftsprüfer Jahrbuch 2001, Wien 2001.

International Federation of Accountants, (IFAC 2005): Project History: Clarity of IAASB Standards - Final Amended Preface and Four Redrafted ISAs Approved, and Redrafted ISA Exposure Drafts Issued, abrufbar im Internet unter URL: /www.ifac.org/IAASB/ProjectHistory.php?ProjID=0024, (Stand vom 03. Juni 2007), New York 2005.

International Federation of Accountants, (IFAC 2006a): IFAC Handbook of International Auditing, Assurance, and Ethics Pronouncements, abrufbar im Internet unter URL: www.ifac.org/Guidance/, (Stand vom 08.Mai 2007), New York 2006.

International Federation of Accountants, (IFAC 2007): Facts about IFAC, abrufbar im Internet unter URL: www.ifac.org, (Stand vom 08.Mai 2007), New York 2007.

International Federation of Accountants, (IFAC 2007a): IFAC Boards and Committees, abrufbar im Internet unter URL: www.ifac.org/IAASB/, (Stand vom 08.Mai 2007), New York 2007.

International Federation of Accountants, (IFAC 2007b): IFAC Structure and Governance, abrufbar im Internet unter URL: www.ifac.org/About/Structure.php, (Stand vom 14.Mai 2007), New York 2007.

International Federation of Accountants, (IFAC 2007c): Status of the IAASB'S Work to improve the Clarity of it's Standards, abrufbar im Internet unter URL: www.ifac.org/IAASB/Projects.php#InProgress (Stand vom 03. Juni 2007), New York 2007.

International Federation of Accountants, (IFAC 2007e): IFAC Handbook of International Auditing, Assurance, and Ethics Pronouncements, abrufbar im Internet unter URL: www.ifac.org/Guidance/, (Stand vom 05. Juni 2007), New York 2007.

International Federation of Accountants, (IFAC 2007f): IAASB: Project History, abrufbar im Internet unter URL: http://www.ifac.org/IAASB/ProjectHistory.php?ProjID=0035, (Stand vom 05. Juni 2007), New York 2007.

Janssen, J., Laatz, W., (Janssen 2005): Statistische Datenanalyse mit SPSS für Windows, 5. Auflage, Hamburg 2005.

Justenhoven, P., Krawietz, M., (Justenhoven 2006): Prüfungsansatz nach Enron, in: BFuP 2006, Heft 1/2006, S 62-67.

Karollus, M., (Karollus 2006): Die Haftungshöchstgrenze bei der Dritthaftung des Abschlussprüfers de lege lata und de lege ferenda, in: RdW 2006, Heft 6/2006, S 389-401.

Köhler, A. G., Marten, K.U., (Köhler 2004): Prüfungsqualität als Forschungsgegenstand – Traditionelle Sichtweise und Erweiterung des Begriffsverständnisses, in: Marten, K.U., Quick, R., Ruhnke, K. (Hrsg.), Externe Qualitätskontrolle im Berufsstand der Wirtschaftsprüfer, Status quo und Weiterentwicklung, Düsseldorf 2004, S 1-23.

Küting, K., (Küting 2002): Die Treuhänder des Kapitalmarkts, in: Frankfurter Allgemeine Zeitung vom 25.November 2002, S 24, Frankfurt 2002.

Lanfermann, G., (Lanfermann 2005): Internationale Abschlussprüfung in der Europäischen Union, in: DSWR 2005, Heft 4/ 2005, S 110-112.

Lanfermann, G., (Lanfermann 2006): Neue EU-Richtlinie zur Abschlussprüfung, in: Wirtschaftsprüferkammer Magazin 2006, Heft 1/ 2006, S 40-43.

Lanfermann, G., (Lanfermann 2006a): Modernisierte EU-Richtlinie zur gesetzlichen Abschlussprüfung, in: Der Betrieb 2006, Heft 49/ 2006, S 2645-2650.

Lechner, E., (Lechner 2000): Abschlussprüfung: Kommentar zu § 270 HGB Rz 5, in: Straube., M. (Hrsg.), Kommentar zum Handelsgesetzbuch, Band II - Rechnungslegung, 2. Auflage, Wien 2000.

Lechner, K., (Lechner 1981): Reine und/oder empirisch-kognitive Theorie der Prüfung?, in: Seicht, G. (Hrsg.), Management und Kontrolle – Festgabe für Erich Loitlsberger, Berlin 1981, S 47-60.

Lechner, K., (Lechner 1978): Treuhandwesen – Prüfung Begutachtung Beratung, Wien 1978.

Leffson, U., (Leffson 1980): Wirtschaftsprüfung, Wiesbaden 1980.

Libby, R., (Libby 1995): The role of knowledge and memory in audit judgment, in: Ashton, R.H., Ashton, A.H. (Hrsg.), Judgement and decision-making research in accounting and auditing, Cambridge 1995, S 137-175.

Lindgens, U., (Lindgens 2004): Aus der Arbeit der Kommission für Qualitätskontrolle, in: Marten, K.U., Quick, R., Ruhnke, K. (Hrsg.), Externe Qualitätskontrolle im Berufsstand der Wirtschaftsprüfer, Status quo und Weiterentwicklung, Düsseldorf 2004, S 41-67.

Loitlsberger, E., (Loitlsberger 1966): Treuhand- und Revisionswesen, 2. Auflage, Stuttgart 1966.

Loitlsberger, E., (Loitlsberger 1978): Dogmengeschichtlicher Abriss des Treuhandwesens, in: Lechner, K. (Hrsg.), Treuhandwesen – Prüfung Begutachtung Beratung, Wien 1978, S 35-53.

Loitlsberger, E., (Loitlsberger 1978a): Der gegenwärtige Stand des herkömmlichen Treuhandwesens, in: Lechner, K. (Hrsg.), Treuhandwesen – Prüfung Begutachtung Beratung, Wien 1978, S 54-71.

Loitlsberger, E., (Loitlsberger 1992): Prüfungstheorie, spieltheoretischer Ansatz, in: Coenenberg, A.G., v.Wysocki, K. (Hrsg.), Handwörterbuch der Revision, 2. Auflage, Stuttgart 1992, Sp 1558-1566.

Lück, W., (Lück 2000): Quality Control – Maßnahmen zur Qualitätssicherung in der Wirtschaftsprüferpraxis, in: Der Betrieb 2000, Heft 1/2000, S 1-6.

Marten, K.U., (Marten 1999): Qualität von Wirtschaftsprüferleistungen – eine empirische Untersuchung des deutschen Marktes für Wirtschaftsprüferleistungen, Düsseldorf 1999.

Marten, K.U., Köhler, A., (Marten 2000): Externe Qualitätskontrolle in der Wirtschaftsprüfung, in: WISU 2000, Heft 10/2000, S 1320-1328.

Marten, K.U., Quick, R., Ruhnke, K., (Marten 2004): Externe Qualitätskontrolle im Berufsstand der Wirtschaftsprüfer, Status quo und Weiterentwicklung, Düsseldorf 2004.

Marten, K.U., (Marten 2006): Die Bedeutung einer international anerkannten Abschlussprüferaufsicht für deutsche Unternehmen, in: Der Betrieb 2006, Heft 21/2006, S 1121-1125.

Marten, K.U., Quick, R., Ruhnke, K., (Marten 2006a): Lexikon der Wirtschaftsprüfung, Stuttgart 2006.

Marten, K.U., Quick, R., Ruhnke, K., (Marten 2007): Wirtschaftsprüfung – Grundlagen des betriebswirtschaftlichen Prüfungswesens nach nationalen und internationalen Normen, 3. Auflage, Stuttgart 2007.

Marti, S., Eberle, R., (Marti 2004): Qualität in der Wirtschaftsprüfung – Qualitätsmessung – ein Feld für akademische Forschungsarbeiten, in: Der Schweizer Treuhänder 2004, Heft 5/2004, S 415-420.

Mayer, L., (Mayer 2002): Bilanzfälschungen und Abschlussprüfung – Überlegungen eines Wirtschaftsprüfers, in: Versicherungsrundschau 2002, Heft 9/2002, S 163-171.

Messier, W.F.Jr., (Messier 1995): Research in and development of audit-decision aids, in: Ashton, R.H., Ashton, A.H. (Hrsg.), Judgement and decision-making research in accounting and auditing, Cambridge 1995, S 137-175.

Moore, W.G., Hodgson, D., (Moore 1993): The joint audit approach, in: Internal Auditor 1993, Heft 4/1993, S 14-17.

Moosmüller, G., (Moosmüller 2004): Methoden der empirischen Wirtschaftsforschung, München 2004.

Naumann, K.P., Feld, K.P, (Naumann 2006): Die Transformation der neuen Abschlussprüferrichtlinie, in: WPg 2006, Heft 13/2006, S 873-885.

Niehus, R., (Niehus 1994): Der Abschlussprüfer und die Qualitätskontrolle – Ein Anliegen des deutschen Berufsstandes (TEIL I), in: Wirtschaftsprüferkammer Mitteilungen 1994, Heft 3/1994, S 125-133.

Niehus, R., (Niehus 1995): Der Abschlussprüfer und die Qualitätskontrolle – Ein Anliegen des deutschen Berufsstandes (TEIL II), in: Wirtschaftsprüferkammer Mitteilungen 1995, Heft 1/1995, S 1-10.

Niehus, R., (Niehus 2003): Turnusmäßiger Wechsel des Abschlussprüfers, in: Der Betrieb 2003, Heft 30/2003, S 1637-1643.

Ordemann, D., (Ordemann 2003): Wissensmanagement und risikoorientierte Abschlussprüfung – Zur Beurteilung von inhärenten Risiken und Schätzgrößen, in: Richter, M. (Hrsg.), Entwicklungen der Wirtschaftsprüfung, Bielefeld 2003, S 95-158.

Orth, Ch., (Orth 2000): Abschlussprüfung und Corporate Governance – Vom Financial Audit zum Business Audit vor dem Hintergrund der Erwartungslücke, Wiesbaden 2000.

Perridon. L., (Perridon 1992): Wirtschaftprüfung, Frankreich, in: Coenenberg, A.G., v.Wysocki, K. (Hrsg.), Handwörterbuch der Revision, 2. Auflage, Stuttgart 1992, Sp 2240-2254.

Pfitzer, N., (Pfitzer 2006): Aktuelles zur Qualitätssicherung und Qualitätskontrolle, in: WPg 2006, Heft 5/2006, S 186-196.

Platzer, W., (Platzer 1978): Empirisch-kognitive Theorie der Prüfung, in: Lechner, K. (Hrsg.), Treuhandwesen – Prüfung Begutachtung Beratung, Wien 1978, S 169-179.

Poll, J., (Poll 2004): Beurteilung der internen Nachschau im Rahmen der externen Qualitätskontrolle, in: Marten, K.U., Quick, R., Ruhnke, K. (Hrsg.), Externe Qualitätskontrolle im Berufsstand der Wirtschaftsprüfer, Status quo und Weiterentwicklung, Düsseldorf 2004, S 161-175.

Quick, R., (Quick 2005): Unabhängigkeit des Abschlussprüfers im Spiegel der Wissenschaft, in: Haller, A. (Hrsg.), Wirtschaftsprüfung und Corporate Governance in Österreich, Wien 2005, S 91-143.

Reiter, R., Schindler, J., Kainz, W., (Reiter 2001): Qualitätskontrolle in Deutschland und Österreich, in: Institut der Wirtschaftsprüfer (Hrsg.), Wirtschaftsprüfer Jahrbuch 2001, Wien 2001, S 149-163.

Richter, M., (Richter 2003): Entwicklungen der Wirtschaftsprüfung, Bielefeld 2003.

Rivett, P., (Rivett 1994): The Craft of Decision Modelling, West Sussex 1994.

Rödl, B., (Rödl 2001): Wir sind in einer Notwehrsituation, in: Frankfurter Allgemeine Zeitung vom 7.Juli 2001, S 17, Frankfurt 2001.

Rödl, B., (Rödl 2002): Französisches Modell für hiesige Prüfer ideal: Zwei Abschlussprüfer sollen Pflicht werden, in: Börsen-Zeitung 2002, Heft 70/2002, S 11.

Rödl, B., (Rödl 2002b): Wer Mängel aufdeckt, riskiert viel Geld, in: Manager-Magazin vom 12. April 2002, Hamburg 2002.

Rödl, B., (Rödl 2004): Mittelständische Bilanzprüfer fordern Reform der Branchenregeln, in: Die Welt vom 10.Mai 2004, Berlin 2004.

Rufin, A., (Rufin 2003): Brauchen wir ein Joint Audit?, in: Finance-Magazin 2003, Heft 3/2003, S 104.

Rufin, A., (Rufin 2005): Das Joint Audit fördert Transparenz und Sicherheit, in: Börsen-Zeitung 2005, Heft 44/2005, S 8.

Ruhnke, K., (Ruhnke 2000): Normierung der Abschlussprüfung, Stuttgart 2006.

Ruhnke, K., (Ruhnke 2006): Prüfung von Jahresabschlüssen nach internationalen Prüfungsnormen, in: Der Betrieb 2006, Heft 22/2006, S 1169-1175.

Ruhnke, K., Lubitzsch, K., (Ruhnke 2006a): Abschlussprüfung und das neue Aussagen-Konzept der IFAC, in: WPg 2006, Heft 6/2006, S 366-375.

Rufin, A., (Rufin 2005): Das Joint Audit fördert Transparenz und Sicherheit, in: Börsen-Zeitung 2005, Heft 44/2005, S 8.

Saliger, E., (Saliger 1988): Betriebswirtschaftliche Entscheidungstheorie, 2. Auflage, München/Wien 1988.

Schanz, H., (Schanz 1975): Einführung in die Methodologie der Betriebswirtschaftslehre, Köln 1975.

Schendera, Ch.F.G., (Schendera 2005): Datenmanagement mit SPSS – Kontrollierter und beschleunigter Umgang mit Datensätzen, Texten und Werten, Heidelberg 2005.

Schildbach, T., (Schildbach 2003): Prinzipienorientierung – wirksamer Schutz gegen Enronitis?, in: BFuP 2003, Heft 3/2003, S 247-266.

Schmidt, A., Pfitzer, N., Lindgens, U., (Schmidt 2005): Qualitätssicherung in der Wirtschaftsprüferpraxis, in: WPg 2005, Heft 7/2005, S 321-343.

Schmidt, M., (Schmidt 2005a): Die 8. EU-Richtlinie: Anlass für eine verstärkte Regulierung der Berufsausübung des Wirtschaftsprüfers?, in: WPg 2005, Heft 5/2005, S 203-206.

Schmidt, S., (Schmidt 2000): Empfehlungen des Panels on Audit Effectiveness zur Verbesserung der Qualität der Abschlussprüfung, in: WPg 2000, Heft 17/2000, S 793-810.

Schmidt, S., (Schmidt 2003): Neue Anforderungen an die Unabhängigkeit des Abschlussprüfers: SEC Verordnung im Vergleich mit den Empfehlungen der EU-Kommission und den Plänen der Bundesregierung, in: BB 2003, Heft 15/2003, S 779-786.

Schmidt, S., (Schmidt 2006): Risikomanagement und Qualitätssicherung der Wirtschaftsprüferpraxis, in: WPg 2006, Heft 5/2006, S 265-274.

Schnell, R., Hill, P., Esser, E., (Schnell 2005): Methoden der empirischen Sozialforschung, 7. Auflage, München 2005.

Schreiber, St., (Schreiber 2000): Das Informationsverhalten von Wirtschaftsprüfern – eine Prozessanalyse aus verhaltenswissenschaftlicher Perspektive, Wiesbaden 2000.

Seicht, G., (Seicht 1981): Management und Kontrolle – Festgabe für Erich Loitlsberger, Berlin 1981.

Severus, J., Steller, M., (Severus 2007): Reformprozess des International Standard on Auditing 700 „The Auditor's Report on Financial Statements", in: RWZ 2007, Heft 2/2007, S 51-54.

Severus, J., Steller, M., (Severus 2007a): Das Urteil des Abschlussprüfers - Ein Vergleich des § 274 UGB mit den entsprechenden International Standards on Auditing, in: RWZ 2007, Heft 4/2007, S 118-122.

Shafer, W.E., Morris, R.E., Ketchand, A.A., (Shafer 1999): The Effects of Formal Sanctions on Auditor Independence, in: Auditing: A Journal of Practice & Theory 1999, Vol 18/1999, S 85-101.

Solomon, I., Shields, M.D., (Solomon 1995): Judgement and decision-making research in auditing, in: Ashton, R.H., Ashton, A.H. (Hrsg.), Judgement and decision-making research in accounting and auditing, Cambridge 1995, S 137-175.

Steckel, R., (Steckel 1994): Prüfungsforschung und Expertensysteme – Eine kritische Analyse, Habilitationsschrift, Innsbruck 1994.

Steckel, R., Severus, J., (Steckel 2006): Internationale Prüfungsstandards – International Standards on Auditing – Eine Einführung, 2. Auflage, Wien 2006.

Stefani, U., (Stefani 2003): Experimente als Forschungsmethode im Prüfungswesen, in: Richter, M. (Hrsg.), Entwicklungen der Wirtschaftsprüfung, Bielefeld 2003, S 243-277.

Steffan, B., (Steffan 2003): Brauchen wir ein Joint Audit?, in: Finance-Magazin 2003, Heft 3/2003, S 104.

Straube., M., (Straube 2000): Kommentar zum Handelsgesetzbuch, Band II - Rechnungslegung, 2. Auflage, Wien 2000.

Tiedje, J., (Tiedje 2006): Die neue EU-Richtlinie zur Abschlussprüfung, in: WPg 2006, Heft 9/2006, S 593-605.

vTreuberg, H., (vTreuberg 2004): Konzeption des Systems der externen Qualitätskontrolle in Deutschland, in: Marten, K.U., Quick, R., Ruhnke, K. (Hrsg.), Externe Qualitätskontrolle im Berufsstand der Wirtschaftsprüfer, Status quo und Weiterentwicklung, Düsseldorf 2004, S 23-41.

v.Wysocki, K., (vWysocki 1967): Grundlagen des betriebswirtschaftlichen Prüfungswesens, Berlin 1967.

v.Wysocki, K., (vWysocki 1992): Prüfungstheorie, messtheoretischer Ansatz, in: Coenenberg, A.G., v.Wysocki, K. (Hrsg.), Handwörterbuch der Revision, 2. Auflage, Stuttgart 1992, Sp 1545-1557.

v.Wysocki, K., (vWysocki 1993): Prüfung und Kontrolle. Empirische Befunde im deutschen Prüfungswesen, in: Haunschildt, J., Grün, O. (Hrsg.), Ergebnisse empirischer betriebswirtschaftlicher Forschung: zu einer Realtheorie der Unternehmung - Festschrift für Eberhard Witte, Stuttgart 1993, S 907-923.

Whisenant, S., Sankaraguruswamy, S., Raghunandan, K., (Whisenant 2003): Evidence on the Joint Determination of Audit and Non-Audit Fees, in: Journal of Accounting Research 2003, Heft 4/2003, S 721-744.

Wienold, H., (Wienold 2000): Empirische Sozialforschung Praxis und Methode, Münster 2000.

Wollmert, P., Schönbrunn, N., Jung, U., Siebert, H., Henke, M., (Wollmert 2003): Wirtschaftsprüfung und Unternehmensüberwachung – Festschrift für Wolfgang Lück, Düsseldorf 2003.

Wulf, K., (Wulf 1959): Die Planung der Prüfung des Jahresabschlusses – am Beispiel einer Fertigungs-Aktiengesellschaft mittlerer Größe, in: WPg 1959, Heft 1959, S 509-531.

Wünsch, H., (Wünsch 2004): Meinungsverschiedenheiten zwischen Gesellschaft und Abschlussprüfer, in: Bertl., R., Mandl, D. (Hrsg.), Handbuch zum Rechnungslegungsgesetz – RLG, Prüfung und Offenlegung, Band II, 12. Lieferung, Wien 2006.

Zimmermann, J., (Zimmermann 2004): Bilanzskandale, in: WISU 2004, Heft 12/2004, S 1515-1519.